黄果柑

汪志辉 主编
汤浩茹　罗 华　杨先才 副主编

科学出版社
北 京

内 容 简 介

本书以四川农业大学等单位的黄果柑课题组科研人员多年对黄果柑的研究成果为核心素材编著而成，全面系统地介绍黄果柑的起源、品种选育过程及植物学形态特征，并对其果实品质形成及分子基础、树体营养诊断与土肥水管理、整形修剪与病虫害绿色防控以及保花保果技术进行全面而系统的研究与总结。

本书理论联系实际，对教学、科研及生产管理具有重要指导意义，可作为农林高等院校学者的教学参考书。亦可供生产经营和黄果柑所在地区的农业科技部门专业技术人员参考。

图书在版编目(CIP)数据

黄果柑 / 汪志辉主编. —北京:科学出版社, 2016.9
ISBN 978-7-03-049709-3

Ⅰ.①黄… Ⅱ.①汪… Ⅲ.①柑-生态区-环境规划 ②柑-果树园艺
Ⅳ.①X321.2②S666.1

中国版本图书馆 CIP 数据核字 (2016) 第 200462 号

责任编辑：杨 岭 孟 锐 / 封面设计：墨创文化
责任校对：王 翔 / 责任印制：余少力

科学出版社 出版
北京东黄城根北街16号
邮政编码：100717
http://www.sciencep.com

成都锦瑞印刷有限责任公司印刷
科学出版社发行 各地新华书店经销
*
2016年8月第 一 版 开本：787*1092 1/16
2016年8月第一次印刷 印张：15.75
字数：370千字

定价：79.00元
（如有印装质量问题，我社负责调换）

编　委　会

主　编　汪志辉（四川农业大学）

副主编　汤浩茹（四川农业大学）

罗　华（石棉县农业局）

杨先才（石棉县科技局）

编　委　熊　博（四川农业大学）

李锡锦（石棉县农业局）

蒋凌萍（石棉县农业局）

孙国超（四川农业大学）

廖明安（四川农业大学）

吕秀兰（四川农业大学）

李清南（四川农业大学）

贺忠群（四川农业大学）

龚荣高（四川农业大学）

廖　玲（四川农业大学）

邱　霞（四川农业大学）

叶　霜（四川农业大学）

赵世民（石棉县农业局）

康建华（石棉县农业局）

曹淑燕（四川农业大学）

古咸杰（四川农业大学）

王　均（四川农业大学）

序

柑橘是世界范围内的重要果树，全世界有135个国家和地区栽培柑橘，其栽培面积和产量居世界首位。

从目前柑橘产业发展来看，易剥皮的优质柑橘将越来越受到消费者欢迎，世界柑橘鲜果发展的趋势是“易剥皮、无核（少核）、有香味、风味浓”。杂交柑正是迎合了这一发展趋势，近年来得以迅速地发展，其主要是橘与橙、橘与柚的杂交后代，既有甜橙、橘（柑）以及柚的营养、风味；又有果皮易剥离、食用方便、鲜食为主兼加工的特点。因此，其市场潜力巨大，被视为21世纪橘桔发展方向。

黄果柑为我国特有果树品种，是我国目前为数不多的几个具有自主知识产权的天然杂交柑之一，具有特丰产、极晚熟和花果同树三大特性。其自然成熟上市时间为翌年的3~5月，此时正值鲜食水果淡季，再加上其亩产可达8000斤左右，果实成熟时果园香飘四溢，因此，黄果柑产业不但成为其生态适宜区广大果农增收致富的主要产业，而且还是乡村旅游的重要载体。黄果柑产业目前已成为占世界黄果柑种植面积80%的四川省石棉县农业特色支柱产业。

由石棉县黄果柑专家大院首席专家、四川农业大学果树学博士生导师汪志辉教授组织多位果树学教授和学者编写的《黄果柑》专著，从黄果柑的栽培历史起源到植物学形态特征，从果实生长发育到品质形成分子机理，从树体营养诊断到科学栽培管理，比较全面而系统地进行了阐述与总结；可以说该著作是广大柑橘科技人员多年的成果汇集。参编人员具有多年从事黄果柑研究与管理经历，既有深厚的理论功底，又有丰富的实践经验，因此，该著作更是全体编写人员的研究心得和智慧结晶。

我相信，该著作的出版对我国黄果柑这一特色树种的研究与生产实践均具有指导意义，对推动黄果柑产业的可持续发展具有重要意义。

特此作序。

2016年4月5日

前　言

柑橘为芸香科柑橘亚科植物，是世界水果之王。柑橘是世界第一大水果，年产量达1亿吨，为仅次于小麦和玉米的国际贸易农产品。

黄果柑，别名黄果、广柑、泡皮黄果，是橘、橙的天然杂交种，原产于四川省石棉县新棉镇礼约村。黄果柑在我国栽培已有数百年历史，被发现最为古老的黄果柑树龄已超过300年历史，集中分布在大渡河、金沙江、赤水河流域等地区，包括雅安市石棉县、汉源县、凉山州西昌市、冕宁县、甘洛县、德昌县、甘孜州得荣县以及泸州市叙永县和贵州赤水市等地。黄果柑是石棉县、汉源县一带的特色原产果树，石棉人称“青果”，西昌地区通称“黄果”，汉源俗称“广柑”，常与甜橙俗名相混，同名异种。

据《山海经》记载：“……其木多松柏、多竹……；多橘。”在中国西南、华南及长江流域一带山地尚有野生种柑橘类的分布，在金沙江、大渡河上游河谷地带有黄果(甜橙)、椪柑、柚和大翼橙的红河橙、马蜂柑等大片原始生态群落景观。1993~2010年，四川农业大学园艺学院、石棉县农业局、石棉县科技局经过13年的共同努力，从黄果柑杂种群中选育出变异优株，并通过四川省农作物品种审定委员会审定，正式定名为“黄果柑”，它是我国少数几个具有自主知识产权的天然杂柑类品种。黄果柑具有花果同树、极晚熟、极其丰产、无核、易剥皮分辨、肉质细嫩、酸甜适度、不上火、耐储运等优良品质，其果实一般在翌年2月上旬至5月成熟。

黄果柑在大渡河流域也已有300多年种植史，近现代很多文学大师都对黄果柑奇特的花果同树景象流连忘返，更留下了“世间花果不相闻，果挂枝头花做尘；罕见果花同满树，百花黄果笑阳春”的诗句。目前，全国黄果柑栽植面积达10万余亩，年产量10万多吨，产值4亿元左右。石棉县从1987年开始推广，经过近30年的发展，其黄果柑种植面积已达8万亩，总产量达9万吨左右，石棉县黄果柑种植规模、产量和质量已居全国黄果柑产区之首，故石棉为名副其实的“中国黄果柑生产第一县”。

近些年随着国家对农业产业结构的调整，黄果柑产业得到充分发展，黄果柑科技工作者在种质资源收集与评价、新品种选育、病虫害防治、栽培技术、种植及经营管理模式、商品化处理、市场营销等方面不断创新和改革，取得了一系列具有时代性的新成果，并在生产实践中得以广泛应用。“石棉黄果柑”已获得“国家农产品地理标志登记保护产品”认证和“四川省第十届名牌农产品”称号，成功注册为“国家原产地证明商标”，被中国果品流通协会授予“中华名果”荣誉。石棉县优质黄果柑标准化技术集成与示范项目纳入了四川省科技富民强县专项行动计划，黄果柑种植区已建成万亩国家级农业标准化示范区和全市首个省级精品农业标准化示范区，部分种植基地已取得有机食品和良好农业规范认证。黄果柑产业的标准化建设已成为当地地震灾后产业重建的重要内容和农民增收致富的重要途径。

遗憾的是，由于黄果柑受到地域的限制，世界范围内有关黄果柑的著作较少，迄今为止还没有一部能全面反映黄果柑最新研究进展和现代生产技术的专著，广大读者也很难对黄果柑的科研与生产有全面、系统的认知和了解。为此，2011 年起，四川农业大学果树学专家汪志辉教授团队，在广泛收集文献资料成果的基础上，全面总结黄果柑科学研究与技术研发的最新成果，整理成《黄果柑》一书。本书力求系统性、全面性、科学性、实用性和针对性，并做到图文并茂，以适应科研与产业的快速发展趋势，满足杂柑的科研与生产者对黄果柑的基础理论和产业技术系统性认知需求。希望通过我们的全面总结和整理，科学地呈现现代杂柑的研究和生产技术经验，从而促进我国杂柑产业的健康、绿色和可持续发展。

全书根据所涉及的研究领域和产业环节共分为 11 章，涵盖了黄果柑的栽培历史及分布、产业现状、形态特征和果实生理、栽培技术及田间管理、园区建设、储藏保鲜与商品化处理、病虫害防治等内容，该书的编写得到国内同行和兄弟单位的大力支持和协助，在此一并对所有编著者在本书编写过程中付出的辛勤劳动表示衷心的感谢！

本书的顺利出版不仅是编著者通力合作的成果，在编写过程中还得到了科学出版社等单位或学术组织的关心与帮助。科学出版社编辑还曾专门就《黄果柑》一书的编写出版亲自参加编委会会议，并就专著类图书编写中普遍存在的问题以及注意事项作了详尽的讲解，还与编著专家们一同讨论专著编写的定位、原则以及具体的编写目录和内容等，谨此表示由衷的感谢。

由于本书的编写章节和内容较多，参加编写的人员较多，因此在写作风格上难以统一，各章节更多地体现了笔者本人的思想认识和理解。虽然经过主编、编委和同行专家的反复讨论和相互审稿，以及编写专家的不断补充修订，以及主编和编辑部的统一规范性审校稿，疏漏和错误仍在所难免。同时，笔者深感自身水平和经验有限，加之涉及年代和研究领域范围跨度大，资料分散，书稿中的缺点和错误，敬请专家和读者及时批评指正，深表为谢。

汪志辉

2016 年 4 月于四川农业大学

目　　录

第1章 概　　述

1.1　黄果柑的栽培历史与分布

黄果柑，别名黄果、广柑、泡皮黄果。原产于四川省石棉县新棉镇礼约村，在我国栽培已有数百年历史，黄果柑是橘、橙的天然杂交柑，暂可归入柑类，西昌地区通称“黄果”，汉源俗称“广柑”，常与甜橙俗名相混，同名异种。因其果实外表色泽金黄，形态及生理特征与柑相似而与橙不同，故1956年被四川果树调查组命名为“黄果柑”，以与甜橙区别。

据《山海经》记载：“……其木多松柏、多竹……；多橘。”在中国西南、华南及长江流域一带山地尚有野生种柑橘类的分布，尤其是在金沙江、大渡河上游河谷地带有黄果(甜橙)、椪柑、抽和大翼橙的红河橙、马蜂柑等大片原始生态群落景观，四川会理、会东山间尚存有胸径2m以上、树龄几百年的野生古橘树，黄果柑古树性状见图1.1。

四川省凉山彝族自治州木里县白碉公社海拔2170m处，长有1株黄果柑古树，高15m，胸径86cm，冠径12m，树龄300余年，一般年产果250~400kg，最高产可达850kg，此树现在仍能开花结果。在四川省盐边县强胜公社二大队三小队(海拔1450m)的古老黄果柑树树冠直径12m，树高10m，树龄200年以上，此树平均年产量1000kg，最高1600kg。1977年调查时产量1150kg。

a

b

c

图 1.1 黄果柑古树

a. 200 年以上黄果柑古树，位于四川省西昌县泸山园艺场；b. 100 年以上黄果柑古树，位于四川省雅安市石棉县；c. 300 年以上黄果柑古树，现保护于四川省雅安市石棉县

此外，德昌县的老碾、汉源县的九襄，现在还有 80~100 年生的老树，生长结果良好。

黄果柑主要分布于四川盐边、盐源、德昌、会理、会东、汉源、石棉等县，黄果柑是石棉县、汉源县一带的特色原产果树，石棉人称“青果”。据传，在水果收获季节，石棉县的一些农户发现一种果树长出了类似柑橘的青色果子，采摘后却发现其味酸涩，于是不再理会。未曾想，来年春天果子竟才全部成熟，长成金黄色，而味道是纯甜甘洌，十分可口……此后，石棉县的一些当地农户便称其为“青果”。距今为止，被发现最为古老的黄果柑实生树位于石棉县境内新棉镇礼约村，海拔为 900m，树龄已超过 300 年历史，经石棉县政府抢救性保护，此树现植于石棉县敬老院内。在石棉县，树龄超过 100 年的黄果柑树还有 20 余株（图 1.1），分布在新棉镇、新民乡、宰羊乡等 12 个乡镇。

黄果柑树性、花和果实性状介于橘与橙之间：果皮橙黄色，易剥离，汁胞披针形，胚绿色，似橘；树体高大，圆头形，树姿半开张，枝条粗壮，花中大，有花序花，种子大而饱满，似橙。故认为黄果柑可能是橘与橙自然杂交的产物。

在数百年的演替过程中，黄果柑表现出果形不一、果实大小不均、品质差异大且不整齐等现象，如平蒂、凸蒂、粗皮、细皮、大果、小果、无核等，急需对其进行提纯选优。

1983 年，石棉县农业局进行果树资源及区划调查时，在新棉镇礼约村发现黄果柑古树 7 株，在四川农业大学的共同参与下，对其进行了长达 4 年的品种观察，1987 年选择其中综合表现较好的一株作为母树（新棉镇礼约五组黄启林家），采穗条于新民乡小马村嫁接高换[①]该品种 50 亩[②]，第三年结果。1990 年至 1992 年春，在新民、挖角乡示范推广 500 亩，以此为基础，每年不断扩大发展面积。1993~1996 年，又陆续从生产中筛选出小果形、凸蒂大果形、平蒂大果等三种果形。1997~2000 年，在四川农业大学的主持下，开展了石棉黄果柑品种比较试验与区域试验及配套丰产栽培技术研究，将宰羊乡坪阳村袁正

① 高换：在已形成树冠果树的主干或一级主枝上通过嫁接优良品种更替原有品种的方法称高接换种，简称高换。

② 1 亩≈666.7m^2。

堂种植的一株黄果柑（果大、平蒂、油胞点细、丰产、品质优）确定为石棉黄果柑母树；并从 2000 年起从该株树上采穗繁殖，经过十多年的发展，在新棉、新民、宰羊、挖角等 12 个乡镇发展面积 3 万亩，产量 8 万 t；并在安顺乡小水村第三敬老院建立了苗木采穗园 3.5 亩。在迎政乡八牌村建立苗木繁育园 40 亩。

从 1987 年起，由四川农业大学园艺学院、石棉县农业局、石棉县科技局经过近 13 年的努力，对石棉县黄果柑进行比较试验，包括观察生物学特性、探讨生态适应性、品质比较及对变异植株进行分子生物学鉴定，通过详尽的科学测试，终于从黄果柑杂种群中选育出变异优株（平蒂大果型），于 2011 年通过四川省农作物品种审定委员会审定，并正式定名为“黄果柑”（川审果树 2010004，图 1.2）。

四川省农作物品种审定证书

四川农业大学园艺学院
石棉县农业局
石棉县科技局：

你们单位选育的果树品种黄果柑，已通过四川省农作物品种审定委员会第七届第二次会议审定，省农业厅已向全省公布，特此发证。

品种来源：黄果柑杂交群变异优株中选育而成

审定编号：川审果树 2010 004

四川省农作物品种审定委员会

[illegible]零一一年[illegible]月十一日

图 1.2　黄果柑品种审定证书

其品种特性为：树势中庸，树冠自然圆头形，树姿较为开张，幼树枝梢直立。萌芽抽枝力强，枝条健壮。节间稀，有短刺。叶片长披针形，叶脉不明显。幼树枝梢直立，有少量短刺。花较小，白色，五瓣。开花结果早，枳砧嫁接苗第二年始花，第三年结果。成年树以春梢有叶单花枝结果为主。丰产性极好，在一般栽培条件下，亩产可达 4000~7000kg（图 1.3）。果实和叶片特性如图 1.4 所示。

在川西干热河谷气候条件下，萌芽早于椪柑、温州蜜柑等其他宽皮柑橘，2 月下旬开始萌芽，3 月下旬现蕾，4 月下旬开花，第 1 次生理落果期 5 月上旬，第 2 次落果高峰在 6 月上旬。果实于 10 月中旬开始转色，12 月下旬至翌年 5 月成熟（最佳成熟期为 4 月上中旬），耐贮运。果实成熟时，上年的果和当年的花在同一株树上，从而形成花果同树的景观。

果实圆球形，果形端正。果蒂果顶平。平均单果重 156g，最大果重达 310g。纵径 6~7cm、横径 8~9cm。果形指数 0.91。果皮黄色、鲜艳，果面细、光滑、具光泽，果皮中等厚薄，果皮厚度 0.2~0.4cm，包着紧，较易剥皮。果肉橙红色，汁胞粗短，纺锤形。囊瓣半圆形，单果囊瓣数 9~11 瓣，中心柱半充实，易分瓣。

图 1.3 黄果柑丰产性

图 1.4 平蒂大果形特性

果实可溶性固形物含量 11%~13%。每 100ml 果汁平均含总糖 9~12g，总酸 0.5~0.8g，维生素 C 含量 30mg 左右。果汁率 42%~50%，可食率 68%~75%。单独栽植时果实无核，混栽时产生 1~3 粒种子。果实酸甜适度，风味浓郁，果肉脆嫩、较化渣、多汁，品质优良。

目前，全国黄果柑栽植面积达 10 万余亩，年产量 10 万多吨、产值 4 亿元，集中分布在大渡河、金沙江、赤水河流域等地区，包括雅安市石棉县、汉源县，凉山州西昌市、冕宁县、甘洛县、德昌县，甘孜州得荣县及泸州市叙永县和贵州赤水市等地。

1.2 黄果柑栽培的意义

目前，从全国范围来看，四川省石棉县种植黄果柑面积和产量均占全国黄果柑种植的80%以上，并且已获得原产地证明商标、国家地理标志登记保护、国家农业标准示范区验收合格证书、良好农业规范认证及有机认证等（图 1.5，图 1.6），全县已建立国家级示范基地 2 万亩，2015 年“石棉黄果柑”的品牌价值已达 5.51 亿元。鉴于黄果柑良好的市场美誉度，品牌知名度越来越高，市场需求量越来越大，黄果柑产业迎来了空前的发展机遇期，大力促进黄果柑产业的健康发展，有重大的社会和现实意义：为人们提供色香味俱佳、营养丰富的干鲜果品；推动以黄果柑为原料相关工业及第三产业的发展，如储藏加工、果酒酿造、交通运输和餐饮服务业等；农民脱贫致富的一种途径；黄果柑果树的种植有利于保持水土，改善生态环境，维护生态平衡；绿化、美化生活环境，净化空气，改善小气候的作用，如观光果园；为农村的大量剩余劳动力提供广阔的就业天地。

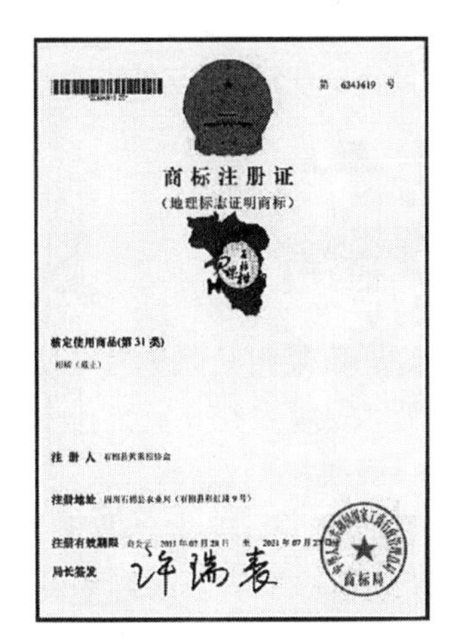

图 1.5　黄果柑原产地证明商标

图 1.6　黄果柑农产品地理标志登记证书

1.3　黄果柑的产业现状与发展趋势

1.3.1　黄果柑产业现状

雅安市石棉县作为黄果柑的发源地，其产量和果品品质居全国黄果柑产区之首，成为中国黄果柑生产第一县，已成功举办五届“中国石棉黄果柑生态旅游节”，黄果柑在国内外已享有极高的知名度和美誉度，果品远销国内外。

近年来，地处大渡河畔的四川省石棉县依托特色资源和区位优势，大力发展黄果柑特色产业，积极引导众多种植户进入标准化、基地化、品牌化的发展轨道，初步形成了“一村一品”的特色村、组和长达 50 公里的石棉县金色黄果柑长廊产业带。2009 年，石棉黄果柑标准化示范区被国家质检总局正式批准为国家级农业标准化示范区，逐步带动周边区县大力发展黄果柑产业，种植规模逐渐扩大。黄果柑产业目前已成为主产区地方经济发展和农民增收致富的支柱产业之一（图 1.7）。

近年来，石棉县通过宣传引导、政策扶持，使黄果柑产业得到飞速发展。从 2007 年起就选派县级科技特派员进驻乡村指导黄果柑优质生态水果的发展工作；积极开展与四川农业大学的校县技术合作，深入开展黄果柑品系选育、增糖降酸、生物杀螨、配方施肥等基础研究与示范工作；先后成立了“安顺乡红安黄果柑专业合作社”、“石棉县安靖黄果柑专业合作社”、“先锋乡金果果黄果柑专业合作社”等，发展会员 450 余户，并由 12 家黄果柑专业合作社和企业出资，成立了石棉黄金果业专业合作社联合社，其“联合社+专合社+农户”的订单农业发展模式有效拉动了该县黄果柑特色产业发展；统一组织专业队对黄果柑示范片进行整形修剪、防病治虫及合理施肥等；地方乡镇党委政府抓住移民搬迁、灾后重建等机遇，整合项目资金，推动机耕道、联户路、土地整理、安全饮水、乡村清洁工程、节水灌溉建设，完善基础设施建设；通过黄果柑标准化示范片（图 1.8）、示范园建设，努力开展黄果柑标准化栽培管理技术的专题培训，提升果农的专业知识水平和操作管理技能；通过校县合作，积极配合四川农业大学开展科学研究试验，为黄果柑优质、安全、高效生产提供理论依据。

图 1.7　黄果柑丰收图

图 1.8　黄果柑示范园

由于传统观念和种植习惯的影响，果农的管理技术参差不齐，标准化管理普及率不高，没有体现特色产业的市场价值；生产中存在的问题主要表现为以下三个方面：一是农户长期追求高产，管理技术不到位，造成大小年严重；二是修剪不到位，枝条密、树冠郁闭、光照差，从而导致果小品质差（偏酸）、树势衰弱、病虫害严重；三是疏果不到位，挂果量太多、大小不均、株间品质差异大。因此，在黄果柑生产中进行推广实施标准化、高品质化栽培技术，利于提高果实品质和商品性，促进果农增收致富，使黄果柑产业健康、稳定发展。

1.3.2　黄果柑产业发展趋势

1. 加强果园基础设施建设

着力提高耕地质量，加快推进金土地工程和沃土工程建设，实施果园土壤改造，建设高标准基本果园。加快果园水利设施建设，积极开展渠系配套工程建设，发展节水灌溉，努力改善水果主产区和常旱区的灌溉条件。加快农村公路建设，改善农村交通和农产品运输条件。

建成由政府主导、企业掌控的农业发展转型示范基地（现代农业科技示范基地）、农业创新成果转化基地（农业科技成果转化基地）、科技与农业结合发展的转型基地（农村科技创新创业基地）、青少年科普教育基地和农村人才培养基地、农村经营管理模式的创新基地、城乡统筹产业模式的创新基地。

2. 加强标准化生产体系、质量安全体系建设

重点是加快标准化黄果柑生产示范基地建设，通过制订、完善标准化生产技术规程，推动龙头企业、专合组织、专业大户等率先实行标准化生产，大力发展无公害、绿色、有机优质果品，积极鼓励龙头企业、专业合作社参与 GAP（良好农业操作规范）认证、地理标志或地理证明商标、农业部绿色食品认证、国家有机食品认证，创建知名品牌；建立完善的质量追溯体系，建设市、县两级水果质量安全检验检测中心，对标准果园的黄果柑果品进行检验检测；加强种苗、果品质量监管，建立质量例行监测制度，扩大企业监督抽查和市场检查范围，构建黄果柑优质高效技术体系和果品安全技术体系。

3. 加大科技投入，实现产学研结合

着力抓好良种引进选育快繁、标准化种植、果品精深加工和保鲜储运、新型农机具等的研究和推广应用。依托农业科研院所和龙头企业，加强农业技术研发；完善多层次的技术推广中心和服务网点，积极培训农村种植能手，加强科技特派员队伍建设，提高农业科技应用水平；引导农民专业合作组织等社会力量承担公益性农业技术推广项目，形成广泛参与的农技推广新格局，推动产学研紧密结合。

4. 加快构建新型农业经营体系

1）加快培养新型职业农民

研究制订职业农民的认定标准，从所从事的农业行业领域、农业劳动时间、生产经营规模、素质能力等方面进行探索认定，并作为培育和扶持的依据。拓宽培养渠道，开展多形式、经常性的职业教育培训，完善农业职业培训体系和绿色证书制度，健全农业技能持证上岗制度。加大政策扶持力度，扩大阳光工程和农村实用人才培训规模，广泛开展种粮大户、养殖大户、家庭农场经营者和合作社带头人等培训。吸引和支持高素质人才务农创业。

2）大力发展专业大户和家庭农场

鼓励各地按照“生产有规模、产品有标牌、经营有场地、设施有配套、管理有制度”

的要求，探索专业大户和家庭农场的认定标准。鼓励有条件的地方建立家庭农场注册登记制度。加大扶持力度，对认定的专业大户和家庭农场，新增农业补贴重点向其倾斜。实行以奖代补，对达到一定规模的专业大户、家庭农场予以奖励。通过建立土地流转专项资金等方式，鼓励和支持承包土地向专业大户、家庭农场流转。加强指导和服务，提高经营管理水平和市场竞争力。

3）加快培育经营性农业服务组织

从市场准入、资金支持、人才引进等方面加大扶持力度，推进农业社会化服务主体多元化、形式多样化、运作市场化，使农民享受到低成本、便利化、全方位的社会化服务。鼓励和支持经营性农业服务组织参与良种示范、农机作业、抗旱排涝、沼气维护、统防统治、产品营销等服务。开展农业社会化服务示范县创建工作，积极探索“专业化服务公司＋合作社＋专业大户”、“村集体经济组织＋专业化服务队＋农户”等多种服务模式，及时总结推广。

5. 拓展品牌营销体系

1）集约化生产

以龙头企业为运作核心，把分散的、势单力薄的小农经济联合起来与大市场相对接，整体生产，整体经营。通过发展现代大农业转移农民、富裕农民。通过黄果柑产业的集约化生产管理，企业可以集中更大的精力进行农产品深加工，解决对外合作等问题，提高生产效率。同时，也能提高农民收入，促进当地经济的发展。

2）产业化推进

以国内外市场为导向，以提高经济效益为中心，对黄果柑这一当地农业的支柱产业和主导产品实行区域化布局、专业化生产、一体化经营、社会化服务、企业化管理，把产供销、贸工农、经科教紧密结合起来，形成一条龙的经营体制。把农户和市场两者有机地结合起来，通过市场化运作或公司化经营，实现黄果柑生产向以规模化、标准化、规范化为特征的产业化推进，带动地方经济的发展。

3）品牌化营销

引导培育一批龙头企业，促使其加大技改投入，提高品牌内涵，增强产品的市场竞争力；整合现有品牌，打造区域品牌和龙头品牌；开展区域品牌推广、原产地保护、农产品地理标志保护和区域性商标注册，提升农产品品牌档次；发展各类专业组织，实现品质和品牌两轮驱动，实现黄果柑的品牌化营销，有助于进一步开拓产品市场、提高竞争力、增加产业发展后劲。

第 2 章　黄果柑的植物学形态特征与果实生理

2.1　黄果柑的植物学形态特征与生长周期

2.1.1　根系

1. 根系的功能

黄果柑根系不仅能起到支撑和固定树体的作用，也能从土壤中吸收水分和矿质盐类、运输水分无机盐、贮藏养分和其他生理活性物等物质，同时还能合成和贮运氨基酸、蛋白质、核酸等多种物质。例如，根能将无机氮转化成酰胺、氨基酸、蛋白质，能将磷酸转化为核蛋白，能将二氧化碳和碳酸盐与叶片光合作用的产物结合，形成各种有机酸；根还能合成生长素、细胞分裂素等激素，运到地上部起生长调节作用；根在代谢过程中分泌的酸性物质，能使土壤中不溶性养分转变为可溶性状态。“根深叶茂”说明根系的重要性，根系生长的好坏，对养分与水分的吸收，对植株的生长与结果，对抵抗不良环境的能力，均有直接的影响。

2. 根系的结构

根系是黄果柑植株的重要组成部分，即地下部分所有根的总体。黄果柑以嫁接繁殖为主，大多采用实生苗做砧木，根系因砧木不同而不同，但不同类别砧木解剖结构基本一致。黄果柑根系由主根（垂直根）、侧根（水平根）和须根三部分组成（图 2.1）。主根是种子萌发时，胚根突破种皮、向下发育而形成根的主干，是初生根，主根上分生侧根，侧根再分根，多级侧根然后形成须根，形成完整的根系结构。主根和各级大侧根，构成根系的骨架，称骨干根；小侧根及须根又称输导根。在根系生长期间，须根上长出许多比着生部位还要粗的白色、饱满的小根，称为生长根，生长根可以分为根冠、生长点、延长区、根毛区、木栓化区、初生皮层脱落区和疏导根区。

图 2.1　黄果柑根系结构

1.主根；2.侧根；3.须根

通常，植物与土壤接触并从土壤中吸收水分和矿质营养的重要部位是根系中的根毛，根毛是从根表皮之下的下皮层 1~2 层细胞起突起到根外的组织。与其他植物不同，柑橘是内生菌根植物，在田间栽培条件下，黄果柑根系的根毛非常稀少，需要靠菌根弥补，菌根以内生菌根为主，真菌的菌丝体伸入到根的细胞内，分枝形成。在土壤条件好的地方黄果柑根系上大量附着菌根，可以依靠菌根吸收水分和养分，真菌能供给根群所需要的矿质营养，并增强根的抗旱和抗某些根系病害的能力，缺乏菌根的黄果柑苗不能正常生长。

3. 根系的分布

黄果柑根系分布情况主要决定于土壤条件和砧木类型。黄果柑根系在土壤中分布较深广，根深在1.5~3m，根系主要分布在10~40cm土层内，占总根量80%左右，大部分侧根、须根分布在近地表处，只有少数侧根分布在40cm以下的土层。黄果柑侧根、须根发达，横向分布可达树冠范围的2~3倍，尤以3~5年生的幼年树水平根扩散速度最快，侧根和须根较多的果树易早结丰产。一般条件下，黄果柑产量与根系发育状况密切相关，高产树比低产树根系发达，根群更深，更密，尤其是须根量更大，须根分布范围更深。

4. 根系生长周期

1）根系的生命周期

黄果柑根系的生命周期和地上部分的生长有相似的特点，包括发生、发展、衰老、更新和死亡等生命过程。在黄果柑定植初期，粗根上首先发生新根，2~3年内垂直生长旺盛，以起到支撑和固定树体的作用，在开始结果前后即可达到最大深度，一般在1.5~3m。此后根系生长以水平伸展为主，与此同时在水平骨干根上少量发生垂直根或斜生根。根系空间占有体积呈波浪形扩大，在结果盛期根系空间占有量达到峰值。黄果柑吸收根的死亡和更新在根系生长的最初阶段就陆续发生，随之须根和低级侧根也会发生更新现象，再后是部分高级次骨干根也会更新。随着树龄的增长，根系更新和死亡呈向心方向进行，根系占有的空间也呈现波浪形缩小，直至大量骨干根死亡。

2）根系的年生长周期

黄果柑根系没有自然休眠期，只要条件适宜根系全年都可以发生，吸收根也可以随时发生，但根据树体地上部的生长规律及气候变化，黄果柑根系一年出现3次生长高峰期。黄果柑根系生长高峰常与地上部分枝梢的生长高峰呈此消彼长的关系，通常都发生在新梢生长缓慢、逐渐转绿成熟，至下次新梢大量萌发之前；当新梢开始旺长时，根系生长率下降。通常在春梢开始抽发前，其根系已经开始生长，当春梢迅速抽生时，根系生长相应减弱；在大部分春梢停长时，根系生长又开始活跃，至夏梢发生前达到生长高峰。此后，当夏梢停长至秋梢大量发生前又出现一次根的生长高峰。冬季温度较低，一般根系不生长。通常情况下，树体因越冬休眠，积累养分充足，故第一次发根量最多，夏季温度高，第二次发根量最少，第三次发根量居中。但黄果柑根系年生长周期的时间和发根量并不是固定不变的，常因为树龄、贮藏养分、负载量的变化，出现一定的提早或延迟，如在暖冬年份，春梢萌芽早，可能会出现先抽生春梢，后生长根系的现象。

5. 影响根系生长的条件

1）地上部分对根系生长的影响

根系的生长与养分、水分的吸收和合成所需要的能量物质都依赖于地上部分有机营养的供应。根系生长高峰常与地上部分枝梢的生长高峰呈此消彼长的关系，一般根系生长高峰出现在新梢停长后至下一次大量抽梢前。在新梢旺长期间，新梢上部分叶片制造的光合作用产物也会运输到根系中，供根系生长，故有规律而适度的新梢生长有利于维持根系的正常生长。此外，如果负载量过大或枝叶受损，都会引起有机养分供应不足，抑制根系生长，应尽量避免。

2）土壤温度对根系生长的影响

黄果柑根系生长和水分、养分的吸收，均需在适当土壤温度条件下进行，15~25℃为其生长发育、吸收水分和养分的最佳土温。10℃左右时根系开始生长；当土温降到 7℃以下时，根生长减弱，稍粗的根受伤断损后伤口不易愈合，亦难发生新根；当在土温达 30℃以上时，根系生长很微弱及至停止，地上部的生长也将受到严重抑制。当土温较长时间处于 40℃以上，根群出现死亡。

3）土壤含氧量对根系生长的影响

黄果柑根系对氧气不足有较强的耐受能力，但是根系的正常生长仍需要适宜的通气条件，黄果柑正常生长发育需要土壤空气中至少含有 3%~4%的氧气。当含氧量低于 2%时，根系逐渐停止生长，低于 1.5%时根系容易死亡。土壤通气良好则黄果柑须根发生多，土壤孔隙度和须根量呈现正相关的关系，一般管理水平高的园区，土壤孔隙度好，须根发育良好，产量也高；反之则须根少，产量低。在生产中，当土壤水分过多时，土壤氧气不足，根和根际环境中的硫化氢、亚硝酸根离子、氧化亚铁或乳酸等有害还原物质增加，使细胞分裂素合成受阻，影响根系的正常生长，长期缺氧，会使根系中毒甚至死亡。

解决土壤通气状况的关键在于改良土壤团粒结构，并保证果园排水畅通。因此，黄果柑建园的时候就应搞好果园规划、修建排灌系统，并做好果园土壤改良，多施有机肥，在增强土壤肥力的同时，改善土壤的团粒结构，提高土壤透气性。

4）土壤含水量对根系生长的影响

土壤水分也会一定程度上影响黄果柑根系生长，黄果柑根系生长最适宜的土壤含水量为田间最大持水量的 60%~80%，土壤绝对含水量为 17%~18%，土壤有效含水量在 20%左右。当田间持水量低于 40%时，根系生长会受到影响，首先是细胞伸长速率降低，短期内根毛密度加大，然后根系衰老加速，逐渐木栓化，甚至死亡，严重时导致根系和枝梢停止生长，当根系受到水分胁迫而生长减弱或停止时，正常灌水后常需要 2d 的恢复期。

5）土壤 pH 对根系生长的影响

黄果柑的生长需要弱酸性的土壤，根系在 pH 6~6.5 的土壤中生长良好。当酸碱度偏差太大时，可能对根系产生毒害，或者改变矿质元素的溶解度和可利用率而导致缺素、元素过量，进而使植株生长不良。pH 偏高时，会降低镁、铁、锌、硼、铜、磷等元素的溶解度，使植株对矿质营养的吸收变得困难，容易出现缺素症状；而 pH 过低时，铝、锰、铜、镍和其他元素的溶解度过大，易导致根系毒害，或者因为降低磷、镁、钙元素可利用率，使根系吸收困难而导致缺素症状。

6）土壤养分对根系生长的影响

一般情况下，土壤养分对根系的影响没有水分、温度、湿度和通气条件等对根系生长的影响大，一般不会因为养分问题引起根系停止生长或死亡。但肥沃的土壤也有利于根系的良好发育，使吸收根发生多，持续活动时间增长，分生和吸收能力增强。氮和磷能刺激根系生长，不同氮素形态对根系影响不同，硝态氮促进根系伸长，使侧根分布广，而铵态氮使根长粗，使侧根丛生，粗而短。此外，缺钾、钙、镁等元素也对根系生长有一定的抑制作用。

2.1.2 枝干

1. 枝干的结构及功能

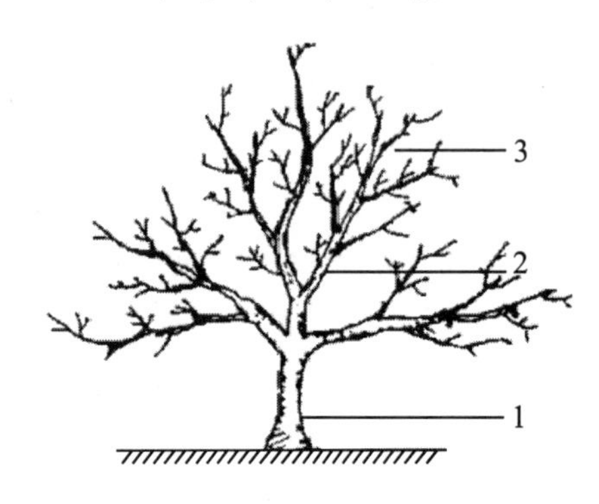

图 2.2 黄果柑枝干结构

1. 主干；2. 主枝；3. 侧枝

黄果柑地上部分由主干、主枝和各级侧枝组成（图 2.2）。从根颈到分枝点之间的树干称主干，主干上直接着生的一级分枝和主干延长枝称为主枝，着生在主枝与副主枝上的各级小枝称为侧枝或二级枝，二级枝上分生的枝称三级枝，以此类推。分枝级数是树冠发育年龄的标志。主枝和大侧枝组成树冠骨架，故又称骨干枝。枝干是树冠的基本组成部分，是着生和支撑树冠的基础，也是扩大树冠的基本器官。枝干是整个黄果柑植株的中枢，亦是根系和树冠之间互相联系的交通大动脉；枝是叶、果的着生部位，枝与干均是树体营养物质、水分和内源激素交流的通道。

2. 枝的特性

1）假合轴分枝

合轴分枝指主干或侧枝的顶芽经过一段时间生长后停止生长，分化成花芽，而由最接近顶芽的多个腋芽代替顶芽发育成新枝。再经过一段时间，新枝的顶芽又停止生长，被其下部的多个腋芽所代替继续生长，如此相继形成主枝的分枝方式。黄果柑枝梢由于顶端自剪作用而在顶端形成假顶芽，形成假合轴分枝，致使苗木主干容易分枝和形成矮生状态。这种分枝生长的现象每年反复进行，使黄果柑树冠枝条生长呈“S”形地曲线延伸，加上芽的复芽特性和多次发梢特征，遂致枝条密生，呈干性不强、层性不明显的圆头形或自然圆头形的树冠。

2）枝梢的顶端优势

顶端优势指枝梢顶部的分生组织、生长点或枝条常生长活跃，对下部的侧芽萌发或侧枝生长有抑制作用，一般顶芽或顶梢生长强度最大，其下部枝、芽的生长强度逐渐减弱的现象，也称先端优势。枝条着生角度对顶端优势的影响较大，通常直立枝顶端优势比斜生枝强，斜生枝比水平枝、下垂枝强。枝条着生角度越小，枝条越直立，其顶端优势越明显；枝条着生角度越大，枝势越平缓，顶端优势相应越弱，甚至可能在下垂枝上出现其顶芽生长不如中部芽生长旺盛的现象。另外，抽生枝梢的芽所着生的部位对其枝梢的顶端优势也有较大影响，在同一枝梢上，最先端的芽最先萌发而生长最旺，成为最长的新梢，其上顶芽的顶端优势最为明显；第二芽稍迟发芽，其枝势减弱，其上顶芽优势明显减弱；再下方的芽萌发的枝梢依次变弱，基部的芽无力萌发，成为隐芽潜伏下来。

3）新梢形态、生长特征

黄果柑新梢幼弱时呈嫩绿色，其上有叶绿素和气孔，能进行光合作用，直至外层木栓化、内部绿色消失为止。通常营养充实时抽生的枝条枝梢基部较圆滑，枝梢棱脊不明显，但夏季高温多雨，枝梢生长势旺盛，但与果实争夺养分，抽生的枝条横切面常呈三角形或扁平菱形，带有明显棱脊，当其上再次萌芽生长时，棱脊会逐渐减弱，枝梢逐渐充实，多数夏梢易成为徒长枝，其标志为生长势旺盛，枝节间长，节间有刺，正常生长枝和结果枝上一般看不到针刺。黄果柑枝梢形成层的活动有间歇性，新梢伸长期间形成层活动微弱，新梢生长停止后，形成层逐渐活跃。形成层分裂活动旺盛期是枝干加粗生长最快、树皮与木质部最易分离的时期，是芽接最适期。

4）一年多次发梢

由于黄果柑的芽具有早熟性，使其具有一年可以多次发芽、多次抽梢的特性。

按枝梢抽生时期可分为春梢、夏梢、秋梢和冬梢，由于季节、温度和养分吸收不同，各次新梢的形态和特性各异，其上的叶形也变化较大。黄果柑枝梢按照一年中是否继续生长、抽枝，可成为多次梢，黄果柑上一、二次梢居多，少有三次梢，一般不会再抽生四、五次梢。

黄果柑枝梢形成花芽的能力与其发生级数有关。黄果柑花芽的形成都是在当年的末级枝梢上形成的，如春梢上抽生夏梢后，春梢部位上将不能再形成花芽，而是在春夏梢末端成花。所以修剪时，尽量避免剪去结果枝的枝顶，保留梢末开花部位。黄果柑一般在春梢和早秋梢末端成花，如果秋梢营养生长过强、停止生长较晚，则在其梢末也难以形成花芽，导致减产，应避免这种情况的发生。

5）枝组类型与结果能力的关系

黄果柑以最初生长的骨干枝为基础，经历若干个物候期后，新枝不断抽发，形成枝组。根据枝组上着生枝梢的多少，可以划分为小枝组、中枝组和大枝组。着生有 2 个以上小枝或其他枝梢的枝组，叫小枝组；具有 2~3 个分枝，分枝上共着生有 6 个以上小枝组或其他枝梢的枝组，叫中枝组；具有多个分枝，由多个中、小枝组着生在一个基枝上的枝组叫大枝组。不同的枝组因其着生部位、生长势的不同，其生长发育情况及结果能力各不相同。

（1）枝组着生部位与结果量的关系：依照枝梢着生位置，可将黄果柑的枝组分为垂直枝组、斜生枝组和水平枝组。

A. 垂直枝组：也称背上枝组，是着生或延伸在骨干枝背上的枝组，其上多着生徒长枝，枝梢生长较直立，极性较强，生长较旺盛，衰弱较慢。这类枝组营养多供枝梢徒长，不利于花芽形成，一般不结果。但在老树和衰弱树上，也可适当刺激垂直枝组结果或利用其更新树体，达到更新复壮、延缓衰老的目的。

B. 斜生枝组：是指着生在主枝、侧枝、辅养枝等基枝两侧，斜向上生长的枝组。生长势较垂直枝组缓和，角度开张，通风照光条件良好，营养条件良好，通常结果能力较强，是主要的结果母枝。

C. 水平枝组：是着生在主枝、侧枝、辅养枝等两侧，水平或略下垂生长的枝组。这类枝梢生长势较弱，顶端优势不明显，花芽易形成，开花早，花量大，容易早果，但整体发育不良，枝组养分积累不足，坐果率低，果实常发育不良，成为小果或畸形果，易落果。

（2）枝组生长势与结果量的关系：依照枝组生长势的强弱，可将黄果柑枝组分为强旺枝组、中庸枝组和衰弱枝组。

A. 强旺枝组：即生长旺盛的枝组，这类枝组结果少或不结果。黄果柑强旺枝组上各类营养枝中以长枝居多，中短枝少，形成花芽较少，难以形成优良结果母枝。幼、老树常保留这类枝组，在枝梢生长到 8 片叶时摘去嫩尖，促使顶芽附近其他多个芽的萌发，使生长势放缓，用于结果或扩大树冠。

B. 中庸枝组：即生长势中庸，枝组健壮，枝条长短适中的枝组。黄果柑中庸枝组中营养枝、结果母枝比例协调，枝组发育状况良好，养分充足，有利于连续结果。枝组内部常轮换更新、交替结果，结果量适中，果实发育良好，且不伤树势，翌年仍可继续结果。

C. 衰弱枝组：即长势衰弱，枝短而细的枝组。衰弱枝组开花多，坐果少。这类枝组常是由于结果过多，养分消耗过多，导致枝组受损，生长量减小，抽生的新梢短且细弱。此外，树冠内膛、下部的枝组和披垂枝组，因光照不足，加上外围强旺枝组的影响，分枝变得细长，也易变为衰弱枝组。

这三类枝组并不是固定不变的，如旺盛枝组常随着侧枝的抽生，生长势逐步缓和，开始有少数弱枝开花，以后生长势逐步减弱，成为中庸枝组，并大量开花结果；而大量结果后又逐渐衰退，成为衰弱枝组，结果减少，果实质量变差；而衰弱枝组小年时不结果，又抽生强夏梢而得到更新，成为强旺枝组；如此循环。

3. 枝的年生长周期

1）枝梢的抽生时期

随气候周期性变化，黄果柑一年可以抽生春梢、夏梢、秋梢和冬梢，但因黄果柑种植地区属干热河谷地带，冬季温度不高，黄果柑一般不抽生冬梢。由于各类枝梢抽生的季节、温度和养分供应状况不同，各类新梢的枝梢特点及叶片形态也各有不同，如图 2.3 所示。

图 2.3 柑橘春梢、夏梢、秋梢、冬梢

（1）春梢。春梢于 2~3 月（立春至立夏前）抽生，是一年中最重要的枝梢。在低海拔地区、高温年份春梢抽生较早。因为早春温度较低，水分不多，树体又经越冬休眠，贮藏的养分较充足，黄果柑春梢发梢多而整齐，枝梢较短，生长量小，长 9~20cm，基部圆滑，节间较密，春梢叶片较小，先端较尖。由于早春气温低，生长较慢，春梢自露芽至枝叶充实，需 50~60d。幼龄树春梢占全年抽枝总量的 60%~70%，老龄树达 95%以上。幼树春梢以营养枝为主，其上能发生夏、秋二次梢，制造养分，扩大树冠，部分春梢也可能不抽生，当年分化花芽成为翌年的结果母枝。成年树春梢发生数量多，抽生整齐，易形成花芽，生产上应注重培养健壮的春梢作结果母枝，健壮的春梢也是抽生夏、秋梢的基枝。

（2）夏梢。夏梢在 5~7 月（立夏至立秋前）抽生，多发生于树冠外围健壮春梢上。其抽生时间先后不一，生长不整齐，抽生次数视气温、树势、结果量而异，壮旺的幼龄树，在加强肥水管理的条件下，可抽生二次夏梢，而结果多的树与老树可能不萌发夏梢。因处在高温多雨季节，生长势旺盛，黄果柑夏梢枝条粗长，长 11~23cm，节间长，横断面呈三角形或扁平菱形，节间有刺，叶大而厚，叶端较顿，叶片呈卵圆形或椭圆形，叶翼较明显。夏梢从露芽至枝叶充实需 35~50d。夏梢多为徒长枝，生长势旺，易扰乱树形，且因夏梢抽生期和生理落果期相遇，其生长易与幼果争夺养分加剧生理落果，多在抽生时抹去。但幼年树可利用夏梢培养枝组，加速骨干枝的培养及树冠扩大、成形，促进提早结果；衰老树可利用部分夏梢更新衰弱枝条，达到复壮树体的目的。所以在生产栽培中，应针对实际情况加以利用和控制。

（3）秋梢。秋梢在 8~10 月（立秋至立冬前）抽生，可分为早、晚秋梢。黄果柑秋梢抽生较整齐，数量也较多，长势适中，枝梢较春梢短，长 8.5~12cm，枝梢横切面多呈三棱形，抽生数量随树龄、营养和坐果量等情况而变化，生长势及叶片形态介于春、夏梢之间。从萌发至枝叶充实需 45~50d。秋梢为重要的营养枝，早秋梢为优良结果母枝，占全年结果母枝的 60%~70%。9 月以后仍有少量晚秋梢发生，晚秋梢因发育较晚，生育期短，质量较差，仅在暖冬年份才有可能成为结果母枝，利用价值低，为确保黄果柑果实品质、来年花量及防止潜叶蛾等，需控制晚秋梢的抽生。栽培中常采用抹夏芽放秋梢措施，培育多而充实的早秋结果母枝，增加来年结果量，秋梢抽生数量多还可抑制冬梢的抽生。

（4）冬梢。冬梢在立冬前后抽生。黄果柑极少抽生冬梢，仅在暖冬年份且肥水条件良好时偶有抽生，但冬梢的抽生会影响翌年夏、秋梢养分的积累，不利于花芽分化，应防止其发生。

（5）黄果柑各株系不同时期枝梢生长情况。据调查，黄果柑枝梢生长情况因株系性状不同而表现不同，对其枝梢生长情况进行比较，结果表现为枝梢生长长度：凸蒂大型果＜平蒂大型果＜小型果。在同一株系中春、夏、秋梢的生长长度以夏梢最长，春梢其次。通常情况下柑橘春梢发育期温度低，春梢发育缓慢，叶片小而枝梢短，但因为黄果柑适栽区早春气温回升较快，春梢生长良好，春梢较长，尤以小果型春梢生长最好，平均可达 19.38cm（表 2.1）。

表 2.1　黄果柑各株系不同时期枝梢长度

处理	春梢/cm	夏梢/cm	秋梢/cm
凸蒂大果型	9.21bB	11.03b	8.72a
平蒂大果型	12.94abAB	15.67ab	8.88a
小果型	19.38aA	23.09a	11.51a

注：LSD 法差异显著性检验，小写字母 a、b 表示 5%显著水平差异，大写字母 A、B 表示 1%显著水平差异

2）枝梢的连续抽生次数

按照枝梢一年中是否继续生长、抽枝，可以划分为一次梢、二次梢、三次梢等。柑橘抽生二、三次梢的数量与树龄、树势、结果情况、栽培管理密切相关。幼树生长势旺，二、

三次梢抽生数量多，进入盛果期后，抽生数量则下降。黄果柑上一、二次梢居多，少有三次梢，一般不会再抽生四、五次梢。

（1）一次梢：指在当年内，春、夏、秋各季，只在上年或往年的枝梢上抽发一次新梢，且当年不再在新梢上继续抽梢，如图2.4所示。

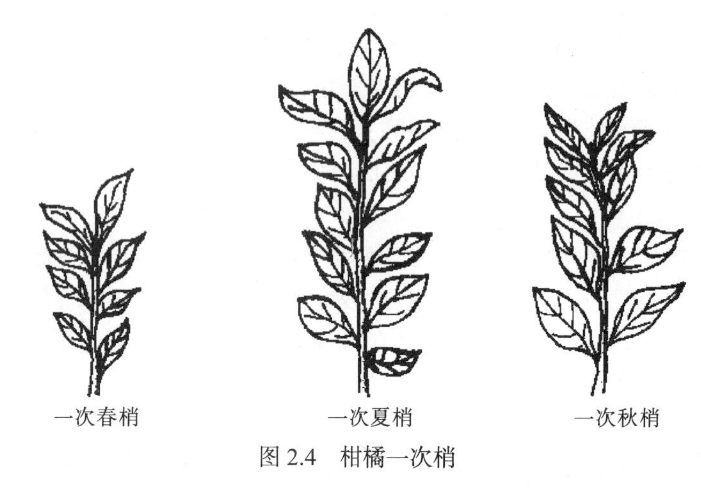

图2.4　柑橘一次梢

（2）二次梢：指在当年的一次梢上再抽生一次新梢。春梢上在夏季或秋季再抽发二次梢，形成春夏梢或春秋梢；也有在夏梢上再抽秋梢，形成夏秋梢，但一般以前一种情况居多，如图2.5所示。幼年树和初结果树，由于生长势旺，常在春梢上抽生较多的强夏梢。人为采取措施（如摘心、扭梢、拿枝）也可促发二次梢的形成。

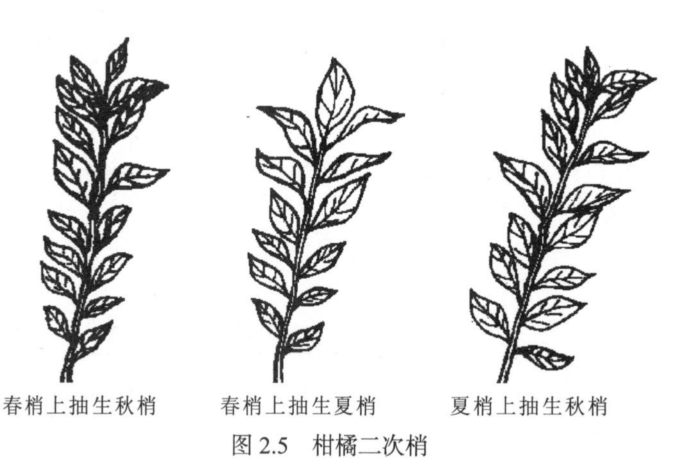

图2.5　柑橘二次梢

（3）三次梢：在当年的二次梢上再抽生一次新梢。三次梢的形成一般有两种情况，一种是一年中连续抽生春、夏、秋三次梢；另一种是采取控夏梢后，在春梢上连续抽发两次秋梢，如图2.6所示。后一种往往因为最后一次抽梢迟，发育不充分，不易形成花芽，生产上没有应用价值。

3）枝梢的质量

黄果柑一年中枝梢抽生的数量和质量是衡量树体营养状态及来年产量的重要标志。根据新梢的质量，可以将枝梢分为营养枝、结果母枝和结果枝。不着生花果的枝和无花芽的枝都称营养枝。良好的营养枝可以转化为翌年的结果母枝。着生花的枝梢称结果枝，着生结果枝的基枝称结果母枝。春天结果母枝上的芽抽出结果枝，然后在结果枝的顶端或叶腋中，逐渐露出花蕾，开花结果。

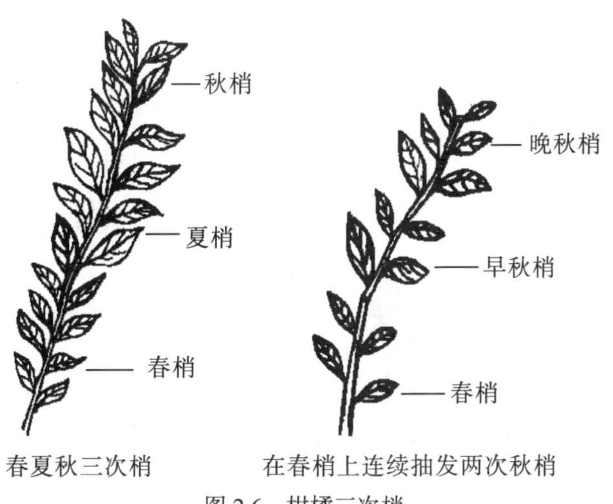

图 2.6 柑橘三次梢

（1）结果母枝：指上年形成的组织充实的枝梢，能于翌年抽生结果枝的枝梢。黄果柑春、夏、秋、冬梢若健壮充实，均有可能发育成结果枝，但以早秋梢、春梢、弱夏梢成为翌年结果母枝为佳，特别是 8~10 月抽生的早秋梢，因积累养分充足，能分化优质的花芽，成为优良的结果母枝。据调查（表 2.2），黄果柑早秋梢占结果母枝的 60%~70%，春、夏梢也能够成为良好结果母枝，且凸蒂大果形和小果形株系春梢结果母枝分别占到 25%和 15%，这与其树势强，春梢生长量大有关。黄果柑每年需要相当数量的营养枝以保持与生殖生长之间的平衡，才能连年丰产，发育健壮的结果母枝能同时抽生良好的结果枝及营养枝。健壮的成年树，结果母枝饱满充实，粗度适宜，每枝具有 6~8 片叶，叶色保持浓绿，翌年多顶抽花枝。

表 2.2 黄果柑不同株系结果习性调查

类型	春梢结果母枝				夏梢结果母枝				秋梢结果母枝			
	百分比/%	长度/cm	结果枝		百分比/%	长度/cm	结果枝		百分比/%	长度/cm	结果枝	
			顶花枝/%	腋花枝/%			顶花枝/%	腋花枝/%			顶花枝/%	腋花枝/%
凸蒂大果	25	7.4	77	23	11.4	9.37	80	20	63.6	11.33	62.5	37.5
平蒂大果	9.6	12.5	40	60	16.4	13.6	88.2	11.8	74	8.8	66.2	33.7
小果	15	13.4	33	67	11	21.7	54.5	45.5	74	11.6	56.8	43.2

（2）结果枝：由结果母枝顶端一芽或附近几个芽萌发而成。结果枝分为有叶结果枝和

无叶结果枝两大类，也可分为顶花结果枝和腋花结果枝两类。由表 2.2 可知，黄果柑三个株系均以顶花枝结果为主，顶花结果枝平均占 50%~80%，仅有平蒂大果型和小果型株系的春梢结果母枝以腋花枝结果为主。黄果柑常见的结果枝为有叶顶花枝、有叶花序枝、腋花枝和无叶顶花枝，少有无叶花序枝（图 2.7）。未达高产的幼龄结果树抽营养枝和有叶结果枝较多，老年树则营养枝少而无叶结果枝多。因有叶结果枝多发生在强壮的结果母枝顶部，枝叶齐全，发育充实，具有营养生长和结实的双重作用，坐果率高，结果质量较好，尤其是有叶顶花枝，结果品质最佳，单果重显著高于无叶结果枝，且强壮的有叶顶花枝翌年还可成为较好的结果母枝。

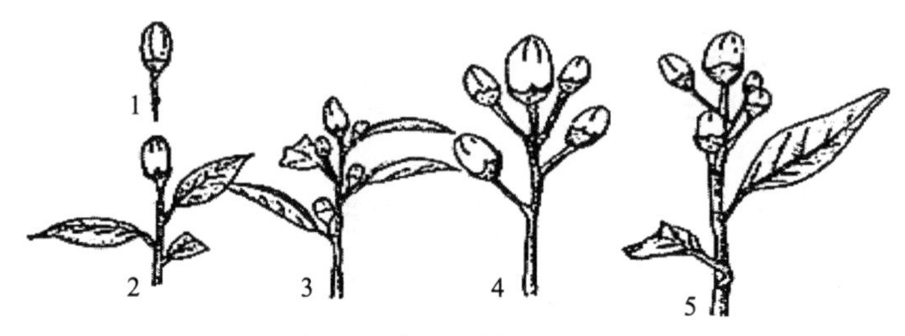

图 2.7　黄果柑结果枝类型

1.有叶顶花枝；2.无叶顶花枝；3.腋花枝；4.无叶花序枝；5.有叶花序枝

（3）营养枝：当年只长枝叶不开花，继续发育生长延伸，扩大树冠，所以又称发育枝或生长枝。营养枝可分为普通营养枝、徒长枝和纤弱枝三种，如图 2.8 所示。

A. 普通营养枝：较粗壮，长度大多在 10~30cm，组织充实，叶色浓绿，这种枝的数量是树势健壮的标志，此种枝第二年很可能当年分化花芽成为下年的结果母枝。

B. 徒长枝：大多数营养枝生长势特别旺盛成为徒长枝，其枝长节间长，组织不充实，一般多发生在夏季，枝条横断面呈三棱形或扁平菱形，节间多刺，叶片大而薄，叶色较浅。徒长枝长可达 1~1.5m，常着生于树冠内膛，影响主干的生长和扰乱树形。部分着生部位适宜的徒长枝，可适当留作各类枝梢的更新枝，迅速填补树冠空缺，对突出树冠外围的徒长枝可进行弯枝或摘心，使它变成结果母枝或抽生分枝，有利于衰老树的更新复壮。无利用价值的徒长枝应及时疏除，以减少树体养分的消耗。

C. 纤弱枝：枝梢生长细弱而短，多在衰弱树或隐蔽处发生，修剪时应适当疏除。

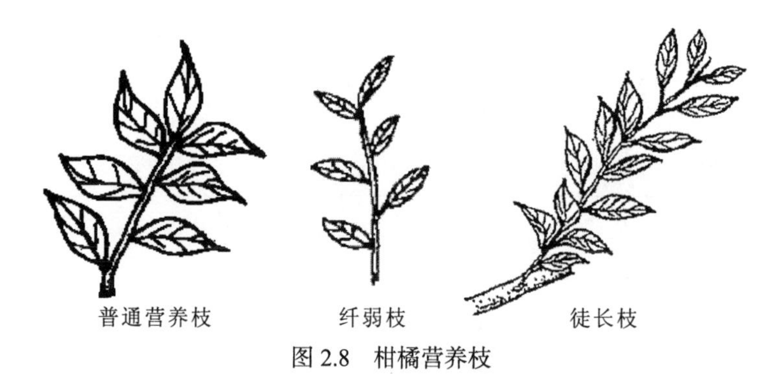

图 2.8　柑橘营养枝

2.1.3　芽

1. 芽的结构

芽指未发育的枝、花和花序的原始体，通常由生长点、过渡叶、苞片和鳞片结构组成。黄果柑的芽为裸芽，无鳞片，仅由几片不发达的、肉质的先出叶包裹。黄果柑的芽为混合芽，能萌发花和枝梢。黄果柑地上部分的枝、叶和花均由芽发育而来，随着芽的增加和积累形成树冠，芽的生长是黄果柑生长发育、结果、更新的基础。

2. 芽的特点

（1）顶芽。在枝条顶端的芽，称为顶芽。在枝上，茎与叶的交角处称为叶腋，叶腋处也分布有芽，称为腋芽或侧芽。黄果柑因顶芽自剪现象，而没有顶芽，均是腋芽，黄果柑新梢伸长生长一定时期后，生长趋于停止时，在顶端下部产生离层，嫩梢顶端即发生自动脱落，俗称“自剪”或“顶芽自枯”，剪口下的腋芽取代顶芽的位置形成假顶芽，这是柑橘营养枝生长的一种特殊现象。黄果柑新梢由于无顶芽，侧芽代替了顶芽的生长，上部侧芽抽发新枝形成一个假中心轴，致使接近顶芽的几个侧芽同时萌发，使柑橘枝条生长呈“S”形的曲线发展，因此柑橘的分枝是假合轴分枝。由假中心轴向上、向四周发生分枝，没有顶芽延伸而来的主枝延长枝，而是侧芽逐级分生发展形成一个处于树冠中心的类似于主枝延长枝的枝组，构成了柑橘丛生性强的特性。但枝梢上部的芽，生长势仍然较强，以下的芽生长势依次递减，上部芽的存在能抑制下部芽的萌发，故将枝条短截或把直立性枝条弯曲，均可促进下部侧芽萌发。

（2）复芽。黄果柑的芽在分化初期，先分化几片先出叶，即苞片，由它们包围着芽，这个被包裹的芽就被称为主芽，而每一片先出叶的叶腋中又都有几个芽，这些芽称为副芽，一个主芽有几片先出叶包围，就有几个副芽。柑橘的芽实际上是由一个主芽和几个副芽构成，因此，柑橘的芽是复芽。通常只是主芽萌发，如果枝条的营养水平高，也常见主芽和部分副芽同时萌发，在一个节位上同时抽发多个枝梢。如果先萌发的嫩梢（主芽）受损或被抹除，会刺激同一节位(叶腋)的多个副芽萌发，也可能促进附近节位叶腋中的芽萌发。利用芽的这个特性，人工抹去先萌发的芽和嫩梢，可促使萌发更多的新梢。这也是造成柑橘枝梢丛生密集的主要原因之一。在老枝和主干上具有潜伏芽。受刺激后能萌发成枝，根部在受伤或受其他刺激后其暴露部分也会萌发不定芽而成新梢。

（3）潜伏芽。黄果柑的芽在生长季节不一定全部都能萌发长成枝条。凡没有萌发的芽称潜伏芽或休眠芽，也称隐芽。潜伏芽一般都着生在枝条下部或多年生枝上，离枝的先端越远，距枝条的基部越近，越难萌发。如果将上部枝段剪去，促使营养集中于下段，可刺激下部芽萌发。潜伏的时间，有数年至数十年不等，而潜伏芽经刺激萌发力很强。因此修剪上往往利用潜伏芽的特性进行枝干和老树的更新，生产上常用的短截促梢、压顶更新等修剪方法也是应用这个特性。

（4）芽的早熟性。黄果柑的芽在新梢停止生长时就已基本发育成熟，此时只要养分供应充足，气候适宜，新芽就能马上萌发抽梢。正是由于黄果柑的芽具有早熟性，使得黄果柑具有一年多次发芽、多次抽梢的特性，能很快形成密集的树冠，因而具有早结丰产的可能性。

（5）芽的分化。芽萌发后仅抽生枝叶而没有花的芽称为叶芽。黄果柑在幼年未结果时期，其芽全部是叶芽。芽在分化初期也都是叶芽，后因营养上的分配和碳氮比的变化，一部分的芽原基质变分化，芽内部的生长点逐步加宽变成花原基，逐渐分化出花器的各部分而成为花芽。花芽也有先抽生新梢，而后在新梢上生花蕾者，这种芽称混合芽或混合花芽。

（6）芽的萌发力。萌发力是指一年生枝上芽的萌发能力，比较直观地反映一年生枝在第二年的萌发情况。萌发得越多，说明萌发力越强。萌发力一般以萌发芽数占总芽数的百分比表示，也称萌芽率。芽的着生部位、形成条件、发育时期不同，质量上有明显差异，这种差异称芽的异质性。芽的异质性与柑橘的其他生长特性（如顶端优势、层性等）有着密切联系。由于芽的异质性和萌发力对芽萌发抽生的枝梢有很大影响，在黄果柑整形修剪中，常利用芽的异质性来调整树势平衡，协调生长与结果的矛盾。在选留、培养骨干枝和更新复状结果枝组时，常选用壮枝、壮芽做剪口芽，以使骨干枝生长健壮，提高结果枝组结果能力。在修剪时，可以通过短截促进下部芽萌发，避免长枝只在前部抽梢，下部光秃无枝。在对旺树、旺枝缩剪花枝时，往往在弱枝处缩剪，以提高坐果率。另外，为了提高中下部芽发育质量，也可以采取一定的修剪方法加以处理，如对新梢摘心，可减缓顶芽对侧芽的抑制，减缓顶部枝梢的生长强度，提高侧芽质量，使弱芽变壮芽、叶芽变成花芽，有利于萌发抽梢或开花结果。

（7）芽的成枝力。一年生枝上的芽抽生长枝的能力称成枝力。成枝力强弱用成枝率来表示，即指萌发抽生成长枝的芽数占总萌芽数的百分比。成枝率高，表示成枝力强，反之，成枝率低则成枝力也低。一般情况下，萌芽力和成枝力是相互制约的统一体：萌芽率高，成枝力则低；成枝力强，萌芽率则低。成枝力与母枝种类及芽的质量关系十分密切。芽自枝梢顶端到基部由强至弱的总趋势中，间强间弱现象在成枝力上反映得也很突出，其中夏、秋两季母枝比春季母枝更为明显。成枝力的强弱与树龄、枝龄、生长势、枝梢类别、不同修剪方法和修剪程度有关。

2.1.4 叶

1. 叶的结构

黄果柑的叶片为互生单身复叶，由叶身和翼叶组成，翼叶退化较小，夏梢叶片叶翼呈剑形，春、秋梢翼叶仅于叶柄两侧具线形突出(图 2.9)。黄果柑叶片较小，平均长 7.8cm，宽 3.6cm。平均叶面积 18~23cm²，大果型株系黄果柑的平均单叶面积极显著大于小果型。叶身梭形，叶身基部椭圆，叶端渐尖，叶缘波浪状，叶片质地较厚，叶面较平整光滑，革质有光泽，有强烈的芳香味。叶色呈绿色，初生时颜色较浅，成长后呈浓绿色，小果型树体叶色较淡，叶片较薄较小，叶片着生较大果型株系直立。叶脉为羽状网脉，主脉明显，叶面、叶背均能看到明显的中脉凸起。黄果柑叶面具有大小不一、细密的透明油胞点，内含挥发性芳香油，可供提取制作香精油。叶背具有气孔，以叶背中部最密，先端次之，

图 2.9　黄果柑叶片

1.叶身；2.翼叶；3.叶柄

基部最稀。同时，位于枝梢先端的叶片气孔密度最大；在荫蔽部的叶片气孔密度最小。黄果柑叶片着生角度较开张，能较好地接受光照，通常荫蔽处叶着生角度最大，向阳处叶着生角度较小，但向阳枝梢最顶端的叶，角度常最大。

2. 叶的功能

叶片是黄果柑进行光合作用、制造和贮藏有机养分的重要场所，同时也有进行呼吸、蒸腾及吸收养分的作用，是维持树体正常生命活动的重要器官。

黄果柑叶片是树体重要的光合作用场所，其叶片光合效率较其他果树低，在最适条件下的光合效能等于苹果的 1/3~1/2。但黄果柑具有耐阴性，叶片对较弱的散射光的利用力强，其光补偿点低。新叶的光合效率随着叶龄的增加而增加，到叶片成熟时达高峰，冬季低温来临前光合效率降低。柑橘光合作用的最适叶温为 15~30℃，合成单位干物质需消耗 300~500 倍水分。天气干燥时，最适光合作用的叶温局限在 15~20℃，效能较低；而在空气湿润条件下最适光合作用的叶温可高达 25~30℃，其净光合作用不降低；只有当叶温高达 35℃时，光合效能才降低。因此在土壤干旱而又高温干燥的情况下，空中喷水或土壤灌溉都能适当提高光合效能。

黄果柑叶片也是树体贮藏有机养分的重要器官，叶片贮藏全树 40%以上的氮素及大量的碳水化合物。因此，从黄果柑叶片的发育状况能反映树体生理和矿质营养状况。叶片合成的糖大部分转化为淀粉，输送到枝干和根部贮藏，而大部分氮素和糖类积存在叶片中，因此，保护叶片、扩大叶面积，对增强光合功能、提高产量有重要作用。黄果柑叶背和叶面密布气孔，是呼吸和蒸腾作用的通道。蒸腾作用的大小，影响到叶片含水量的多少和树体对土壤水分的需求量，也影响果实产量和品质。气孔还有一定的吸收作用，营养物质可以通过气孔和叶表皮细胞进入树体，这是根外施肥的依据所在。

3. 叶的生长特性

黄果柑新叶一年中陆续发生，老叶陆续脱落，着生的叶超过脱落的叶，显示出常绿特性。黄果柑叶片寿命与营养状况和栽培条件密切相关，一般为 17~24 个月，少数叶寿命长达两年以上。黄果柑单叶的叶面积开始增长很慢，以后迅速生长，当达到一定值后又逐渐减慢，单叶的生长从抽生到成为成熟功能叶需要 30~45d。通常，黄果柑枝梢基部和顶部的叶片生长停止最快，叶面积小，中部停长晚，叶片较大，枝梢上部叶片生长主要受温度、湿度等气候条件的影响，枝梢基部的叶片生长主要受贮藏养分的影响。初生叶片光合速率较低，净光合速率往往为负值，此后随着叶片的生长发育而逐渐升高，当叶面积达到最大时叶片光合效能也最大，并维持一段时间。此后随着叶片的衰老和温度的下降，光合速率随之下降，直到落叶。

黄果柑叶片在一年中各个时期都可能会脱落，一般新梢萌发后即有大量老叶脱落，落叶高峰常出现在春季开花期和抽梢期。干旱、低温、营养胁迫和病虫为害等也可能引起异常落叶，表现为叶身先落，叶柄后落。叶片早落对柑橘生长、结果和安全越冬都不利，应避免其发生。

4. 叶的营养成分

据调查，与柑橘叶片营养标准相比较，黄果柑叶片 Fe 含量丰富，Ca、Zn、Mn、Mg

适量，N、P、K 略微缺乏（表 2.3）。叶片 N、P、K 的缺乏，说明在生产上要增施合理配比的 N、P、K 肥，提高叶片营养元素含量。若长期缺乏将表现为果实含糖量低，含酸量高，果皮厚，品质不高。

表 2.3　黄果柑叶片营养元素表

类型	N /(g/kg)	P /(g/kg)	K /(g/kg)	Ca /(g/kg)	Mg /(g/kg)	Zn /(mg/kg)	Mn /(mg/kg)	Fe /(mg/kg)
黄果柑叶	22.61	0.660	6.39	33.88	2.22	50.36	49.87	301.7
标准	29~35	1.2~1.6	10~17	25~27	2.5~5.0	20~50	20~150	50~140

注：叶片营养元素标准引自行业标准：NY/T 975—2006 柑橘栽培技术规程

2.1.5　花

1. 花的形态结构

黄果柑多生顶花，仅 30%花着生于叶腋，呈单生或伞房状总状花序。成熟花器一般由花柄（花梗）、花萼、花瓣、雄蕊和雌蕊五部分组成（图 2.10），花较大，花柄较短，顶部膨大成盘，生有蜜腺，称为蜜盘，蜜盘浅杯状。花萼宿存，杯状结构，深绿色，通常在杯缘具 5 个短凸，肉质的萼杯与花托之间并无明确的分界，花萼的脉序为平行脉。花冠多由 5 个明显花瓣组成，花瓣与萼片互生，花瓣小而厚，白色，革质，具有光泽或蜡质状，花瓣背部边缘对光可以看见半透明的油胞，花瓣内的油胞与萼片一样，位于表皮远轴面的下方。花瓣上的气孔数较少。雄蕊由花丝和花药两部分组成，花药成熟时裂开散出花粉，花粉少，花粉粒圆形，花粉可育，但 48h 后失去活性（叶萌，1998）。雌蕊基部膨大的部分是子房，子房球形，中间为花柱，花柱微弯，顶部膨大的部分称为柱头，呈球状构造。花柱道开口于柱头表面，柱头的表皮细胞产生乳突状绒毛，由此分泌出甜而黏性的液体，黏住花粉，起到授粉受精的作用，自花授粉。

图 2.10　黄果柑的花

2. 花芽分化

1）花芽分化的时期

黄果柑花芽是由结果母枝上的芽原基生长点分化而来的，一般在秋冬季至春芽萌发之前完成花芽分化工作。花芽分化的早晚往往因气候、树龄、营养状态、树势、结果情况等条件而存在差异，一般表现为春梢先完成分化，然后是夏秋梢的花芽分化。花芽分化经过花芽生理分化期与形态分化期两个阶段，包含分化前期、分化初期、萼片形成期、花瓣形成期、雄蕊形成期和雌蕊形成期六个时期。

在顶端生长点分化为花芽过程中，顶端营养生长的分生组织变宽，且略呈扁平，转变形成花发生顶端分生组织，由此形成花托和花的附属器官。花原基部分似指状，从花的分生组织向外生长，并弯曲覆盖，颇似叶原基弯曲覆盖于顶端分生组织，但花原基较叶原基圆润，易于区别。每一次的花轮部分在前一轮的内侧上方形成，萼片首先形成，使基部联结形成杯状的花萼。接着，萼片的远端弯曲，包围着其他花部。随后，花冠原基膨大，推开萼片向外伸长形成花瓣原基。花瓣原基略至覆盖状，花瓣边缘由互锁的乳头状小突起联结在一起，形成完全闭合的、圆顶状的覆盖体，然后在花冠内侧形成一单轮的雄蕊原基。雌蕊由 1 个子房、1 个花柱和柱头所组成。在早期发育阶段，心室腔先形成，随后由两侧心室之间及心室内侧隆起产生花柱，形成花器的完整雏形。

2）影响花芽分化的外界条件

（1）光照。光是花芽形成的必需条件，通常遮光会导致花芽分化率降低，适当高光强促进成花，低光强成花率下降。光强影响花芽分化的原因可能是光影响光合产物的合成与分配，弱光导致根的活性降低，影响细胞分裂素的供应。光的质量对花芽形成也有影响，紫外线抑制生长，钝化生长素，诱发乙烯产生，促进花芽分化，高海拔地区易于成花。

（2）温度。冬季低温对于黄果柑花芽生理分化（花诱导）是非常重要的因素。较低的温度有利于花芽分化，冬季低温期长的年份，翌年分化的花量较多，可能是因为高温促进新梢生长，不利于成花。土壤和空气温度对花芽分化的影响不同，土温影响更大，一般土温低，气温稍高也能形成花芽。

（3）水分。在黄果柑花芽分化期，适度的水分胁迫可以促进花芽分化、调控花期。花芽分化期适当采用水分胁迫，使土壤水分控制在 10%左右，有利于花芽分化。在适当范围内，通常植株成花反应的强度和水分胁迫的程度和时间成正相关。其他时期要保持 60%以上的含水量，以保证花的正常发育。适当干旱使营养生长受抑制，碳水化合物易于积累，精氨酸增多，生长素、赤霉素含量下降，脱落酸和细胞分裂素相对增多，有利于花芽分化。但过度干旱也不利于花芽的分化与发育。

（4）土壤养分。黄果柑花芽分化也受土壤养分的多少、矿质元素比例的影响。花的分化和发育需要丰富的营养物质，黄果柑花内氮、磷、钾含量常比其他器官较高，要使花芽发育良好需要有充足的三要素供给。在花芽分化期施氮能提高胚珠活性，并促进花芽分化，缺氮会影响花芽发育，畸形花比率增加。如氮素供应充分的条件下，随着磷的供应量增加，也能提高花芽形成率。钾对黄果柑成花的影响没有氮、磷那么显著，但缺钾也会造成花量减少。

（5）树势。中庸的树势也有利于花芽分化，花量的增加。通常斜生枝或水平枝着生角度较大，枝势较弱，营养生长消耗的养分更少，且枝梢顶端优势不明显，易于花芽生理分化。但水平枝组或衰弱枝组因枝梢太弱，营养不足，常成花多，结果少，果实质量差。

3. 开花

开花是一种不均衡运动，黄果柑花瓣基部有一条生长带，当它的内侧伸长速率大于外侧时，花就开放。黄果柑一般仅春季开一次花，偶见开秋花的现象。黄果柑不同株系间花期差异不大，均表现为花期整齐，花期较长，从出现极小的绿色花蕾、逐渐膨大，至 3 月下旬陆续开放，花期 30d 左右，盛花期约 11d，因花期与果实成熟期相遇，常出现花果同树的奇观。

温度和光照是影响黄果柑花期开放的主要因素。晴朗和高温天气，开花早，开放整齐，花期也较短；当遇到低温阴雨，则开花迟，花期延长，花朵开放参差不齐。此外，树势对花期早晚及长短也有较大影响，树势强，树体积累的养分充足，有叶结果枝多，则花期早而短，花发育正常，坐果率高；若树势弱，无叶结果枝多，则花期迟而长，花量大，结果少。

2.1.6 果实和种子

1. 果实

黄果柑果实为柑果，由子房发育而成。子房的外壁发育成果实的外果皮，富含油胞，又称油胞层或色素层；子房中壁发育为中果皮即海绵层，又称白皮层；子房的内壁为心室，发育成囊瓣，内含汁胞和种子（图 2.11）。

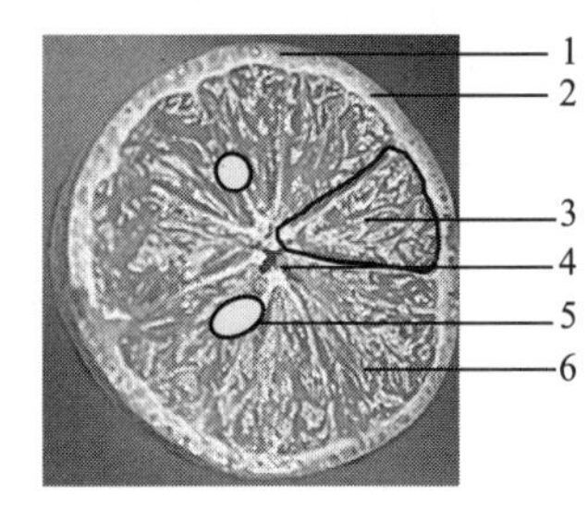

图 2.11 黄果柑果实剖面
1.果皮；2.油胞；3.囊瓣；4.果心；5.种子(少核)；6.砂囊

黄果柑果实以果蒂为基础，可以分为两部分，靠果柄部有蒂的一端称基部或蒂端；反向端称顶部、顶端或柱（头）端。两端间的侧面中部，称腰部。腰部与基部之间的部分称下肩部；腰部与顶端之间的部分，称上肩部。顶部的先端称果顶；果顶的最顶点，称柱痕或柱点，通常为明显黑色小点。果顶周围略有凹陷，由里向外辐射波浪状凹陷沟。果蒂是萼与果梗的合称。果蒂四周的部分可以称蒂部。萼片小，呈五角形，紧贴果皮，萼片周围轻微凹陷处称蒂洼。黄果柑果蒂蒂端附近，常有较为明显的凸起，称果颈，根据果颈的高低可将黄果柑分为平蒂果和凸蒂果（卢德明，2004）（图 2.12）。

平蒂果　　凸蒂果　　小果

图 2.12 黄果柑不同果形

黄果柑整体呈倒卵圆形，上肩部较下肩部大。果形也因气候、树势、树龄等而发生一定变异。一般来说，树势旺盛，树龄幼小，土地肥沃，挂果少时，果实均有横径增大的趋势。黄果柑平均果重 140g，最重可达 274.77g，横径平均 6.5cm，纵径平均 6.5~7.5cm。果形指数因果形的不同而差异较大，平蒂黄果柑果形指数 1.02 左右，凸蒂黄果柑果形指数可达 1.12。黄果柑株内果实差异较大，果实大小常参差不齐，平蒂果形和凸蒂果形也可能同时出现在一株树上，果实整齐度不一致，一定程度上降低了黄果柑的商品价值。

黄果柑果实的可食用部分由若干囊瓣组成，内含汁液饱满的砂囊。囊瓣长肾形，8~10瓣居多，囊皮薄而韧。囊瓣的皮也称囊壁或囊衣，是由子房内壁心室皮发育而来。砂囊是后期发育而来的，在子房发育初期心室内尚无砂囊，至开花期才从心室基部内表皮向果心方向长出砂囊原基，再由各个砂囊原基的细胞不断分裂和增大发育成砂囊，充满囊瓣的内部。砂囊是一个多细胞的结构，呈短纺锤形或圆锥形，大小不一，通常相互交织形成网状，呈向心方向紧密排列。砂囊深橙色，脆嫩化渣，风味佳，酸甜适中，汁液丰富，是影响黄果柑口感的重要组织。砂囊外部为带有角质的表皮细胞，中央为具有大的液泡的薄壁细胞，在早期有细胞核。砂囊在发育过程中，顶端的分生组织不断伸长并且膨大，主要作用为贮藏调运来的水分和营养物质。许多砂囊聚合一起形成的可食部分即为果肉，在果实过熟或者缺钙的情况下，果实可能会出现枯水或砂囊粒化（熊博等，2014）的情况。囊瓣内除汁胞外，还有种子。种子着生于囊瓣内端部位。

在果实的中心有中心柱或称中轴，由维管束及与中果皮相连通的薄壁细胞所构成，横切面呈不规则形，中心柱组织疏松，呈半空虚状态，当果实缺水或过熟时也可能出现中心柱开裂或空心的现象。

果实外表最引人注意的是颜色。黄果柑果实幼小时均呈绿色，具光泽；果实发育接近成熟时，随着温度的降低，叶绿素合成会逐渐减弱，并加速分解，同时类胡萝卜素显现出来，而呈现出橙色或深橙色。不同海拔、不同方位及不同年份，由于土壤元素和干旱、光照等环境条件的变化，也可能出现色泽转化的差异，通常暖冬年份叶绿素分解慢，转色晚，果实成熟延迟；较低温年份，转色较快，颜色更深。

黄果柑果面具蜡质，有光泽，果皮较粗糙，凹凸不平。果面的平滑与否，主要取决于油胞的着生状态。黄果柑油胞点较小，密度较大，呈半透明圆点状，大多数明显突出，遍布整个果面。黄果柑的香味取决于油胞中精油的含量及比例，其含油量较多，气味较浓，呈甜香味。由于油胞中的富含挥发性物质，果皮均具有辛辣苦味，不宜使用。黄果柑果皮较薄，蒂部最厚，顶端最薄，成熟果实腰部横断面平均厚度 3.88mm，油胞层占果皮厚度80%以上。果皮质地的坚实程度，往往受中果皮组织的绵韧程度决定。黄果柑果皮柔软，较易剥落，海绵层较疏松、绵软而带有一定韧性，撕取时常呈絮状剥落。因果形不同、成熟度不同而剥离难易不同，凸蒂果较平蒂果易剥。

黄果柑果实平均糖含量 9~11g/100ml，平均可滴定酸含量 0.6~0.8g/100ml，平均可溶性固形物含量 11%~12.5%，最高可达 14.1%，平均维生素 C 含量 21~23mg/100ml。蛋白质含量因株系不同差异较大，凸蒂果蛋白质含量最高，可达 3372.09μg/g（鲜重），小果黄果柑蛋白质含量仅 671.54μg/g（鲜重）。总体看来，平蒂黄果柑果实大，酸含量低，糖酸比高，维生素 C 含量高，蛋白质含量高，综合品质优，是生产发展较好的推广对象。

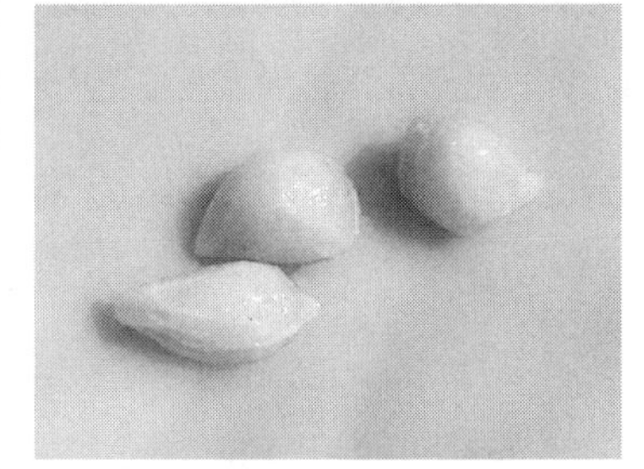

图 2.13　黄果柑种子

2. 种子

黄果柑为无核品种。当与有核品种相邻种植时会产生 1~2 粒种子（图 2.13），种子由房室中的胚珠发育而成，着生于胚囊内端。黄果柑种子较小，卵圆形，基部尖细，顶部椭圆，外皮为革质，坚韧，乳白色，其上少有皱褶或隆起，较光滑一端尖细，表皮有黏液，成熟时表皮胶质化，防止种子干燥而失去活力；内种皮为膜质，灰白色，将胚紧包，合点较厚韧，颜色较深。黄果柑种子为多胚，胚由子叶、胚芽、胚轴和胚根组成。子叶呈球形，乳白色，是贮藏养分的地方。

2.1.7 年生长周期

1. 年生长周期的划分

黄果柑是多年生的果树，每年都会经历萌芽抽梢、开花结果及花芽分化等外部形态和内部生理的变化，年周期中进行的这一系列生长发育和生理活动与一年中的季节变化相吻合的现象称为黄果柑的生物气候期，简称物候期，亦称年生长周期。年生长周期有顺序性、重演性和重叠性。顺序性即每一个年生长周期是以前一个年生长周期为基础，又为后一个周期做准备。重演性即同样的生长周期可以重复出现，如枝梢可以多次生长、花可以多次开放。重叠性即枝梢生长可与果实生长同时进行等。

黄果柑年生长周期大致可分为萌芽期、枝梢生长期、花期、果实生长发育期、果实成熟期、根系生长期和花芽分化期。

1）萌芽期

芽体膨大伸出苞片时，称为萌芽期。黄果柑萌芽期为 1 月底至 2 月上旬。

2）枝梢生长期

幼芽长至第一片小叶张开，出现茎节，称抽梢期；顶端自剪时称为停梢期。黄果柑一年中一般能抽生 3~4 次梢。按生长次数可分为一次梢、二次梢和三次梢等；按发生的季节可分为春梢、夏梢、秋梢和冬梢，黄果柑一般不抽冬梢。

图 2.14　黄果柑盛花期

3）花期

黄果柑花期较长，可分花蕾期和开花期。

（1）花蕾期。从黄果柑萌芽后能辨认出花芽起，花蕾由淡绿色转为白色时称现蕾期，从现蕾至花开前的时期称为花蕾期。黄果柑芽尖露白一般出现在 3 月初，花蕾期为 3 月上旬至下旬。

（2）开花期。花瓣开放，能见雌、雄蕊时称为开花。开花期又按开花的量分为初花期、盛花期和末花期。一般全树有 5%的花量开放时称初花期，25%~75%的花量开放时称盛花期（图 2.14），95%以上花瓣脱落称末花期。黄果柑一般在 3 月上旬至 4 月下旬开花，花期 30d 左右，盛花期 10d 左右。开花的时间及长短受气候、树体营养和栽培措施的影响。

4）果实生长发育期

从谢花后果实子房开始膨大，到果实完全成熟的时间称为果实生长发育期，这段时间中黄果柑有生理落果、快速膨大和着色期等重要的生理变化时期。

果实生长发育前期有两次果实的生理落果，带果梗落果为第一次生理落果，以后不带果梗从蜜盘处落果的称第二次生理落果。黄果柑集中落果期在 5 月上中旬。若生理落果过多，会造成减产，应针对当时出现的不良气候或树体营养缺乏，采取适当的栽培措施防止异常生理落果。

从 6 月上中旬开始，黄果柑果实快速生长，称为快速膨大期。黄果柑果实膨大期，对养分、水分需求量大，栽培中应加强此时期的肥水管理，适当疏果，若遇伏旱应及时灌水。

黄果柑转色期在 11 月上旬至下旬，果实由深绿色转变为黄色、深黄色或橙色。转色期大量施肥灌水，能适当延迟转色，延长黄果柑挂树时间，推迟果实成熟。

5）果实成熟期

从果皮完成转色，到果实最后达到该品种固有的形状、色泽、质地、风味和营养物质的时期称为果实成熟期（图 2.15）。黄果柑成熟期因海拔不同差异很大，随海拔的升高而有所延迟，持续时间较长，一般成熟期为 2 月下旬至 5 月上中旬。

图 2.15　黄果柑成熟期果实

6）根系生长期

从春季新根开始生长，到秋、冬新根停止生长称为根系生长期。黄果柑根系生长一年有 3~4 次高峰，鉴于树体受营养分配上的生理平衡影响，根系生长多开始于春梢、夏梢、秋梢自剪后，与枝梢的生长交替进行。

7）花芽分化期

花芽分化是指植物茎生长点由分生出叶片、腋芽转变为分化出花序或花朵的过程。黄果柑花芽分化在冬季果实成熟前至春季萌发前，花芽分化是其年周期中的重要生命活动，能直接影响黄果柑翌年产量。所以，应了解其变化，并采取适宜的农业措施，促进其分化。

2. 黄果柑不同株系年生长周期

由表 2.4 看出，不同株系年生长周期有 1~2d 的差异，其中凸蒂大果型较平蒂大果型早 1~3d，平蒂大果型又较小果型早 1d 左右。黄果柑年生长周期普遍表现为 2 月上旬春芽萌动，3 月初芽尖露白，3 月下旬初花，4 月中上旬盛花，4 月中旬谢花，5 月上中旬开始生理落果，6 月上旬果实快速膨大，11 月至 12 月上旬着色，1 月下旬成熟。这表明 2 月和 6 月为黄果柑生长旺盛时期，也为树体需要养分量的关键时期。总体上黄果柑年生长周期，在 3 种不同性状株系间表现出的差异不大。

表 2.4　黄果柑不同株系年生长周期（月.日）

处理	萌芽期	芽尖露白	初花期	盛花期	末花期	生理落果期	快速膨大期	转色期	成熟期
凸蒂大果型	1.30~2.6	3.2~3.7	3.24~4.3	4.3~4.13	4.13~4.23	5.8~5.18	6.2~6.17	11.5~11.20	1.23~4.5
平蒂大果型	2.2~2.9	3.4~3.9	3.25~4.4	4.4~4.14	4.14~4.24	5.9~5.18	6.2~6.16	11.6~11.21	1.23~4.4
小果型	2.3~2.10	3.5~3.9	3.26~4.5	4.5~4.15	4.15~4.24	5.10~5.19	6.3~6.17	11.7~11.21	1.25~4.4

3. 影响年生长周期的因素

黄果柑年生长周期的早晚和长短受气候条件、植株营养状况和农业栽培措施等方面的影响。

1）气候条件

黄果柑每年年生长周期的早迟，常受到当年气候的影响，气温和雨量的变化对年生长周期的影响尤其明显。如冬季气温的高低，直接影响春梢发芽的早迟。4 月气候的变化对开花期的长短有直接的影响，如开花期天气晴朗，气温较高，则花期较短；遇到低温阴雨，则花期显著延迟。夏秋季的降雨对夏、秋梢抽发期影响很大，直接影响夏、秋梢抽发的早迟。秋季干旱后降雨的早晚，几乎成了抽发秋梢早迟的决定因素。且若遇夏秋两季连续干旱，会促使枝条在干旱胁迫下迅速形成花芽，导致秋雨后大量抽生秋梢时，出现普遍开秋花的现象。故在生产栽培中，应随时关注气候条件，以预测其对黄果柑年生长周期的影响。

2）植株营养状况

植株体内的营养状况也是影响年生长周期的重要因素。黄果柑栽培中，大小年的情况较常出现，大、小年树的年生长周期差异很大。因为大年树上年养分消耗小，早春萌芽时营养充足，春梢抽生比小年树早而整齐；但大量结果后，树体营养亏损较大，当年秋冬季花芽分化期较小年树迟而长。

3）农业栽培措施

在黄果柑生产中，某些农业措施的适当使用也能一定程度地影响年生长周期。如夏、秋干旱期灌水，有促进抽发夏秋梢的作用。幼年树的夏季修剪，可以刺激抽发夏梢。果实着色期充分灌溉和增施氮肥，可延长枝梢生长期，而使果实延迟转色，延迟成熟。若遇低温年份，可采用冬季灌溉、刷白、早春喷白等措施，延迟春梢抽发，减少冷害损伤。

2.2 黄果柑果实发育与成熟

2.2.1 坐果与落果

1. 授粉坐果

黄果柑为完全花，通常雄蕊先成熟，雌蕊后成熟，花开放后，花药开裂，即能授粉受精。黄果柑为自花授粉。黄果柑花粉粒落到雌蕊柱头上，在条件适宜条件下萌发形成花粉管进入柱头，并继续伸长进入花柱，一般经 30h 左右到达子房和心室，释放精细胞，与雌配子的卵细胞和助细胞结合，再经 18~42h 完成受精。

单株产量决定于结果枝量、花量、坐果数和单果重，适当的坐果率是黄果柑高产优质的重要保障。这一过程能否正常进行，常受性器官的发育程度、生态条件和营养状况的影响。树体营养状况的好坏对黄果柑花粉发育尤为重要。花粉粒内含有较多的蛋白质、氨基酸、碳水化合物及必需的矿物质和激素，用以保证花粉在未能从花柱组织内获得营养以前的发芽生长。如果这些营养物质不足，花粉粒就不能充分发育，生活力也低，发芽率下降。

衰弱树或弱枝上的花，因供花粉发育的贮存营养少，花粉少且发芽率也低。健壮的黄果柑果树含氨基酸种类多，量也大，通常花粉发育状况良好。此外，环境条件对花粉发芽和花粉管的生长也有一定程度的影响，以温度的影响最为明显。适宜的温度有利于花粉的萌发，且温度也影响花粉管通过花柱的时间。温度过低，花粉管生长缓慢，到达胚囊前，胚囊已失去受精能力，如果花期遇到过低温，还会使胚囊和花粉受到伤害，若低温持续，则开花慢而叶片生长快，叶片首先消耗了贮存营养，不利于花粉和胚囊的发育和受精。此外，花期大风（风速 17m/s 以上），昆虫活动减少且柱头干燥，不利于传粉受精和花粉萌发；花期若遇阴雨潮湿，也不利花粉传播，花粉很快失去生活力，导致坐果率低。

由于开花坐果期与新梢生长和花芽分化同时进行，是黄果柑生产中非常关键的时期，应加强对新梢的管理，如摘心、除副梢、疏花序等，使营养集中供应花序，同时改善通风透光条件，注意病虫害防治，保持枝青叶绿，以提高光合生产能力，为树体多增加同化产物，以提高坐果率。

2. 生理落花落果

黄果柑从花蕾期到开花期有落蕾落花现象，落花后至采收前有落果现象。黄果柑落花落果呈多峰现象，一般有 3~4 次高峰。第 1 次在花后，未见子房膨大而脱落，原因在于花没有授粉或授粉不良。第 2 次落果在花后 3~4 周，原因在于胚囊发育不正常或胚珠退化，不能正常授粉受精外，有一部分正常的花因不良气候阻碍其正常授粉受精而脱落。第 3 次落果一般在花后 6 周左右，主要表现为营养不良使胚发育中止，种子组织解体，造成幼果脱落，或遇干旱、低温和光照不足等不良气候条件也会引起大量幼果脱落，常称“六月落果”。第 4 次落果在采前，偶有发生，一般仅在遇到环境条件不适宜时出现。黄果柑落果比较严重的时期是 4 月下旬至 6 月上旬的两次生理落果。第 1 次落果由蜜盘与子房连接处脱落，也有带柄脱落，而“六月落果”一般果实黄化、由蜜盘处脱落。

2.2.2　果实的发育动态

黄果柑从谢花后子房膨大形成幼果开始，到果实成熟经历 11~12 个月的时间，黄果柑果实生长曲线为单“S”形，6~10 月为果实迅速膨大期，11 月初果实大小生长基本停止。随着果实增大，内部也发生组织结构和生理的变化，表现出一定的阶段性，最先是果实内部细胞分裂、果实外部果皮增厚，接着是果肉(汁胞)的增大为主，最后果皮、果肉呈现出黄果柑成熟固有的色泽和风味。因此，可以按发育过程中外部和内部的形态变化、各部分组织的生长发育情况将果实生长发育分为细胞分裂期、果实膨大期和果实成熟期 3 个阶段。

1. 细胞分裂期

时间为谢花后到 6 月中旬基本停止落果为止，幼果的果皮细胞和砂囊细胞迅速分裂以增大果体的过程，实际是细胞核数量即核质的增加，故称细胞分裂期，因此时果实体积尚小，也称幼果期。汁囊的原始细胞为心皮上的表皮毛，在开花时已开始分裂，结成小果后分裂更旺盛，直至整个汁囊细胞液泡化，液泡化的汁囊充满了整个囊瓣，汁囊细胞才停止分裂；果皮细胞也在开花前就开始分裂，开花时果皮增厚最迅速，这个时期果实的增大主要是果皮增厚，到细胞分裂末期，果皮占总体积的 75%~95%；受精后种子也在增大，但极缓慢，其内胚乳尚未被子叶吸收，呈浆液状。此时期细胞数量增长很快，果实内各部分组织发育很快，但果实体积和质量的增长缓慢，因而果实组织致密紧实，果实相对密度大于 1。其间生长素含量在盛花后 5~10d 和 35d 左右各出现一次高峰期，这两个时期若出现授粉不良或果实生长发育所需的养分供应不足等情况，将出现大量落果。

黄果柑细胞分裂期需要较完全的有机和无机营养，主要依靠树体积累贮备在枝、叶中的养分，若新根、新叶贮存营养供给不足，应喷施适量速效氮、磷、钾等肥料，促进细胞分裂并提高坐果率，且使幼果获得足够的养分以顺利膨大。

2. 果实膨大期

从果肉细胞基本停止分裂后，到果实开始着色为止，果实内部各组织的细胞迅速增大，使果实体积和质量增长速率迅速加快，出现果实生长的高峰，称为果实膨大期。黄果柑果实生长速度最快的时间集中在 6 月中下旬。果皮停止增厚后转入细胞增大后期，细胞增大主要是细胞体积的增大，主要因为其内含物质如水、碳水化合物、蛋白质和脂肪等的积累。果实膨大期果皮海绵层和砂囊的细胞体积增大，果实含水量逐渐增加，果胶大量积集，果皮海绵层中含量最多，海绵层的增厚也最为明显。果实中的种子也呈现迅速增长的状态，种子内胚乳逐渐被胚和子叶吸收、固化，种子迅速达到充实硬化。而此时果皮生长速度减缓，7 月底果皮长到最大厚度，蛋白质含量随之迅速增加，当果皮达到最厚时蛋白质含量达到最高，8 月以后由于果肉的膨大而果皮逐渐变薄。这个时期中果实生长主要是细胞迅速增大，因此组织变疏松，果实相对密度小于 1。

此期的细胞增长需求大量的营养物质，全果对氮、磷、钾、钙、镁等养分的吸收能力迅速增强，尤其对氮和钾的吸收最为明显，此期果实对于有机养分的吸收能力较强，果实生长强于枝梢生长，其对新梢的萌发有强烈的抑制作用。果实的生长若遇到土壤水分的供应不足，则许多果实的增长、增大会受到较大的影响，应注意栽培中肥水的及时供应。

3. 果实转色成熟期

通常从 11 月黄果柑开始转色，到 4 月中下旬果实完全成熟的时间称为果实转色成熟期。这个时期的特点为果实生长缓慢，仅有囊瓣略有增大，其余各部分组织逐步停止增长，果实大小基本稳定不再增加，主要是果实汁胞汁液的增加、积累养分、果皮色泽转化和汁胞内化学成分的变化等。果实成熟期间，果皮变化表现为色泽由绿转黄，由于气温降低，叶绿素合成被抑制，不断分解，而与此同时，黄色的类胡萝卜素等色素开始不断增加，使果实色泽最后变为橙色、深橙色，气温低时叶绿素褪色快，果实着色早，成熟较早；反之则晚。在果皮着色的同时，汁胞内果汁的化学成分发生迅速的变化。果汁中的可溶性固形物主要是糖类，此外尚有盐类、有机酸、可溶性蛋白质和果胶等。随着果实中养分的积累，汁胞中有机酸转化为蔗糖，使酸度下降，糖分含量增高，可溶性固形物含量增加，糖酸比亦随之增高，果实品质和风味达到最佳。果实成熟以果肉组织软化为标志，主要是原果胶的分解和转化为可溶性果胶。

在黄果柑成熟后期，偶而会发生汁胞枯水或粒化的情况，通常在近蒂部分最多，有时亦漫及全果，严重影响其商品性。一般情况下，果实大、果形长的黄果柑果实易发生果实粒化现象，幼年黄果柑果树、年均温较高、砧木亲和性不好等情况均易发生果实粒化，尤以树体缺钙出现果实粒化的现象最为严重，生产中确保果实的正常生长发育，及时补充钙元素，是防治黄果柑果实粒化的有效措施。

在黄果柑的成熟期，果实在保持对钾素、氮素等营养成分吸收的同时，也将许多移动性强的矿物养分从叶片转移至果实，采果后若不能及时补充则极易造成果树生长发育障碍。果实成熟后期，保持土壤充足的水分供应对果实产量的增加有一定作用，但供水过多会延迟果实着色成熟，使果汁糖酸含量降低，不耐贮藏。因此，在黄果柑生产栽培中，常在采果前一段时间采取适当的灌溉控制，适度干旱对果实的成熟、风味的形成及采后果实的贮藏与运输均有较好的作用。果皮色素层表面的几层细胞到果实成熟时仍有分裂的能力，在果实成熟的后期如果水肥过分充足，特别是氮肥使用过量，极易促进表皮层细胞旺盛分裂，造成果实的浮皮和果面的凹凸不平，成为浮皮果，降低其商品性；且施肥太早，易引起果实返青。所以在生产栽培中，应严格控制成熟期前后的水肥施用量及施用时间。

2.2.3　果实的成熟

果实是由子房或连同花的其他部分发育而成的。果实的发育应从雌蕊形成开始，包括雌蕊的生长、受精后子房等部分的膨大、果实形成和成熟等过程。成熟的果实经过一系列的生理生化的变化，达到最佳食用的阶段，称为果实的完熟。通常所说果实成熟也往往包含了完熟过程。

1. 果实的生长曲线

果实的生长与其他器官一样，是细胞分裂和扩大的结果，其体积和质量的增加也不是平均进行的。对平蒂大果型株系黄果柑果实生长量进行测量，以果实发育的时间和果实体积作图，得到黄果柑的果实生长动态变化曲线（图 2.16）。从图 2.16 中可以看出，黄果柑果实生长曲线呈单“S”形，6~10 月为果实迅速膨大期，12 月初果实大小生长基本停止。

2. 果实成熟时的生理生化变化

1) 果皮色泽的变化

黄果柑色泽的变化出现在果实快速膨大后期，从 11 月初开始转色，到 11 月底基本完成，使果实色泽最后变为橙色、深橙色。

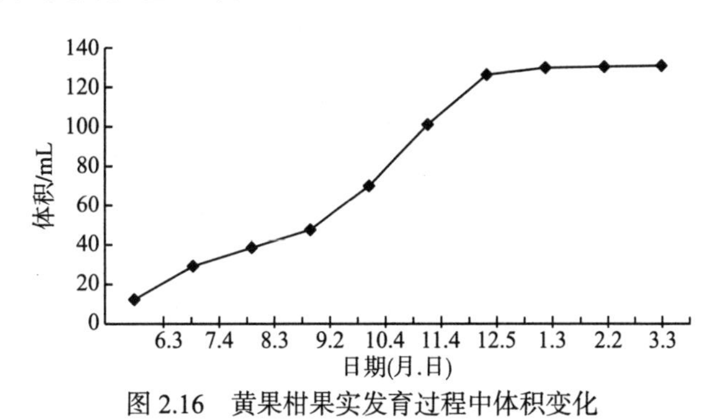

图 2.16　黄果柑果实发育过程中体积变化

黄果柑的幼果果皮是深绿色，含有叶绿素，能进行光合作用，幼果果皮在光下的 CO_2 同化率大于等于其呼吸作用的释放率，果实膨大以后明显下降。在果实发育的前两个时期，叶绿素就开始处于不断分解、不断合成的平衡动态之中，但由于温度及其他条件的关系，果皮中叶绿素的合成大于分解，果皮仍保持绿色。果实进入成熟期时，气温降低，果实含糖量增高，促进叶绿素开始大量分解，合成也受到阻碍；与此同时，类胡萝卜素的黄色开始显现，使果皮油胞层的色泽由绿转黄，逐渐呈现出橙色、深橙色。

黄果柑果实着色的早晚与持续时间的长短，与气温变化、果实糖分的积累及氮素的施用关系密切。气候条件对着色的影响最大，低温条件使叶绿素的分解加快，果实色泽的形成更快；反之，在低海拔地区，温度相对更高，叶绿素褪色慢，果实着色晚。叶绿素的分解与糖含量的变化也有一定关系，随着果实成熟，蔗糖含量逐渐增高，较高的蔗糖浓度对叶绿素的分解起促进作用，糖酸转化快的黄果柑果树，果实着色也快，成熟早。此外，氮素能有效地抑制叶绿素的分解，不利于果实的着色，应严格控制。

2）果实内含物的变化

（1）黄果柑果实发育过程中糖含量变化。黄果柑属于糖直接积累型果实，主要以可溶性糖的形式进入果实并贮藏于汁囊中。在果实不断发育过程中，糖含量呈持续上升趋势，但在果实整个生长发育期中，糖含量增加速率是不断变化的。

从图 2.17 可以看出，整个发育过程中黄果柑果实还原糖含量除 1 月 3 日测量外，均高于蔗糖。此结果与文涛（1999）、邓英毅（1999）、邱文伟（2005）在其他柑橘上研究结果基本一致。在幼果期（7 月前）黄果柑果实糖含量以还原糖含量为主，蔗糖很少。8~12 月，蔗糖含量增长很快，并在 12 月 5 日至 1 月 3 日有一个迅速的增高过程，还原糖增长速度不及蔗糖，总糖变化趋势与蔗糖一致。到 1 月 3 日，还原糖、蔗糖和总糖含量均达到整个发育周期最高。从 1 月 3 日至 2 月 2 日，蔗糖含量下降迅速，还原糖含量略有下降，总糖含量也大幅下降；从 2 月 2 日至 3 月 3 日，蔗糖和还原糖含量又略有升高，总糖也相应增高。

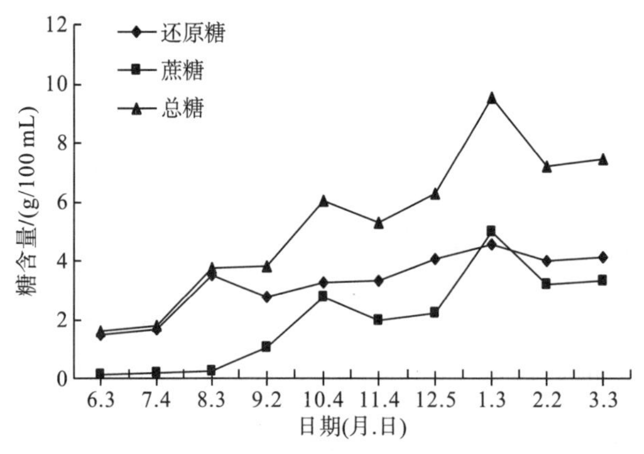

图 2.17 黄果柑果实发育过程中糖含量变化

在果实发育前期，可溶性糖的含量增加缓慢，取决于幼果期与果实膨大初期是果肉细胞分裂和分化时期，果实内部消耗大量的光合作用中间产物用于果实细胞结构组建，致使载入汁囊并贮存的可溶性糖较少。而黄果柑进入果实迅速膨大期，可溶性糖的含量迅速增加，随后增加缓慢。在果实发育中期，果实的功能结构基本形成，糖分卸出、转化能力提高，糖分积累加快。而进入果实发育后期，果实与叶片光合作用产物已经达到库源平衡，从而致使可溶性糖积累减慢。

从黄果柑果实含糖量的变化情况看，在果实迅速膨大期和成熟期，为黄果柑果实糖积累的关键时期，在成熟期间气温最低的 12 月 20 日至 1 月 29 日，果实内糖代谢仍然旺盛，蔗糖含量先急剧升高，后又急剧下降，这说明冬季的低温对黄果柑含糖量有显著的影响。果实含糖量在 3 月仍然有增高趋势，说明黄果柑的最佳采摘期应在 3 月后。

（2）黄果柑果实发育过程中有机酸含量变化。黄果柑果实主要的有机酸是柠檬酸，有机酸在黄果柑果实发育过程中的代谢分为两个阶段：果实发育幼果期有机酸的合成迅速积累，后进入果实膨大期有机酸逐渐下降。黄果柑果实发育过程中有机酸含量的动态变化如图 2.18 所示。

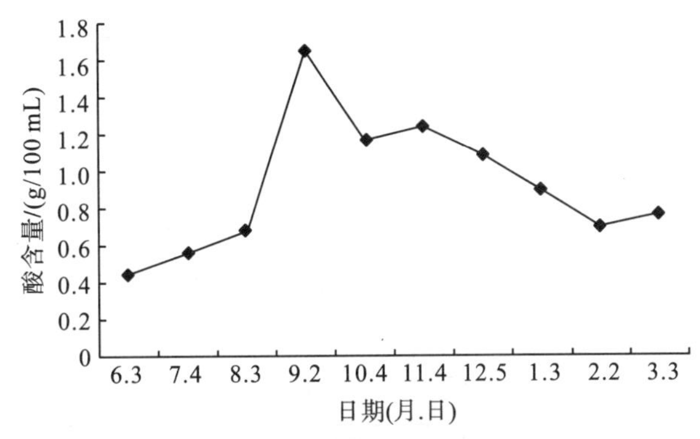

图 2.18　黄果柑果实发育过程酸含量变化

从图 2.18 中可以看出，从快速膨大期到果实成熟，黄果柑果实有机酸含量呈先上升后下降的趋势。在果实越冬期间，气温低至柑橘生物学下限温度时，黄果柑果实有机酸含量仍在下降，说明越冬期间果实有机酸代谢仍在向分解进行。成熟后期果实有机酸含量下降的原因有很多，如果实体积增加、呼吸和糖异生作用、参与氨基酸的代谢、果实中酶系统改变、从叶片输入果实的有机酸减少等。黄果柑果实中有机酸含量变化十分复杂，对于黄果柑中有机酸的来源、运输及代谢途径需要更进一步的研究。针对黄果柑果实中有机酸的来源，存在着两种不同的看法：一种观点认为果实中的有机酸来源于根和叶片；另一种观点认为来自于果实本身合成或转化，即果实自身可通过 CO_2 暗固定来合成有机酸，果肉是有机酸合成的场所。在 2~3 月果实有机酸含量略有上升，可能是因为气温的回升，果实有机酸合成代谢增强的结果。在 2 月初，果实有机酸含量降至整个果实转色以来最低，表明此时黄果柑已开始成熟。

黄果柑含酸量与气温有密切关系，有机酸的代谢受成熟期温度变化影响很大，温度与果汁中柠檬酸的含量呈负相关的趋势，且与 8~9 月有效积温之间呈显著负相关。暖冬年份或低海拔地区，有机酸含量降低速率快，成熟期果实有机酸含量低，糖酸比大，果实风味佳；反之，低温年份及高海拔地区，果实酸含量高，果实品质差。

甜酸度是果实风味品质的关键因子，它在很大程度上取决于果实内所含糖的种类、数量及有机酸含量和糖酸比。柑橘果实发育过程中果实内糖酸比的大小最终随着果实中可溶性糖和有机酸的含量变化而变化，当可溶性糖含量高、有机酸含量低时，果实中糖酸比就高，反之则低。黄果柑果实发育初期，糖积累量低于有机酸积累量，糖酸比先略有下降。随后进入果实膨大期，有机酸开始逐渐降低，而可溶性糖仍然迅速积累，致使糖酸比呈上升趋势。进入果实成熟期以后，有机酸含量基本没有变化，但是随着可溶性糖的缓慢增加，糖酸比也跟着上升，最后可达 8∶1 以上，说明适当延长黄果柑的采果期，有助于糖分的积累、糖酸比的增加，提高果实的最终风味品质。

（3）黄果柑果实发育过程中维生素 C 含量变化。柑橘果实中维生素 C 是人类食物中维生素 C 摄取的主要来源，黄果柑维生素 C 在成熟期含量高可达 30mg/100ml。通过对黄果柑果实发育期间维生素 C 含量进行测定分析，得到黄果柑果实发育过程中维生素 C 含量动态变化，结果如图 2.19 所示。从图 2.19 中可知，黄果柑果实发育期间维生素 C 含量一直处于上升的趋势，特别是 10～11 月期间增长迅速。冬季低温阻碍了果实维生素 C 向合成方向进行，在越冬后，随气温的升高，果实维生素 C 继续向合成方向进行。这说明在果实越冬期间如何提高环境温度，维持果实维生素 C 合成，是提高果实品质的关键。

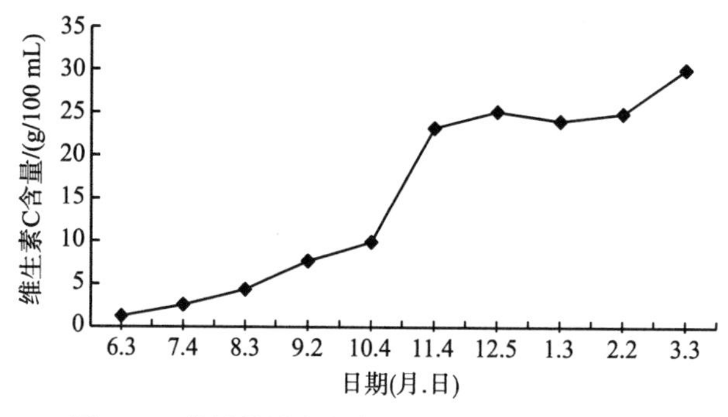

图 2.19 黄果柑果实发育过程维生素 C 含量变化

（4）黄果柑果实发育过程中蛋白质含量变化。通过对黄果柑果实发育期间果实蛋白质含量进行测定分析，得到黄果柑果实发育过程中蛋白质含量动态变化（图 2.20）。从图 2.20 中可以看出，黄果柑果实发育周期内果实蛋白质含量呈先升高再下降的趋势。幼果期果实蛋白质含量很低，增长缓慢。进入迅速膨大期后，果实蛋白质含量增长迅速，到果实转色期，果实蛋白质含量达到整个发育周期的峰值，即 13 344.95μg/gFW。从转色期至果实成熟，果实蛋白质含量一直呈下降趋势。

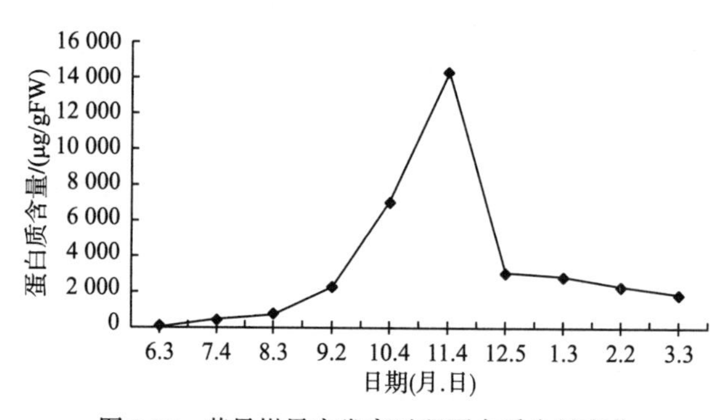

图 2.20 黄果柑果实发育过程蛋白质含量变化

3. 黄果柑果实成熟期特征

黄果柑从幼果到成熟，经历 12~15 个月的时间，挂果时间长，成熟时间晚，表现出特晚熟的特性。同时因为黄果柑挂果期长，果实成熟期往往与花期相遇，上年的果与当年的花同时出现，形成花开同时果亦丰收的现象，称为花果同树（图 2.21）。

图 2.21　黄果柑花果同树

2.3　黄果柑果实品质形成及分子基础

黄果柑果实品质是一种由多因素构成的复合体，包括外观品质、风味品质(内在品质)、营养品质、加工品质和贮藏品质等。外观品质主要是指果实的大小、形状、果皮厚薄、整齐度、果实光洁度和果皮色泽等；风味品质是指果肉的甜、酸、苦、涩，及汁液、质地、香气等；营养品质包括可溶性固形物、可溶性糖、有机酸、维生素 C、蛋白质、矿物质和其他对人体健康有益成分的含量；加工品质指适合加工果实所需要的品质要素；贮藏品质指果实采后的贮藏寿命和货架寿命（鲍江峰等，2004）。通常所说的品质主要指其风味品质和营养品质。

2.3.1　糖

糖分含量是影响果实品质最主要的因素，它不仅是果实风味物质的主要成分，也是合成色素、维生素和芳香物质等的重要原料，更是果实生长发育的物质基础；同时糖可以为果实细胞膨大提供渗透推动力，又可以作为信号物质，与激素、N 等信号联成网络，通过细胞信号转导调节果实发育过程中许多物质的代谢过程（黄艳花和曾明，2013）。

1. 黄果柑果实糖的合成、运输和积累

在成熟的果实中以果糖、葡萄糖和蔗糖为主要积累形式，蔗糖是果实中糖分积累的主要形式。黄果柑果实中的糖代谢总体要经过 3 个阶段：蔗糖在“源”即叶片中的合成、蔗糖的运输和蔗糖在果实内部的代谢。蔗糖从叶片内合成到进入果实代谢具体经历了下列复杂的过程：叶绿体光同化二氧化碳生成磷酸丙糖，磷酸丙糖经磷酸丙糖转运蛋白介导运输到叶肉细胞的细胞质中，在细胞质中合成蔗糖；合成的蔗糖经短距离运输到韧皮部并装载入韧皮部，在筛管中长距离运输后从韧皮部卸出，蔗糖经韧皮部后运输进入果实代谢和贮藏。这些步骤相互关联，相互协调（图 2.22）（苏艳，2009）。

1）蔗糖合成代谢

黄果柑蔗糖合成地点是叶片细胞质内。叶片光合作用时生产的中间产物磷酸二羟丙酮，进入细胞质后，在磷酸丙糖异构酶的作用下形成 3-磷酸甘油醛，此反应处于一个动态平衡状态，紧接着磷酸二羟丙酮和 3-磷酸甘油醛在醛缩酶的催化下合成果糖-1，6-二磷酸。在果糖-1，6-二磷酸酯酶的参与下，果糖-1，6-二磷酸去掉一个磷酸基团，形成果糖-6-磷酸，此反应为调节蔗糖合成的第一步，并且此步反应不可逆。之后，果糖-6-磷酸在磷酸葡萄糖异构酶和磷酸葡萄糖变位酶的参与下，形成葡萄糖-1-磷酸；在尿苷二磷酸葡萄糖（UDPG）焦磷酸化酶的催化下，葡萄糖-1-磷酸和尿苷三磷酸合成葡萄糖供体尿苷二磷酸葡萄糖和PPi；果糖-6-磷酸和UDPG在蔗糖磷酸合成酶（sucrose phosphate synthase，SPS）的催化下形成蔗糖-6-磷酸；最后，蔗糖-6-磷酸在蔗糖磷酸酯酶（sucrose phosphate phosphatase，SPP）的作用下水解形成蔗糖。

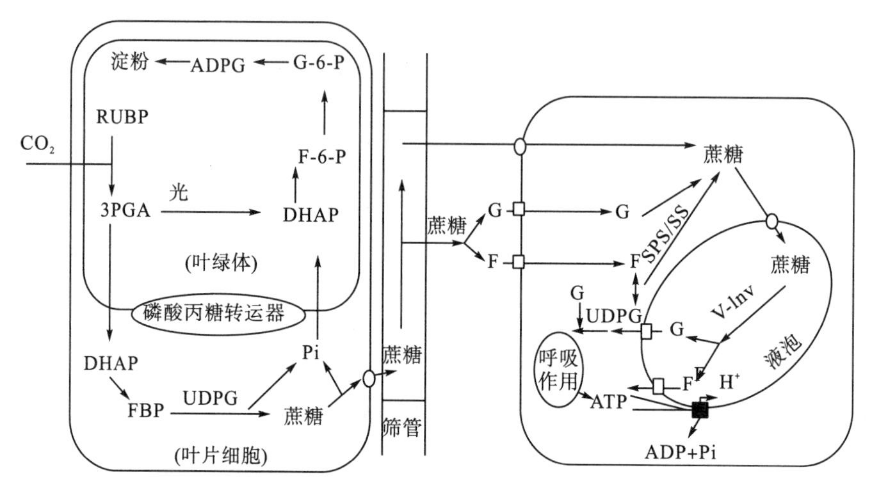

图 2.22 蔗糖的合成、运输、贮藏途径

ADPG. 腺苷二磷酸葡萄糖；DHAP. 磷酸二羟丙酮；PGA. 3-磷酸甘油醛；SPS. 蔗糖磷酸合成酶；SS. 蔗糖合成酶；F. 果糖；G. 葡萄糖；FBP. 二磷酸果糖；RUBP. 1，5-二磷酸核酮糖；V-Inv. 液泡转化酶；蔗糖运输蛋白；己糖运输蛋白；质子泵

2）蔗糖的运输

蔗糖在叶片细胞质中合成后，需要经过韧皮部运输进入果实内部，参与各种代谢过程或贮藏于汁胞中。黄果柑果实的运输组织包括维管束和囊衣，库组织主要由许多汁胞构成，二者可以从物理上进行分开，解剖结构较独特。黄果柑汁胞里面不含韧皮部，缺少维管束系统；因此糖分经过韧皮部维管束系统从果柄进入果实后，通过位于囊衣表面的背部维管束（主要部位）和两侧的隔膜维管束进行运输和卸出，卸载的糖分穿过由薄壁细胞构成的汁胞柄进入汁胞。韧皮部疏导组织由伴胞（CC）和筛分子（SE）两类细胞组成，这两类细胞高度修饰，相互间通过胞间连丝紧密相连。柑橘叶肉细胞中合成的蔗糖进入SE/CC复合体的途径可能有两种：一种可能的途径是在运输蛋白介导下蔗糖从叶肉细胞输出，通过细胞壁进行质外体扩散，随后又在载体介导下穿过SE/CC质膜；另一种是直接通过胞间连丝进行共质体途径的细胞到细胞间扩散。光合产物在韧皮部后运输比在韧皮部运输的速度要慢得多。有学者研究了果实发育过程中汁胞和果实运输系统中 ^{14}C 放射性比活度，发现汁胞中 ^{14}C 放射性比活度远低于果实运输系统（陈俊伟，2001），说明韧皮部后运输是蔗糖运输的限速步骤。

黄果柑糖分的韧皮部后运输可能存在两条途径：质外体和共质体。糖分从韧皮部卸出到质外体空间，一般指细胞间隙，再从质外体空间跨膜运输到贮藏细胞中，此过程即为质外体途径。质外体途径可以独立承担糖分的运输，黄果柑汁胞上存在一定数量的胞间连丝，但是局部冷却杀死汁胞柄一段细胞后，发现汁胞柄内仍转运带标记的糖分。虽然一些研究表明柑橘糖分韧皮部后运输主要是质外体途径，但是共质体途径还是可能存在的。共质体途径是指糖分通过胞间连丝从一个细胞进入另一个细胞，最后进入贮藏细胞，整个过程不离开共质体空间。有学者以果实薄片、囊瓣薄片的汁胞为试材研究了载体抑制剂和 ATP 酶抑制剂等对果实各组织 ^{14}C 蔗糖吸收的影响，结果发现这些抑制剂对汁胞蔗糖吸收或多或少都有些影响，认为蔗糖在柑橘果实汁囊细胞运输即韧皮部后运输存在一个载体介导、依赖于能量的主动运输过程（陈俊伟，2001）。

3）糖分在果实中的积累

柑橘果实的糖积累类型为糖直接积累型，光合产物进入果实后，以可溶性糖的形式贮藏于果实细胞液泡中。目前，已经提出了一个汁胞糖分积累的假设（邓秀新，2013）：在果实汁胞细胞中，蔗糖在蔗糖合成酶的分解催化作用下分解成 UDPG 和果糖，而 UDPG 和果糖经过呼吸作用后产生的 ATP，为液泡膜上的质子泵泵入 H^+提供能量，促进 H^+泵入液泡。液泡内的质子浓度增加，不但降低了液泡内的 pH，有利于酸性转化酶（Iv）的活性稳定或提高，促进液泡内已有的蔗糖酸性水解，进而提高细胞液浓度，降低果实汁胞内的水势，增强果实的渗透调节，而且增大了液泡膜内外的电化学电位梯度，提高了膜上蔗糖运输载体活性，同时蔗糖的水解也增加了液泡膜内外的蔗糖浓度梯度，有利于易化扩散方式运输。另外，汁胞细胞质中蔗糖输入液泡数量的增加反过来将增加汁胞细胞和韧皮部维管束糖分卸载区之间的蔗糖浓度梯度，进而增强了果实的库强度，直接或间接促进源叶光合同化碳水化合物向果实运输，使黄果柑果实糖分最终得到积累。

黄果柑果实中糖分动态积累特点。在整个黄果柑果实生长发育过程中，可溶性糖表现持续上升趋势，在幼果期至果实膨大期间，可溶性糖先缓慢上升，后急剧上升；进入果实成熟期以后，可溶性糖保持持续增加的趋势。在幼果期（7 月前）黄果柑果实糖含量以还原糖含量为主，蔗糖很少。8～12 月，蔗糖含量增长很快，并在 12 月初到 1 月上旬有一个迅速的增高过程，还原糖增长速度不及蔗糖，总糖变化趋势与蔗糖一致。到 1 月初，还原糖、蔗糖和总糖含量均达到整个发育周期最高。从 1 月上旬到 2 月上旬，蔗糖含量下降迅速，还原糖含量略有下降，总糖含量也大幅下降；从 2 月上旬至果实成熟，蔗糖和还原糖含量又略有升高，总糖也相应增高。

2. 黄果柑果实糖代谢特点及蔗糖相关酶

1）黄果柑果实糖代谢特点

黄果柑果实发育的不同时期，不同蔗糖代谢相关酶对糖积累的作用有所不同，在果实发育中前期蔗糖转化酶（invertase，Ivr）是糖积累的关键酶；在黄果柑果实膨大期，随着可溶性糖的不断积累，促进蔗糖磷酸合成酶（sucrose phosphate synthase，SPS）、蔗糖合成酶（sucrose synthase，SS）合成活性逐渐上升，而促进期分解的在酸性转化酶（acid invertase，AI）、中性转化酶（neutral invertase，NI）、SS 分解活性逐渐下降，表明这些酶的活性变化特征化有利于蔗糖的积累。而在黄果柑果实成熟期，NI、SPS、SS 合成活性都持续下降，AI、SS 分解的活性趋近于零，但 NI 的活性远远高于 SPS、SS 合成活性，由此说明在黄果柑果实成熟期，蔗糖分解酶的总活性高于蔗糖合成酶活性，是后期可溶性糖含量缓慢增加的原因。在果实发育中期，促进蔗糖分解的酶活性呈下降趋势，促进蔗糖合成的酶活性上升，从而促进柑橘果实中糖含量的增加。在果实发育后期，虽然蔗糖合成酶的分解活性和转化酶活性逐渐降低或趋近于零，但蔗糖分解净活性高于合成净活性，从而使可溶性糖维持膨大期时的最高水平，略有上升。由此说明，黄果柑果实糖积累受蔗糖代谢相关酶的活性变化影响，且蔗糖代谢分解酶类活性的变化对蔗糖的积累效率起关键作用。

2）蔗糖代谢相关酶

果实糖的积累与蔗糖代谢相关酶（转化酶、蔗糖合成酶和蔗糖磷酸合成酶）之间存在密切联系，并认为转化酶[主要包含酸性转化酶（acid invertase，AI）和中性转化酶（neutral invertase，NI）]、蔗糖合成酶（sucrose synthase，SS）、蔗糖磷酸合成酶（sucrose phosphate synthase，SPS）是果实糖分积累的重要酶（黄艳花和曾明，2013；苏艳，2009）。

转化酶（invertase），又称蔗糖酶或β-呋喃果糖苷酶，是一种分子质量大小从50～80kDa的单一或二聚体，包括酸性转化酶（acid inverse，AI）、中性转化酶（neutral inverse，NI）和碱性转化酶（吴瑞媛，2013），但研究发现中性转化酶与碱性转化酶的功能相近，可归于同一类转化酶（Tang et al.，1999），在蔗糖代谢中催化如下反应：蔗糖+H_2O→果糖+葡萄糖。AI催化反应的最适宜pH在3.0~5.0，可以分为可溶性的AI和不溶性的AI，前者分布在液泡中或细胞自由空间内，后者存在于细胞间隙中并结合在细胞壁上；NI催化反应的最适pH在7.0左右，大多认为它是一种胞质酶（刘以前，2005）。蔗糖转化酶所包括的酸性转化酶（AI）和中性转化酶（NI）活性随着果实的不断发育而变化，二者活性分别表现为持续下降、下降—上升—下降的变化趋势。幼果期AI的活性较高[38.93μmol/(h·gFW)]，随后急剧下降，此后进入果实成熟时期，AI活性逐渐接近于零。幼果期NI的活性也较高[26.70μmol/(h·gFW)]，先迅速下降，到果实迅速膨大前期，活性急剧上升，活性达到整个生长发育时期的最大值[约38.60μmol/(h·gFW)]，果实膨大期后活性急剧下降，到果实着色期活性略有升高，进入成熟期时，活性又略有下降。在幼果期，AI和NI的活性变化基本一致，但是AI的活性明显高于NI，说明在黄果柑在幼果发育时期中，蔗糖转化酶以AI作用为主，可能幼果期正是形态构建高峰期，需要分解糖，消耗大量的能量（Cheverria et al.，1996）。在进入膨大期以后AI和NI的活性变化有所差异，但是NI的活性高于AI，说明在黄果柑糖分积累的过程中蔗糖转化酶以NI作用为主。

蔗糖合成酶（sucrose synthaes，SS）是一个分子质量为83～100kDa的亚基构成的四聚体，编码约820个氨基酸，大部分是存在于细胞质中的可溶性酶，少数不溶性的附着在细胞膜上；植物生长发育中SS既可以催化蔗糖合成反应又可以催化蔗糖分解反应为果糖+UDPG⇌蔗糖+UDP，催化蔗糖合成的最适pH为8.0~9.5，催化蔗糖分解的最适pH为5.5~6.5；SS是起合成还是分解蔗糖的作用与该酶是否被磷酸化有关，但通常研究者认为SS主要起分解蔗糖的作用，为细胞壁提供合成底物和合成淀粉，SS的活性在合成淀粉或是细胞壁的组织中最高（张莉，2010）。

在黄果柑果实幼果期，SS分解活性明显高于SS合成活性，且二者的变化趋势正好相反，SS分解活性逐渐降低，而SS合成活性逐渐增加，在果实膨大初期，SS合成活性达到最高。因此，结合果实生长发育进程分析，幼果期与果实膨大初期是果肉细胞分裂和分化时期，需要消耗大量的糖分营养，蔗糖水解为单糖进行直接利用，因而 SS 分解活性占主导地位。进入果实膨大期以后，SS 合成活性和分解活性皆逐渐降低，但在果实成熟期之前，合成活性高于分解活性。在果实膨大初期之后，果肉细胞主要是膨大，果实积累糖分，说明在此后的果实发育时期中，SS 合成活性是主要的。进入成熟期以后，SS 分解略高于 SS 合成，可能成熟期是风味品质的形成时期，单糖有利于风味的改善，因而分解活性高于合成活性。

蔗糖磷酸合成酶（sucrose phosphate synthase，SPS）由分子质量 117～138kDa 的亚基构成，为二聚体或四聚体，是一种存在于细胞质中的可溶性酶，也是一种可溶性蛋白含量不到 0.1%的低丰度可溶性蛋白，在光合组织和非光合组织中均具有活性，催化反应的最适宜 pH 约为 7.0，但相对不稳定（刘颖，2010）。SPS 催化如下反应：

尿苷二磷酸葡萄糖（UDPG）+6-磷酸果糖（或 6-磷酸葡萄糖）≒ 6-磷酸蔗糖+UDP。

此反应的生成物 6-磷酸蔗糖通常由磷酸蔗糖磷酸化酶（SPP）迅速降解成蔗糖和磷酸根离子；而 SPS 和 SPP 又是以复合体的形式存在于植物体内，所以 SPS 催化蔗糖的生成反应事实上是不可逆的（Huber SC and Huber JL，1996）。SPS 被认为是蔗糖合成途径中的关键性酶，在叶片和贮藏蔗糖的库细胞中对蔗糖的合成有重要作用（龚荣高，2006）。在黄果柑幼果期 SPS 的活性较低，但是随着果实的生长发育 SPS 活性逐渐上升，到了黄果柑果实着色期，活性达到了最高。在果实着色期之前，其活性变化趋势与黄果柑果实中可溶性糖的积累基本一致，随后 SPS 活性逐渐降低，糖分缓慢积累。同时，在果实成熟期仍然存在可溶性糖的积累，这可能与 SPS 活性仍然存在相关。

2.3.2　酸

黄果柑果实中的有机酸是果实品质的一个重要部分，与糖一起形成果实的风味。一般认为，黄果柑果实有机酸在果实生长过程中积累，在成熟和贮藏过程中作为糖酵解、三羧酸循环等呼吸基质，及糖原异生作用基质而被消耗（赵淼等，2008）。

1. 黄果柑果实酸的合成、运输和积累

1）酸的合成

目前，果实中有机酸的来源有两种假说：一种认为有机酸在叶片中通过光合作用进行 CO_2 的暗固定合成后运输至果实；另一种认为果实自身可通过 CO_2 暗固定来合成有机酸（张规富和谢深喜，2012）。嫁接试验表明了柠檬酸合成部位在果实中（Sekhara Varma and Ramarkrishnan，1956），通过伏令夏橙饲喂试验，进一步证实了柑橘果实中的有机酸是在柑橘果肉汁胞中合成的，而不是在柑橘叶片或枝干内合成后运输到果实内的（Yen and Koch，1990）。柑橘果实有机酸的合成途径主要是糖酵解-三羧酸循环途径，并且可能存在一个单独的柠檬酸合成途径，还有少部分是通过乙醛酸循环产生的，而奎尼酸则主要是通过莽草酸代谢途径形成的（邓秀新和彭抒昂，2013）（图 2.23）。

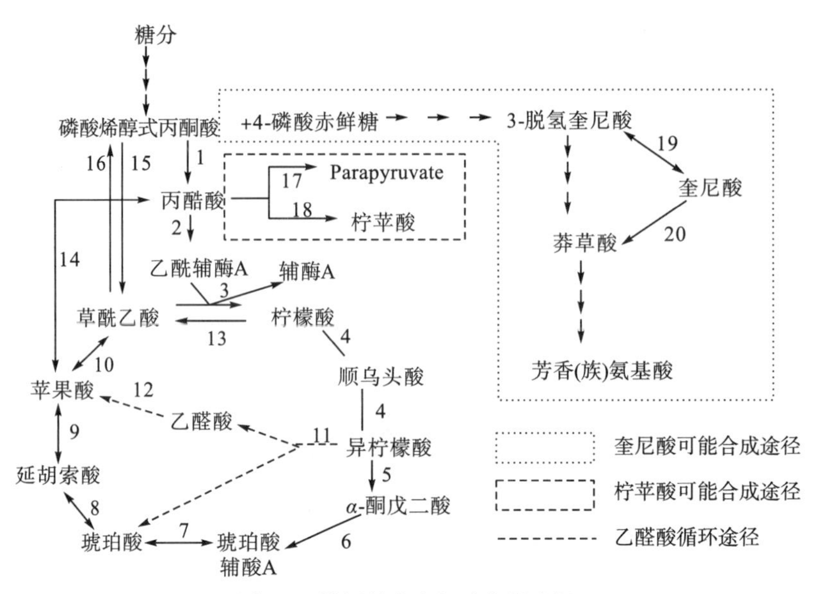

图 2.23 柑橘果实有机酸代谢途径

1. 丙酮酸激酶；2. 丙酮酸脱氢酶复合体；3. 柠檬酸合成酶；4. 乌头酸酶；5. NAD-异柠檬酸脱氢酶；6. α-酮戊二酸脱氢酶复合体；7. 琥珀酸硫激酶；8. 琥珀酸脱氢酶；9. 延胡索酸酶；10. NAD-苹果酸酶；11. 异柠檬酸裂解酶；12. 苹果酸合成酶；13. ATP-柠檬酸裂解酶；14. NADP-苹果酸酶；15. 磷酸烯醇式丙酮酸羧化酶；16. 磷酸烯醇式丙酮酸羧激酶；17. γ-甲基-γ-羟基-α-酮戊二酸醛缩酶；18. 柠苹酸合成酶或 2-异丙基苹果酸合酶；19. 奎尼酸脱氢酶；20. 奎尼酸水解酶；

果实中柠檬酸合成途。Haffaker 和 Wallace（1959）提出了柑橘柠檬酸合成途径；随后 Notton 和 Blanke（1993）的研究将此途径进一步完善，表明在胞质中磷酸烯醇式丙酮酸羧化酶（PEPC）催化磷酸烯醇式丙酮酸 β-羧化生成草酰乙酸（OAA）和无机磷酸盐，在苹果酸脱氢酶（MDH）作用下草酰乙酸反应产生苹果酸，接着草酰乙酸和苹果酸进入 TCA 环生成柠檬酸及其他代谢产物。目前已有的酸代谢模式：磷酸烯醇式丙酮酸（PEP）在磷酸烯醇式丙酮酸羧化酶（PEPC）作用下产生草酰乙酸（OAA），柠檬酸合成酶（CS）催化 OAA 与由 PEP 转化而来的乙酰辅酶 A（AcCoA）结合产生柠檬酸；进入细胞质后，再通过 H^+泵的主动运输进入液泡积累；当酸积累过多后，又会被运输到细胞质中，在铁离子作用及细胞质乌头酸酶催化下转化为异柠檬酸，异柠檬酸在异柠檬酸脱氢酶（NADP-IDH）催化下转变成 α-酮戊二酸，α-酮戊二酸可以在谷氨酸脱氢酶的作用下生成谷氨酸，然后可能进入 GABA 代谢支路或参与其他氨基酸的合成（CercóS et al.，2006）。此外，还有另一条柠檬酸利用途径：柠檬酸可能在 ATP-柠檬酸裂解酶的作用下生成乙酰辅酶 A 和草酰乙酸，乙酰辅酶 A 参与类异戊二烯化合物和黄酮类化合物的合成，草酰乙酸参与葡萄糖的异生作用（邓秀新和彭抒昂，2013）。

2）酸的运输

黄果柑果实中积累的有机酸主要在线粒体中合成，积累部位主要是液泡。柠檬酸在线粒体内合成后，是不能在其合成部位大量积累的，必须及时转运出线粒体，然后经过跨膜运输到贮藏细胞液泡中。跨膜运输有 3 个过程，即线粒体向细胞质运输、细胞质向液泡运输及液泡向细胞质运输。柠檬酸跨膜运输进入液泡可能有两种途径：质子电化学梯度驱动运输和 ATP-依赖型运输。目前，已经提出了一个简单的柠檬酸跨质膜运输模型，这个模型认为柑橘细胞细胞质中主要的柠檬酸存在形式是−3 价柠檬酸，它通过内流型阴离子通道（inwardrectifying anion channels）或 ATP-依赖型运输载体进入液泡，进入液泡的−3 价柠檬酸将立刻被质子化形成−1 价柠檬酸等形式而贮藏于液泡中。此跨膜运输过程中涉及两个独立的液泡膜结合的质子泵（tonoplast-bound proton pump）：H^+-ATPase 和 H^+-PPase，这两个质子泵通过不停地泵入 H^+而维持液泡中的酸性环境。持续不断的质子输入到液泡中使液泡内外产生一个电化学梯度，而成为汁胞吸收柠檬酸的另一动力。−1 价柠檬酸不能自由透过液泡膜，不过在果实成熟过程中，当果实中酸含量开始下降或保持稳定水平时，液泡中−2 价柠檬酸含量开始上升，−2 价柠檬酸可以通过柠檬酸-H^+同向运输蛋白（CsCitl）运输到细胞质中。

3）酸的积累

黄果柑果肉中积累的有机酸主要是柠檬酸。关于柠檬酸在柑橘汁胞中的积累，目前已经提出了一个柠檬酸积累模型（图 2.24）。线粒体中乙酰辅酶 A 与草酰乙酸在柠檬酸合成酶的催化下合成柠檬酸，并且磷酸烯醇式丙酮酸在磷酸烯醇式丙酮酸羧化酶（PEPC）的作用下生成的草酰乙酸可以直接用于柠檬酸的合成。黄果柑果实发育早期有机酸速积累是因为线粒体顺-乌头酸酶活性被部分抑制，从而导致柠檬酸水平上升。多余的柠檬酸将通过一些特别的运输载体转运到细胞质，然后继续转运到液泡中贮藏起来。但是随着果实成熟，汁胞中的柠檬酸将主动和被动输出进入细胞质，然后在细胞质顺-乌头酸酶作用下进入各种代谢途径中，从而使果实中的有机酸含量随着果实成熟而下降。

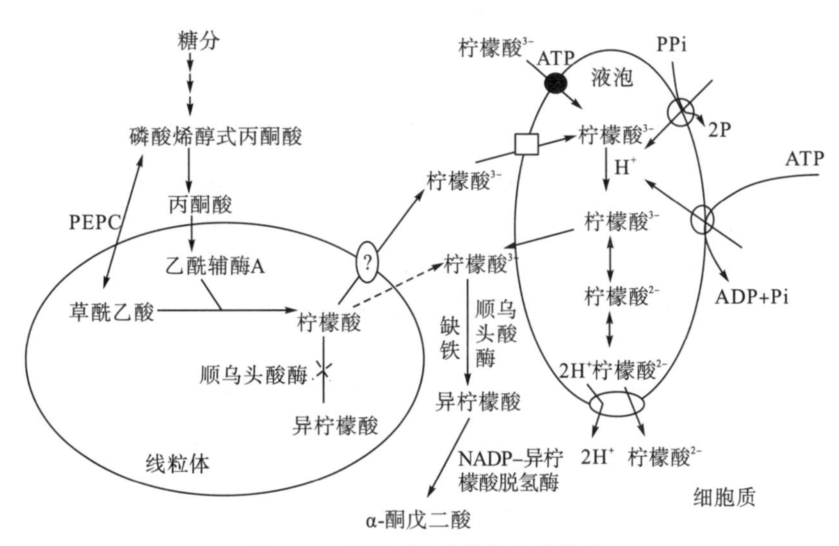

图 2.24　柑橘汁胞柠檬酸积累模型

黄果柑果实中酸积累动态特点。黄果柑果实有机酸发育过程，遵循从大多数果实中研究出来的一般规律：在果实生长发育的早、中期有机酸逐渐积累，中后期开始有机酸含量下降。冯秋平等在黄果柑上的研究表明，黄果柑果实有机酸在 9 月初之前呈增长趋势，其中在 8～9 月增长迅速，在 9 月初达到整个发育期间的最高值，从 9 月初到翌年 2 月上旬，有机酸含量呈下降趋势，后又略有上升。黄果柑果实有机酸含量呈现上升后下降再上升的趋势，在果实越冬期间，气温低至柑橘生物学下限温度时，黄果柑果实有机酸含量仍在下降，在2月初，果实有机酸含量降至整个果实转色以来最低，表明此时黄果柑已开始成熟。在整个黄果柑果实生长发育过程中，有机酸呈现上升-下降的变化趋势；在幼果期至果实膨大期间，果实有机酸先急剧上升，在果实膨大期达到最高值，之后迅速下降；进入果实成熟期后，果实有机酸开始缓慢下降。

2. 黄果柑果实酸代谢特点及相关酶

1）黄果柑果实酸代谢特点

随着有机酸含量的不断变化，有机酸代谢相关酶活性呈现不同的变化趋势。促进有机酸合成的酶包括柠檬酸合成酶（CS）、磷酸烯醇式丙酮酸羧化酶（PEPC）、苹果酸脱氢酶（MDH），均表现为上升—下降趋势；促进有机酸降解的酶包括乌头酸酶（ACO）和异柠檬酸脱氢酶（IDH），其活性变化趋势分别表现为：线粒体ACO下降—稳定，细胞质ACO上升—下降、IDH升高—下降—升高。从有机酸代谢相关酶活性与有机酸含量的相关性分析结果得出，CS是果实发育前期有机酸含量积累的关键酶，而细胞质ACO、IDH是果实发育后期有机酸降解的关键酶。

从黄果柑有机酸的变化趋势中可以看出，成熟果实有机酸含量主要受果实发育前期合成量和后期分解量的影响。黄果柑有机酸积累期，促进有机酸合成的酶CS、PEPC和MDH活性逐渐上升，而促进有机酸分解的线粒体ACO活性急剧下降，这些酶活性的变化趋势为黄果柑有机酸的积累创造条件。Yamaki（1990）研究证明了CS在有机酸合成过程中起着关键作用，如果抑制CS活性，有机酸含量就会降低。但罗安才等（2003）通过比较研究奉节脐橙、低酸72-1、冰糖橙、晚熟72-1四个品种的糖酸代谢变化发现，CS活性变化与不同柑橘品种果实有机酸含量差异无明显相关性，由此说明CS活性变化不是品种有机酸积累差异的关键，同时认为，CS、PEPC、NAD-IDH和PEPC/NAD-IDH均会影响柑橘果实有机酸含量，有机酸含量差异可能是一种或多种有机酸代谢酶综合作用的结果。降解有机酸的酶中，只有IDH与有机酸含量呈显著相关，这也就说明三羧循环中柠檬酸转化为异柠檬酸是柠檬酸分解的关键所在。Hirai和Ueno（1977）也研究报道了IDH限制柑橘果实有机酸的积累，IDH活性低有利于果实有机酸的积累。

2）黄果柑酸代谢相关酶

黄果柑果实有机酸代谢的关键酶主要有檬酸合成酶（citrate synthase，CS）、磷酸烯醇式丙酮酸羧化酶（phosphor enol pyruvate carboxylase，PEPC）、苹果酸脱氢酶（malate dehydrogenase，MDH）、顺-乌头酸酶（cis-aconitase or cis-aconitase hydratase）和异柠檬酸脱氢酶（NAD-isocitrate dehydrogenase，NAD-IDH）（张规富和谢深喜，2012；周先艳等，2015）。

柠檬酸合成酶（CS）能催化OAA与乙酰辅酶A（AcCoA）缩合成柠檬酸，它是柠檬酸积累的重要酶（龚荣高，2006）。在黄果柑果实发育的幼果期，CS活性与有机酸的积累趋势基本一致，在有机酸快速积累阶段，CS活性急剧上升，在接近有机酸含量最高峰的时候，CS活性到达最高。进入果实膨大期时，有机酸含量和CS活性呈不同程度的下降，因此说明，CS的活性对黄果柑果实中有机酸的积累起着至关重要的作用。当果实进入转色期，有机酸的含量缓慢下降，而CS活性却迅速上升，在进入成熟期时，CS的活性基本不变，由此说明，在果实发育后期，有机酸的代谢不仅依靠 CS 的活性水平。

磷酸烯醇式丙酮酸羧化酶（PEPC）是催化磷酸烯醇式丙酮酸（PEP）与 CO_2 合成草酰乙酸（徐回林，2011），而 OAA 又是合成柠檬酸必需的一个底物，因而 PEPC 成为三羧酸循环（TCA）中柠檬酸上游重要回补反应的酶。黄果柑在其幼果期随着有机酸的急剧增加，PEPC 的活性迅速上升，随后又急速下降，在有机酸积累的最高水平时期，PEPC 活性水平最低 33.78μmol/(h·gFW)；而在果实发育后期 PEPC 活性的变化和有机酸的积累无明显的相关性，由此表明在果实发育后期，PEPC 活性与有机酸的代谢没有明显的相关性。

NAD-苹果酸脱氧酶（NAD-MDH）能可逆地催化苹果酸的分解与合成，是影响苹果酸积累和柠檬酸代谢的又一重要酶。在黄果柑果实中 MDH 活性变化与 CS、PEPC 活性的变化趋势完全一致，3 种酶的活性不断上升的时期内，恰好也是果实内有机酸不断积累的时期，表明这 3 种酶与黄果柑果实有机酸的积累有关。同时，在有机酸迅速积累后期，3 种酶酶活性都逐渐降低，直到有机酸积累的最高水平，活性降到最低；果实发育中后期，MDH 活性缓慢下降，但活性变化不明显。

乌头酸酶（ACO）有线粒体 ACO 和细胞质顺-ACO 两种，黄果柑果实有机酸代谢受细胞质顺-乌头酸酶（ACO）活性变化影响；当 ACO 的活性受到抑制时，则阻碍了柠檬酸转化为顺-乌头酸，于是柠檬酸就积累；线粒体 ACO 活性的降低是果实发育前期有机酸积累的重要原因，细胞质部分的 ACO 活性增加则是导致成熟时果实有机酸水平的下降（Sadka et al.，2000）。在黄果柑果实发育初期，细胞质 ACO 活性明显小于线粒体 ACO 活性，随后在果实发育初期两者呈现相反的变化趋势，随着有机酸的积累，细胞质 ACO 活性逐渐升高，直到进入果实转色前期，活性达到最大，此后活性缓慢降低。而线粒体 ACO 在整个果实发育期间活性持续下降，在果实发育后期，活性基本没有显著变化，此结论和 Sadka 等（2000）的研究结论基本一致，其认为早期线粒体 ACO 活性的降低对果实发育前期有机酸积累作用，成熟期细胞质 ACO 活性的增加降低成熟期果实有机酸水平。

异柠檬酸脱氢酶存在 NAD-IDH 和 NADP-IDH 两种形式，NAD-IDH 只存在于细胞线粒体参与 TCA 循环，而 NADP-IDH 在细胞质、叶绿体、过氧化物酶体和线粒体中均存在，但主要存在于细胞质中；线粒体中的 NAD-IDH 催化 α-酮戊二酸固定 CO_2 形成异柠檬酸，而细胞质中的 NADP-IDH 参与了柠檬酸的分解代谢（姜妮，2013）。在黄果柑果实发育前期和中期，IDH 活性变化和有机酸含量变化基本相同，在黄果柑进入转色期以后，IDH 活性逐渐上升，而有机酸含量基本趋于平稳，无明显下降。综合分析，果实中 IDH 活性水平与黄果柑果实中有机酸的含量存在至关重要的联系。

2.3.3　维生素

维生素是维持人体正常物质代谢和某些特殊生理功能不可缺少的一类低分子有机化合物，因其结构和理化性质不同，各具有特殊的生理功能。根据其物理性质可分为脂溶性维生素和水溶性维生素两大类。脂溶性维生素包括维生素 A、维生素 D、维生素 E、维生素 K 等；水溶性维生素包括维生素 C（ascothic acid）和 B 族维生素。其中维生素 B 族主要包括维生素 B_1（thiamine hydrochioride，盐酸硫胺素）、维生素 B_2（riboflavinn，核黄素）、维生素 B_3（niacinamide，烟酰胺，nicotinic acid，烟酸）、维生素 B_5（d-pantothenic acid，泛酸）、维生素 B_6（pyridoxine，吡哆醇）、维生素 B_8（d-biotin，生物素）、维生素 B_9（folic acid，叶酸）、维生素 B_{12}（cyanocobalamin，氰钴维生素）（田颖，2011）。柑橘果实中主要维生素类物质是维生素 C（冯超等，2009）。

维生素 C（Vitamin C）又被称作 L-抗坏血酸（ascorbic acid，A_SA），是生物体内普遍存在的一类已糖内酯化合物，参与了生物体的整个生长发育过程。据研究可知：植物体内的抗坏血酸含量与植物的抗逆性的表现呈现正相关性，当增加植物细胞内抗坏血酸含量时，植物在寒冷、炎热和盐碱等逆境条件下的生长发育能力相应增加；抗坏血酸同时也是人类和动物在生长繁殖过程中必需的营养物质，但是人类自身已经丧失了合成维生素 C 的能力，必须从食物中摄取才能满足自身的需要，其中抗坏血酸最重要的来源是新鲜的水果和蔬菜。

1. 维生素 C 的合成、代谢

目前，人们已提出了 4 条关于植物维生素 C 生物合成的可能途径，即 L-半乳糖途径、D-半乳糖醛酸途径、L-古洛糖酸途径和肌醇途径（黄艳花，2014）（图 2.25）。其中半乳糖途径是植物维生素 C 合成的主要途径（冯超等，2009；黄艳花，2014）。

L-半乳糖途径（L-galaetosepathway）。Wheeler 等（1998）最先提出该途径，他们通过对大麦、拟南芥叶片及豌豆胚珠的 L-半乳糖饲喂试验研究发现该物质与 V_C 水平显著相关，进一步的同位素追踪试验得出了该途径中每一步的物质变化。此途径的主要场所是线粒体，D-葡萄糖-6-磷酸可能是合成 L-抗坏血酸的碳源的主要来源，而 D-甘露糖-6-磷酸、L-半乳糖和 L-Ga1L 是其中间物质。D-葡萄糖-6-磷酸经过两次异构酶的作用形成 D-甘露糖-6-磷酸，D-甘露糖-6-磷酸在磷酸甘露糖变位酶的作用下形成 D-甘露糖-1-磷酸，然后在 GDP-甘露糖焦磷酸化酶的作用下生成 GDP-D-甘露糖。GDP-D-甘露糖在 GDP-甘露糖-3，5-差向异构酶的作用下形成 GDP-L-半乳糖，GDP-L-半乳糖先后在 GDP-L-半乳糖磷酸化酶、L-半乳糖-1-P-磷酸酯酶、L-半乳糖脱氢酶（L-Ga1DH）和 L-半乳糖醛酸-1，4-内酯脱氢酶（L-Ga1LDH）等的作用生成 L-抗坏血酸。L-Ga1DH 和 L-Ga1LDH 是该合成途径的关键酶，其中，L-Ga1LDH 能直接氧化 L-半乳糖内酯生成维生素 C，其活性直接影响植物维生素 C 含量的多少（邓明华，2003）。

维生素 C 作为植物体内重要的自由基清除剂，需要通过一系列的氧化还原反应才能发挥其抗氧化的作用，其中最重要的是抗坏血酸-谷胱甘肽系统。L-抗坏血酸可以在 APX 生物作用下，通过光合作用、光呼吸作用或参与植物体内的过氧化氢（H_2O_2）还原反应，亦或在抗坏血酸过氧化物酶和抗坏血酸氧化酶的作用下，氧化生成单脱氢抗坏血酸（MDHA）。生成的 MDHA 稳定性较差，可以在单脱氢抗坏血酸还原酶（MDHAR）的作用下，重新生成 L-抗坏血酸，没有 MDHAR 时则发生非酶歧化反应生成脱氢抗坏血酸（DHA）。在生理 pH 条件下，DHA 并不稳定，如果没有及时在脱氢抗坏血酸还原酶（DHAR）参与下，被还原型的谷胱甘肽（GSH）还原成 L-抗坏血酸，还原型的谷胱甘肽（GSH）会被氧化成氧化型的谷胱甘肽，否则 DHA 会自发水解生成 2，3-二酮古洛酸，参与此过程中的还原型的 GSH，是氧化型的 GSSG 在谷胱甘肽还原酶（GR）的参与下形成的，此循环被称为 AsA-GSH 循环（Noctor,1998）（图 2.26）。维生素 C 通过此循环将 H_2O_2 清除，并且将依赖 NADPH 的氧化与 H_2O_2 的清除紧密联系起来。

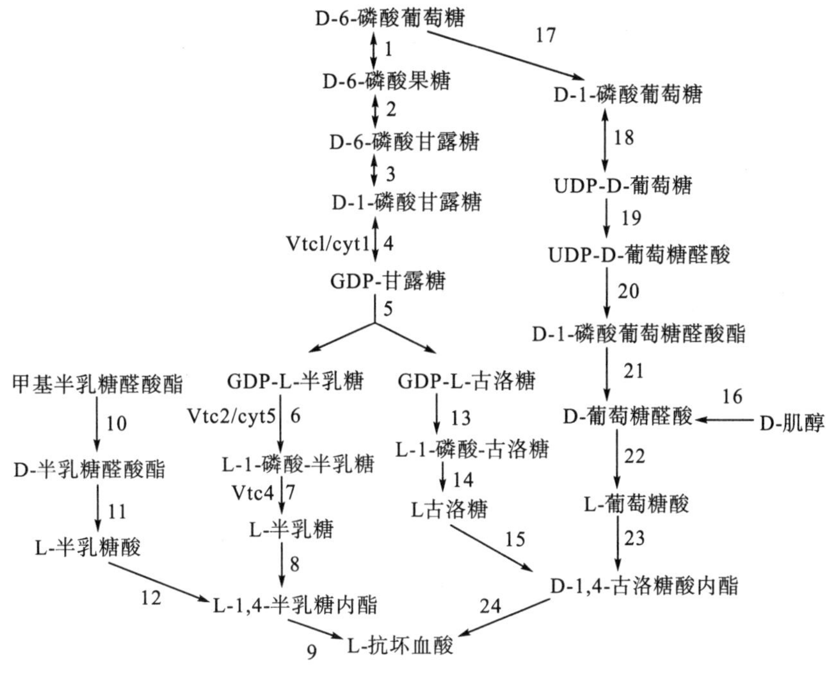

图 2.25　维生素 C 合成途径

1. 葡萄糖-6-磷酸异构酶；2. 甘露糖-6-磷酸异构酶；3. 甘露糖磷酸变位酶；4. GDP-甘露糖焦磷酸化酶；5. GDP-甘露糖-3，5-差向酶；6. GDP-L-半乳糖磷酸化酶；7. L-半乳糖-1-磷酸化酶；8. L-半乳糖脱氢酶；9. L-1，4-半乳糖内酯脱氢酶；10. 甲基酯酶；11. 半乳糖醛酸还原酶；12. 醛缩内酯酶；13. 磷酸二酯酶；14. 糖磷酸化酶；15. 古洛糖脱氢酶；16. 肌醇加氧酶；17. 葡萄糖磷酸变位酶；18. UDP-葡萄糖焦磷酸化酶；19. UDP-葡萄糖脱氢酶；20. 葡萄糖醛酸-1-磷酸尿苷酸转移酶；21. 葡萄糖醛酸激酶；

22. 葡萄糖醛酸还原酶；23. 醛缩内酯酶；24. 古洛糖酸-1，4 内酯脱氢酶

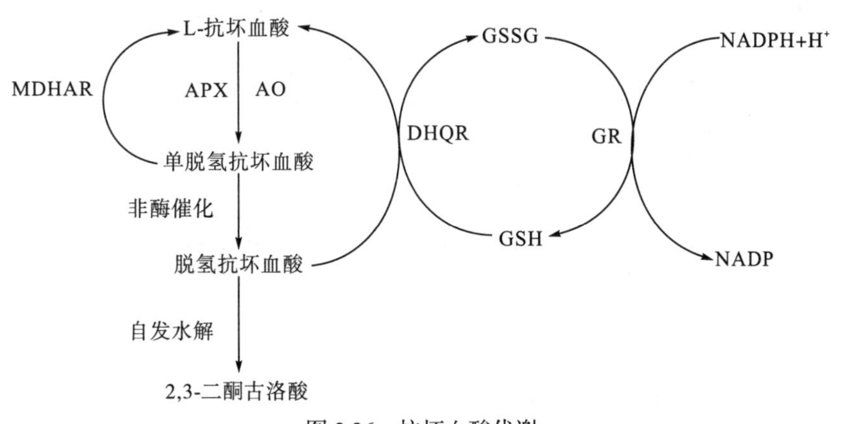

图 2.26　抗坏血酸代谢

MDHAR. 脱氢抗坏血酸还原糖；APX. 抗坏血酸过氧化物酶；AO. 抗坏血酸氧化酶；DHAR. 单脱氢抗坏血酸还原酶；GSSG. 氧化型谷胱甘肽；GR. 谷胱甘肽还原酶；GSH. 还原型谷胱甘肽

2. 黄果柑维生素 C 的积累特点

黄果柑果实发育期间维生素 C 含量一直处于上升的趋势，特别是 10～11 月增长迅速，11 月初较 10 月初增长了 2.42 倍。在 12 月上旬至 2 月初，果实维生素 C 含量略有下降。从

2 月初开始至 3 月初，又有一个缓慢的增长过程。冬季的低温阻碍了黄果柑果实维生素 C 向合成方向进行，在越冬后，随气温的升高，果实维生素 C 继续向合成方向进行。所以，在果实越冬期间如何提高环境温度，维持果实维生素 C 合成是是否可提高果实品质的关键。

2.3.4 酚类

酚类物质（phenolic compounds）是具有一个或多个芳香环连接一个或多个羟基的一组化合物。目前，已知的酚类物质（从简单分子如酚酸到高聚合物质如单宁）已经超过 8000 种结构，主要包括类黄酮、酚酸、单宁、芪类和木质素类（Dai and Mumper，2010）。酚类化合物基本结构类型主要包括 C6-C3-C6 环状结构和 C6-C1 型结构，前者主要包括类黄酮、部分酚酸和缩聚单宁，后者主要包括酚酸和水解单宁，它们在植物界广泛分布，也是植物最丰富的次生代谢产物，蕴藏量巨大，含量仅次于三素（纤维素、半纤维素和木质素），通常参与植物防御紫外线辐射，保护植物组织免受病原体、寄生虫和捕食者等的侵害，还能赋予植物特有的色泽（Dai and Mumper，2010）。柑橘果实中的酚类物质主要包括生物类黄酮和酚酸（张华等，2015）。

1. 生物类黄酮

生物类黄酮即黄酮类化合物，是指自然界中存在的以 2-苯基色原酮（C6-C3-C6）为基本结构（图 2.27）而衍生出来的一系列化合物，常见的有黄烷酮（flavanone）、黄酮（flavone）、黄酮醇（flavonol）、黄烷醇（flavanol）和花色苷(anthocyanindin)。其结构中常连接有酚羟基、甲氧基、甲基、异戊烯基等基团。在植物体内大部分与糖结合成糖苷，少部分以游离形式存在（高锦明，2003），且由于糖的种类、数量、连接位置及连接方式的不同而组成各种各样的黄酮苷类，组成黄酮苷的糖类有单糖、双糖、三糖和酰化糖等。

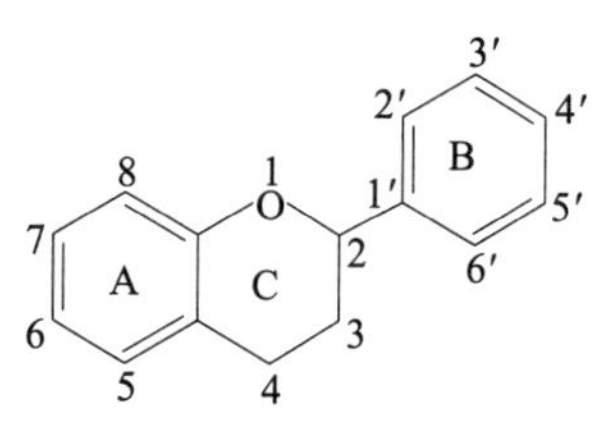

图 2.27　类黄酮物质的基本结构

1）生物类黄酮的合成

植物中的类黄酮化合物是由苯丙氨酸衍生而来的酚类化合物，类黄酮的基本骨架是由 3 个丙二酰辅酶 A（malonyl CoA）和 1 个香豆酰辅酶 A（coumaroyl CoA）合成而产生的。丙二酰辅酶 A 来源于乙酰辅酶 A，而香豆酰辅酶 A 来源于苯丙烷类合成途径(phenylpropanoid pathway)，是以来源于莽草酸途径的苯丙氨酸和酪氨酸为前体合成的(乔小燕等，2009）。查尔酮是类黄酮生物合成途径的关键物质。类黄酮的合成首先是由查尔酮合成酶（chalcone synthase，CHS）催化丙二酰辅酶 A 的 3 个乙酸盐残基和对香豆辅酶 A 的阶梯式缩合反应形成查尔酮，再通过查尔酮异构酶（chalcone isomerase，CHI）的作用将 C 环封闭转化黄烷酮形成的柚皮素（Koes et al.，2005）。黄烷酮再通过羟基化、甲基化、葡萄糖基化和鼠李糖基化等反应合成其他类黄酮（AmarowiczI et al.，2009）。

2）果实中的生物类黄酮

柑橘中含有丰富的生物类黄酮，是柑橘属中含有的一大类重要活性物质，在幼果中尤其丰富（乔小燕等，2009）。目前已从柑橘属植物中分离和鉴定出 60 多种类黄酮单体，主要包括黄烷酮（flavanone）、黄酮（flavone）和黄酮醇（flavonol）等三大类（图 2.28）（Wang et al.，2007）。其中以黄烷酮的含量最为丰富，大约占生物类黄酮总量的 80%（徐贵华等，2007）。黄果柑果实中的黄烷酮主要以糖苷形式存在，很少以苷元形式存在。以糖苷形式存在的黄烷酮一般可以分为两类：新橙皮糖苷和芸香糖苷。新橙皮糖苷一般带有苦味，常见的有柚皮苷、新橙皮苷和枸橘苷；芸香糖苷主要有柚皮芸香苷和橙皮苷（Tripoli et al.，2007）。此外，柑橘中的黄烷酮糖苷还包括圣草次苷、香风草苷等，但其含量均较低（沈妍，2013）。

黄烷酮类　　黄酮类　　黄酮醇类

图 2.28　黄烷酮、黄酮、黄酮醇的化学结构

除黄烷酮外，柑橘果实中黄酮苷元中的多甲氧基黄酮（polymethoxylated flavones）（图 2.29）含量虽低，但其具有比一般类黄酮更强的生理活性，主要包括陈皮素（nobiletin）、橘皮素（tangeretin）和橙黄酮（sinensetin）（沈妍，2013），几乎只存在于柑橘中，且主要存在于果皮中，果肉和果汁中含量甚微，其组成可作为柑橘分类的标识物（唐传核和彭志英，2004）。多甲氧基黄酮主要存在于黄果柑果皮中，果肉和果汁中只含有微量的多甲氧基黄酮。

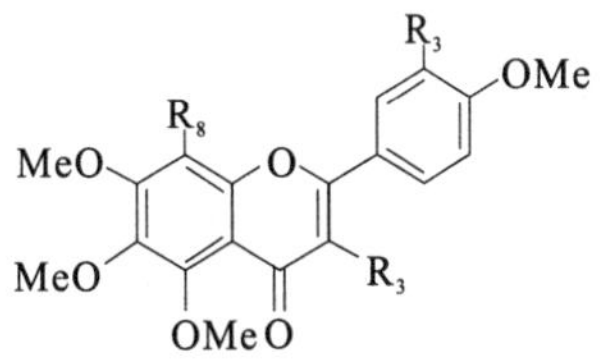

图 2.29　多甲氧基黄酮的结构

生物类黄酮在黄果柑各个部分都有分布，黄果柑果实成熟经榨汁后，黄酮类化合物少量转移至果汁中，多数存在于果皮、果肉和果核。黄果柑果实的不同部位类黄酮种类、含量有较大的差异，在果实中以果皮、囊衣等的含量最为丰富。研究表明，在成熟的柑橘果实中，类黄酮在果皮、种子、果肉中含量较高，而在果汁中含量较低，其中果皮中的类黄酮含量高于种子（Yusof et al.，1990）。

2. 酚酸

酚酸类化合物（phenolic acid）是指同一苯环上带有一个羟基官能团的一类化合物，是酚类物质的一种，约占植物源食品中酚类化合物的 1/3。酚酸按结构可分为肉桂酸型或苯乙烯型（hydroxy cinnamic acid）和苯甲酸型（hydroxybenzoic acid）（图 2.30）。肉桂酸型酚酸常见的主要有对香豆酸、咖啡酸和阿魏酸等，最常见的苯甲酸型有对羟基苯甲酸、香草酸、没食子酸和原儿茶酸等；此外，也有少数酚酸结构不属于这两类，如绿原酸（图 2.31）。在植物组织中，酚酸大部分与有机酸、糖以各种酯化形式存在，少量以游离态形式存在（Xu et al.，2008）。目前从植物中已检出 40 多种酚酸。

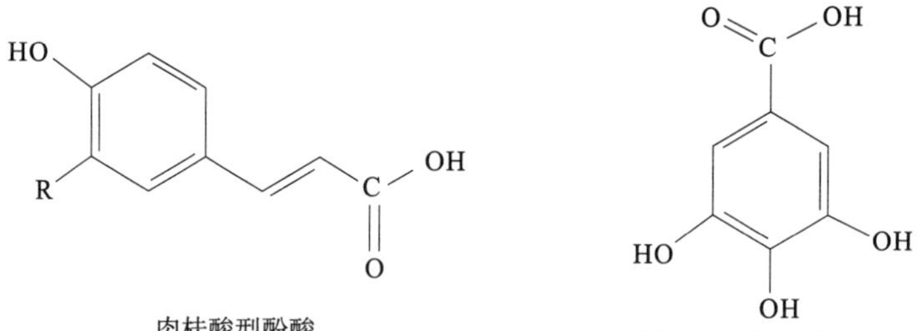

肉桂酸型酚酸
(对香豆酸：R=H；咖啡酸：R=OH)

苯甲酸型酚酸(没食子酸)

图 2.30　酚酸的结构

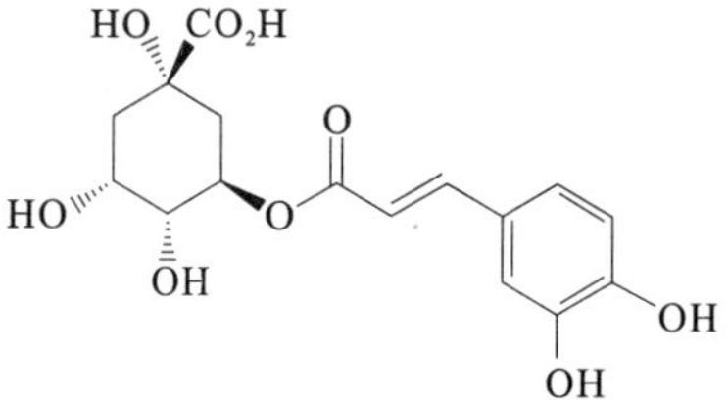

图 2.31　绿原酸的化学结构

1）酚酸的合成

植物中酚酸合成的基本途径是先从糖类转化到芳香族氨基酸——苯丙氨酸，在某些情况下转化为酪氨酸。在苯丙氨酸解氨酶（phenylalanine ammonia-1yase，PAL）的催化作用下，L-苯丙氨酸转化成反-肉桂酸，酪氨酸则转化为对羟基肉桂酸（沈妍，2013）。肉桂酸型酚酸（肉桂酸衍生物）是在肉桂酸羟化酶（cinnamic acid hydroxylase，CAH）催化肉桂酸进行连续甲基化和羟基化过程中产生的。苯甲酸型酚酸（苯甲酸衍生物）则是由二氢莽草酸（dihydroshikimic acid）或对香豆酸经对香豆酰或对香豆酰辅酶 A 的作用产生的（AmarowiczI et al.，2009）。

2）果实中的酚酸

黄果柑果实中的酚酸主要为肉桂酸型酚酸，苯甲酸型酚酸含量较低，柑橘果实中的酚酸大部分为酯化形式，橙汁中酯化阿魏酸含量约为自由阿魏酸的 100 倍。除柚类外，柑橘果实的肉桂酸型酚酸中阿魏酸含量比咖啡酸、对香豆酸和芥子酸含量高 5～10 倍。在宽皮柑橘和橙汁中阿魏酸含量为 40～50mg/L，而柚类酚酸含量较低，其果汁中酚酸含量低于 10mg/L（Xu et al.，2008）。可见，与类黄酮相比，柑橘果实中的酚酸类物质含量要低得多。

黄果柑果实不同组织、不同成熟期其酚酸也有很大变化。有研究表明柑橘皮有较高的酚酸含量，尤其是阿魏酸（Wang et al.，2007）。徐贵华等在温州密橘上的研究表明：果肉中酚酸含量随着成熟度提高而减少，果皮中各酚酸含量随成熟期变化趋势不尽相同，绿原酸变化不大，咖啡酸、对羟基苯甲酸逐渐减少，芥子酸、原儿茶酸逐渐增加，对香豆酸、阿魏酸、香草酸在半成熟期最高；果皮中酚酸含量远远高于果肉；果皮果肉中肉桂酸型酚酸为主，苯甲酸型酚酸含量较少；在温州蜜橘果实中绿原酸和阿魏酸含量最高（徐贵华等，2007）。

2.3.5 酯类

1. 酯类物质的合成

前人研究表明，氨基酸、糖和脂质等是酯类化合物的生物合成前体，其转化为酯类化合物前，要先转化为中间产物酸、醛或醇类化合物，酸和醇类化合物可以在醇酰基转移酶（AAT）的作用下直接转化为酯类，而醛则必须要先转化为酸或醇后才能转化为酯类化合物，在醛转化为醇的过程中需要醇脱氢酶（ADH）的参与（Charles et al.，2000）。具体转化路线如图 2.32 所示。

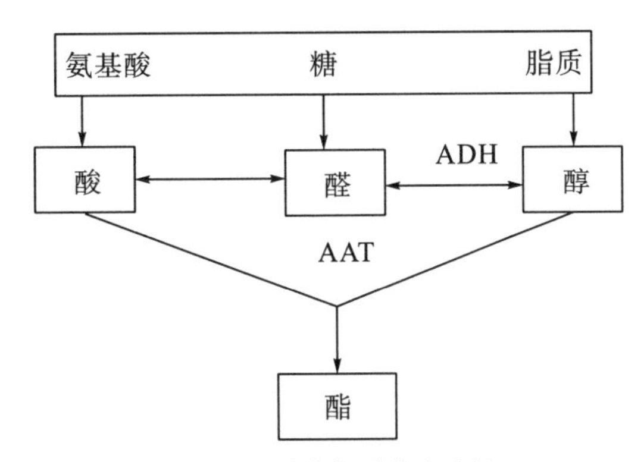

图 2.32　酯类物质合成途径

1）前体为糖的酯类化合物生物合成

糖的有氧氧化和糖酵解途径均会产生中间产物丙酮酸，丙酮酸在脱氢酶催化下氧化脱羧生成乙酰辅酶 A，之后分成两条途径合成酯：一条途径是乙酰辅酶 A 在醇酰基转化酶的作用下乙酸某酯；另一条途径是先在还原酶的催化下生成乙醇，再合成某酸乙酯，如图 2.33 所示。此外，糖无氧发酵产生的乙醛和乙醇，也促进了乙酸乙酯、丁酸乙酯、己酸乙酯等酯类物质含量的增加。

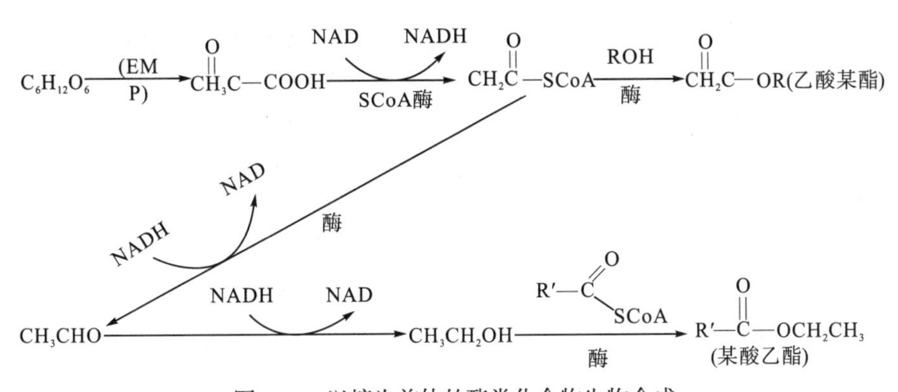

图 2.33　以糖为前体的酯类化合物生物合成

2）前体为氨基酸的酯类化合物生物合成

果实中前体为氨基酸的酯类化合物主要是带支链的脂肪族酯类，如异戊酸乙酯的前体就是支链氨基酸 L-亮氨酸。氨基酸代谢可以生成酯类，此外还可以生成酸、支链脂肪醇及羰基化合物，酸、醇又可进一步合成酯。氨基酸在脱氢酶或氧化酶的作用下生成酮酸，酮酸在脱羧酶作用下生成醛，醛进一步生成酸或醇，醇在酯合成酶的作用下生成酯，如图 2.34 所示。

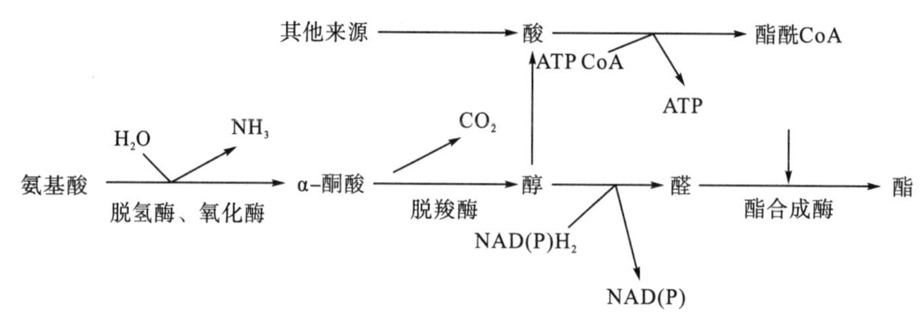

图 2.34　以氨基酸为前体的酯类化合物生物合成

3）前体为脂肪酸的酯类化合物生物合成

脂肪酸在β: 氧化作用下产生酰基-CoA，再进一步在醇酰基转移酶的作用下生成酯类。脂氧化酶途径在受损的植物细胞中最为活跃，可以产生许多 C_6 和 C_9 化合物，在果实中可以增加挥发性酯类的含量。果实中 C_6 和 C_9 的脂肪酸所形成的酯，主要是以亚油酸和亚麻酸为前体合成的。亚油酸在脂肪酸氧化酶或氢过氧化物裂解酶的作用下生成己醛，再进一步在脱氢酶作用下生成己醇，或被氧化成己酸，酸、醇进一步合成酯类物质。亚麻酸则在脂肪酸氧合酶和氢过氧化物裂解酶的作用下生成顺-3-己烯醛，接下来在醇脱氢酶的作用下生成顺-3-己烯醇。顺-3-己烯醇异构化得到反-2-己烯醛，经进一步催化还原生成反-2-己烯醇，再被酯化为相应的酯。

2. 柑橘果实中的酯类物质

酯类物质是柑橘果实中香气成分或挥发性物质之一（李利改，2014）。有学者对鲍威尔脐橙、Clemenules 柑、Fortune 柑、强德勒柚的果汁中挥发成分进行了分析，共检测出 109 种成分，其中酯类有 27 种，还有醇、醛、萜等（李利改，2014）。Lan-phi 等(2009)通过冷压法对 6 种柚子品种的果皮精油进行提取分析，发现柚子果皮精油中有 3 种酯类化合物；对宽皮柑橘果实的研究发现，乙酸芳樟酯是其果皮精油的主要成分之一(Lota et al.，2001)；对大叶尾张温州密柑、锦橙和酸橙 3 种柑橘果实的香气成分进行分析，发现主要成分为烃类、酯类、醇类等，其中酯类物质在锦橙中的含量最高，且丁酸乙酯作为其重要特征香气成分之一（乔宇等，2007）；甲基-*N*-氨基苯甲酸甲酯是“mandrin”的典型芳香成分（唐会周，2011）。

参 考 文 献

鲍江峰,夏仁学,邓秀新,等. 2004.用主成分分析法选择纽荷尔脐橙品质的评价因素.华中农业大学学报,(12):663-666.

陈杰忠.2005.果树栽培学各论南方本.3 版.北京:中国农业出版社.

陈俊伟. 2001.柑橘果实糖运输与积累的生理机制研究.杭州:浙江大学博士学位论文.
邓明华. 2003. 辣椒胞质雄性不育株生理生化特性及离体培养研究.长沙:湖南农业大学硕士学位论文.
邓秀新,彭抒昂.2013.现代农业科技专著大系柑橘学.北京:中国农业出版社.
邓英毅.1999.柑橘果实糖分积累与相关酶活性研究.重庆:西南农业大学硕士学位论文.
冯超, 雷莹, 刘永忠. 2009. 柑橘 L-半乳糖-1,4-内酯脱氢酶基因的克隆.华中农业大学学报,(6): 731-735.
高锦明. 2003. 植物化学.北京:科学出版社:157-160.
龚荣高.2006.不同生境下脐橙果实糖酸代谢生理生态反应的研究.雅安:四川农业大学博士学位论文.
郝荣庭.1997.果树栽培学总论.北京:中国农业出版社.
何天富.1999.柑橘学.北京:中国农业出版社.
黄艳花,曾明. 2013.梨果实糖代谢及调控因子的研究进展.植物生理学报, (8):709-714.
黄艳花. 2014. 脐橙果实发育过程中抗坏血酸含量及相关酶活性的研究.重庆：西南大学硕士学位论文.
姜妮.2013.成熟期地表覆膜对柑橘果实糖酸积累及糖酸代谢相关酶的影响.武汉:华中农业大学硕士学位论文.
李合生. 2006. 现代植物生理学.北京:高等教育出版社.
李利改. 2014.柑橘属植物基本类型中国特有种类不同组织器官挥发成分比较研究.重庆:西南大学硕士学位论文.
刘海涛,张新峰,周伟斌.2004.柑橘.北京:中国林业出版社.
刘以前. 2005.番茄叶片和果实中糖代谢及其遗传研究.北京:中国农业大学硕士学位论文.
刘颖.2010.甜瓜果实发育过程中糖积累及蔗糖代谢相关酶的变化.郑州: 河南农业大学硕士学位论文.
龙忠义. 2015.柑橘保花保果技术.中国农业信息,(13):12
卢德明.2004.黄果柑优质丰产栽培技术.果农之友,(2):33-34.
罗安才, 杨晓红, 邓英毅,等. 2003.柑橘果实发育过程中有机酸含量及相关代谢酶活性的变化. 中国农业科学, (8): 941-944.
罗海军,陈勇平,罗双辉,等.2006.柑橘保花保果技术.现代园艺,(6):53-54.
乔小燕, 马春雷, 陈亮. 2009. 植物类黄酮生物合成途径及重要基因的调控. 天然产物研究与开发, (21): 354-360.
乔宇, 谢笔钧, 张弛, 等. 2007.顶空固相微萃取——气质联用技术分析 3 种柑橘果实的香气成分.果树学报,(5): 699-704.
邱文伟.2005.不同生境下脐橙果实蔗糖代谢相关酶的研究.成都:四川农业大学硕士学位论文.
沈妍. 2013.宽皮柑橘采后酚类物质与抗氧化活性变化规律的研究.杭州:浙江大学博士学位论文.
沈兆敏,刘焕东.2013.柑橘营养与施肥.北京:中国农业出版社.
四川省江津园艺试验站.1959.四川省果树调查报告.北京:农业出版社:50
苏艳. 2009. 草莓果实糖代谢规律及其对生长素信号的响应.北京:北京林业大学硕士学位论文.
唐传核, 彭志英. 2004. 柑橘类的功能性成分研究概况.四川食品与发酵,4:1-7.
唐会周. 2011.品种、成熟度和病害对柑橘果实香气成分的影响.重庆:西南大学硕士学位论文.
田颖.2011.食品中多种水溶性维生素的检测与标准物质的研制. 北京: 北京化工大学硕士学位论文.
万连步,杨力,张民.2004.柑橘.青岛:山东科学技术出版社.
汪志辉,刘世福,严巧巧,等.2011.石棉县黄果柑生物学特性调查与差异株系比较.北方园艺,(14):20-24.
王大华,李天眷.1991.黄果柑优良株系——桂晚柑的选育.中国柑橘,(3):3.
王仁才. 2007.园艺商品学.北京:中国农业出版社:30-33.
文涛. 1999.脐橙果实发育中有机酸合成及其调控与果实品质关系的研究.成都:四川农业大学硕士学位论文.
吴瑞媛. 2013. ‘翠玉’梨果实糖代谢规律及提高果实品质技术研究.杭州:浙江大学硕士学位论文.
谢深喜.2014.柑橘现代栽培技术.长沙:湖南科学技术出版社.
熊博,汪志辉,石冬冬,等.2014.黄果柑果实粒化与细胞壁物质及多胺的关系.华北农学,(29):239-242.
徐贵华,胡玉霞,叶兴乾,等. 2007. 椪柑、温州蜜橘果皮中酚类物质组成及抗氧化能力研究.食品科学,(11):171-175.
徐回林.2011.南丰蜜橘果实发育过程中品质变化及糖酸代谢的研究.南昌:江西农业大学硕士学位论文.

叶萌.1998.桂晚柑花粉及其育性研究.中国南方果树,(6):3-6.

张规富,谢深喜. 2012.柑橘果实柠檬酸代谢研究进展.中国园艺文摘,(8):1-4.

张华, 周志钦, 席万鹏. 2015.15 种柑橘果实主要酚类物质的体外抗氧化活性比较.食品科学,(11):64-70.

张莉.2010.西瓜果实含糖量遗传规律及糖分积累与蔗糖代谢酶的关系.兰州:甘肃农业大学硕士学位论文.

赵淼,吴炎军,蒋桂华. 2008.柑橘果实有机酸代谢研究进展.果树学报,(2):225-230.

钟仕田.2014.柑橘高效安全生产与销售.武汉:湖北科学技术出版社.

周开隆,叶荫民.2010.中国果树志 柑橘卷.北京:中国林业出版社.

周先艳,朱春华,李进学,等. 2015.果实有机酸代谢研究进展.中国南方果树,(1): 120-132.

AmarowiczI R,Carle R,Dongowski G,et al. 2009.Influence of postharvest processing and storage on the content of phenolic acids and flavonoids in foods.Molecular Nutrition and Food Research,(53): S151-S183.

CercóS M, Soler G, Iglesias DJ, et al. 2006.Global analysis of gene expression during development and ripening of citrus fruit flesh. A proposed mechanism for citric acid utilization.Plant Molecular Biology, (62): 513-527.

Charles F,Willy K,Michael J. 2000.The composition of strawberry aroma is influenced by cultivar, matudty, and storage.Hortseience,(6): 1022-1026.

Cheverria E, Gonzalez P C, Brune A. 1997. Characterization of Proton and sugar Transport at the tonoplast of sweet lime (*Citrus limmetioides*) juice cells. Physiol Planl,(101).291-300.

Dai J, Mumper RJ. 2010.Plant phenolics: extraction,analysis and their antioxidant and anticancer properties. Molecules, (15): 7313-7352.

Haffaker RC, Wallace A. 1959.Dark fixation of CO_2 in homogenates from citrus leaves, fruits and roots.Proc Amer Soc Hort Sci,(74): 348-357.

Hirai M, Ueno I. 1977. Development of citrus fruits: Fruit development and enzymatic changes in juice vesicle tissue. Plant and Cell Physiol, (18): 791-799.

Huber SC, Huber JL. 1996.Role and regulation sucores phosphate syntilase in higher plants. Annu Rev Plnat Physiol. Plnat Mol Biol,(47):431-445.

Koes R,Venweij W, Quattrocchio F. 2005.Flavonoids: a colorful model for the regulation and evolution of biochemical pathways.Trends in Plant Science,(10): 236-242.

Lan-Phi NT, Shimamura T, Ukeda H, et a1.2009.Chemical and aroma profiles of yuzu (Citrus junos) peel oils of different cultivars. Food Chemistry,(115):1042-1047.

Lota ML, de Rocca Serra D, Tomi F, et a1. 2001.Chemical variability of peel and leaf essential oils of 15 species of mandarins. Biochemical Systematics and Ecology, (29):77-104.

Noctor G, Foyer CH. 1998. Ascorbate and glutathione: keeping active oxygen under control. Annual review of plant biology, (1): 249-279.

Notton BA, Blanke MM. 1993.Phosphoenolpyruvate carboxylase in avocado fruit: parifieation and poroperties.Journal of Phytochemistry,(33):1333-1337.

Sadka A, Dahan E, Cohen L, et a1. 2000.Aeonitase activity and expression during the development of lemon fruit. Physiol Plant,(108): 255-262.

Sekhara Varma TN, Ramarkrishnan CV. 1956. Biosynthesis of citrus fruits. Nature, (178): 1358-1359.

Tang GQ, Luscher M, Sturm A. 1999.Antisense repression of vacuolar and cell wall invertase in transgenic carrot alters early plant development and sucrose partitioning.Plant Cell,(11):177-189.

Tripoli E,Guardia ML, Giammanco S, et a1. 2007.Citrus flavonoids: Molecular structure, biological activity and nutritional properties: A review.Food Chemistry, (2): 466-479.

Wang YC, Chuang YC, Ku YH. 2007. Quantitation ofbioactive compounds in citrus fruits cultivated in Taiwan.Food Chemistry, (102):1163-1171.

Wang YC, Chuang YC, Ku YH. 2007.Quantitation of bioactive compounds in citrus fruits cultivated in Taiwan.Food Chemistry, (102): 1163-1171.

Wheeler GL, Jones MA, Smirnoff N. 1998.The biosynthetic pathway of Vitamin C in higher plants. Nature, (393): 365-369.

Xu G H, Ye XQ, Liu DH, et a1. 2008. Composition and distribution of phenolic acids in Ponkan（Citrus poonensis Hort. ex Tanaka）and Huyou（Citrus paradisi Macf. Changshanhuyou）during maturity.Journal of Food Composition and Analysis, (21):382-389.

Xu GH, Liu DH, Chen JC, et a1. 2008.Juice components and antioxidant capacity of citrus varieties cultivated in China. Food Chemistry, (106):545-551.

Yamaki YT. 1990.Effect of lead arsenate on citrate synthase activity in fruit pulp of satsama Mandarin. Japan Soc Hort Sci, (58): 899-905.

Yen C,Koch KE. 1990.Developmental changes in translocation and localization of 14C-labeled assimilates in grapefruit：Light and dark CO_2 fixation by leaves and fruit.Amer Soc Hort Sci, (5):815-819.

Yusof S, Ghazali HM, King GS. 1990. Naringin content in local citrus fruits. Food Chemistry, (2): 113-121.

第 3 章　黄果柑苗木繁育

3.1　黄果柑苗圃建立

3.1.1　苗圃地选择

黄果柑苗圃是幼苗集约培育的场所，是培育优良苗木和降低管理成本的前提条件。在建立苗圃时，应注意以下几点。

1. 位置

苗圃一般应当设在供应果苗区域的中心，以交通、水源方便，附近无工厂放排大量煤烟、粉尘、毒气、废水的地方为宜。凡有属于国家检疫性病虫害的疫区，都不能建立苗圃。

2. 地势

选择地势开阔、向阳避风、排水良好的平坝地和较平整的缓坡地作苗圃。陡坡地和易积水并易积存冷空气的低洼地及易受涝旱或霜冻危害和管理不便的地方，均不宜作苗圃。

3. 土壤

选用土层深厚、富含有机质、透气性良好的中性或微酸性的沙壤或轻黏壤土为宜。黄果柑苗耐碱性能力差，土壤 pH 以 6.5~6.8 为好。黏土的黏性和湿度太大，排水透气差，春季土温上升迟，苗木生长慢，且黏土易板结龟裂，不利于根系发育。至于沙土一般有机质缺乏，保水保肥力差，均应经过改良后，才可用作苗圃。

3.1.2　苗圃地规划

大型专业苗圃地点选定后，要进行土地测量，对土壤种类、理化性状、耕作层的深浅、地下水位高低及气象资料等情况进行详细调查，在取得资料的基础上，本着苗圃耕作和管理方便的原则，进行全面规划，苗圃规划大致可分为生产地和基建地两大部分。

1. 生产地的规划

为经济利用土地，便于管理和机械化操作，一般把生产地分为母本区、繁殖区、培育区、轮作区 4 个部分，大型专业苗圃及科学研究单位的苗圃，还应设立试验区。

（1）母本区：分为砧木母本区和品种母本区。砧木母本区是供采集砧木种子或扦插材料用。过去人们对接穗品种优良单系选择比较重视，而对砧木单系选择往往忽略，常导致砧木的纯度得不到保证，给生产上带来了一些问题。因此，应专门栽植一些砧木材料供采种和采插条之用。品种母本区是供栽植优良的母树品种用，专供优良品种的接穗，宜建立经过多年鉴定选育的可靠单株“一株传”的纯系母本园。

（2）繁殖区（播种圃）：主要任务是播种繁殖实生砧苗或扦插、压条苗等。

（3）培育区（嫁接圃）：是进行移植、嫁接或供嫁接苗、压条苗、扦插苗假植培育后再出圃的场所。

（4）轮作区。苗圃地长期连作，会使土壤中某些常需物质消耗过甚和积存大量有害物质，破坏土壤结构，降低肥效，因而苗木生长慢，质量差。所以，苗圃地应进行轮作，并配合施有机肥，特别是翻埋绿肥，增加腐殖质有机复合肥，改良土壤结构，使土质疏松肥沃，恢复土壤肥力。黄果柑播种苗圃，一般每播种 1~2 次就必须轮作 1 次；嫁接苗圃以每出圃一次就进行一次轮作较为适宜。

苗圃轮作物以豆类、薯类、玉米、蔬菜等为好。这些作物不但可以提高土壤肥力，而且能覆盖地面，防止杂草繁生和水分蒸发，同时可免传染与黄果柑相同的病虫害或病虫的中间寄主。

2. 基建地的规划

大型专业性苗圃的基建地规划，一般占苗圃总面积的 15%~20%。

（1）道路：圃地道路要结合苗圃划区进行设置。干路为苗圃中心与外部联系的主要通道，宽约 6m，支路可结合大区划分进行设置，大区分成若干小区，各小区间设支路相连。

（2）排灌系统：结合地形及道路统一规划设置，苗圃的排灌系统应该形成有机的网络，做到旱了能灌，涝了能排，始终能保证苗圃地的正常水分供应。目前，我国常见的是地面渠道引水灌溉，今后本着节约用水的目的，应逐步发展喷灌和滴灌。排水系统则正好与灌水相反，保证雨后能及时排除积水。它一般由各组排水沟组成，排水沟的宽度、深度及具体设置，应根据地形、气候、泄水区位置等因素而定。

（3）房舍建筑：包括办公室、工具保管室、贮藏室、消毒场、包装场等建筑，一般设在苗圃地的中央或交通便利的地方，以不占用好地为宜。

3.2　砧木苗繁育

3.2.1　砧木选择

1.枳（大叶大花）

枳壳是黄果柑的主要优良砧木之一，枳砧的黄果柑苗木前期生长较缓慢，5 年以后树势生长迅速，以后表现出树冠乔化，生长健壮，须根发达，抗寒、耐旱、耐瘠、抗树干害虫和流胶病能力强，进入结果期快，果实整齐，品质上等，耐贮藏，据调查，枳砧的锦橙、伏令夏橙、华盛顿脐橙、血橙、温州蜜柑和红橘生长结果也良好。因此，枳是适于四川柑橘栽培的优良砧木之一。

大量生产实践调查表明，枳砧抗盐碱的能力弱，在土壤 pH 7.3 以上表现出苗木生长不良，黄化枯梢严重。因此，枳砧只在中性和微酸性土壤上表现良好，不适宜在碱性地上用作黄果柑的砧木。

2. 红橘

红橘在四川分布最广，采种容易。红橘砧的黄果柑树冠乔化树势健壮，根系发达，进入结果期比枳砧约晚 1 年，耐瘠、抗流胶病能力强，果实略偏酸，为四川目前柑橘产区普遍采用的主要砧木之一。特别是在偏碱性的土壤和枳砧表现不良的地方，便可采用红橘作砧木。

3. 香橙

香橙根深，多粗根，树势强健，木质坚硬，寿命长。抗旱抗盐碱，较耐热耐瘠，耐湿性较差，抗天牛、脚腐病及速衰病，苗期易患立枯病。嫁接后树冠高大，产量高，果形大，成熟期稍晚，盛果期迟，初果期稍低产。在土壤 pH 7.5 左右的地方种植黄果柑宜选择香橙砧，但其主根深，细根少，移植时要注意减少伤根。

3.2.2 实生砧木繁育

1. 砧木种子的采集、运输和保藏

1）砧木种子的采集

选品种纯正、生长健壮的植株，从成熟的果实中取种子。未成熟的种子，生长发育不完全，营养物质含量少，发芽率低。取种可直接剖开鲜果或将果实堆放后让果肉腐烂，再把种子淘洗干净。目前，大面积生产中往往利用果实加工制造时提供的大量砧木种子。随着科学进步，对砧木种子采集应注意选树、选果、选籽的“三选”工作方能保证培育出优良的健壮的砧木苗。

2）砧木种子的运输

种子需长途运输时，应注意防止在运输期间发霉变质，影响发芽。运输前，种子过湿时应加适量的木炭粉，减少种子的含水量，种子过于干燥时应加湿润河沙，保持种子一定湿度。装袋或装箱运输时，每袋或每箱至多装 15~25kg，并快装快运。运到目的地后，及时处理，不要堆积过久，以免发热而影响发芽率。取种用的鲜果运输时，可用竹篓或木箱包装，运到后及时取出种子淘洗，阴干备用。运输鲜果虽然比运净种子增大费用，但可减少运输途中其他管理手续。如鲜果在运输途中自然腐烂，其中种子亦不会受影响，能保证种子质量和发芽率。

3）砧木种子的保藏

取得的种子，如不立即播种，应在阴干后于冷凉而空气流通的地方保存。贮藏期间：温度宜保持在 0~10℃，不宜超过 15℃，湿度以保持在 50%~70%为宜。如果温度过高，会使呼吸增旺，消耗种子本身大量的营养物质，降低生活力。种子过分干燥，会失去发芽力；过分潮湿，含水分重，缺乏空气，会造成种子缺氧现象，积存大量的二氧化碳，而且病菌易于寄生繁殖，引起种子霉烂。贮藏种子的方法有沙藏和果藏两种。

（1）沙藏法。将阴干后的种子与湿润的河沙分层或混合贮存。河沙宜用较粗的，以利通气和排水。河沙的湿度，以在手中能捏成团，手伸开能自然碎裂成几大块为宜；如沙团完整不碎，即为过湿现象；沙团随手掌伸开而自然松散开来，乃是过干的现象。分层贮藏河沙和种子的比例，一般为 2∶1。混合贮藏河沙与种子比例为（4~5）∶1，将种子、河沙混合拌匀后贮藏即可。堆存时最底面和表面分别垫、盖河沙厚 5cm 左右。然后表面再盖草席保湿。种子贮藏期间，每隔 10~15d 翻动 1 次，以调节河沙干湿度，并防止升温发烧或鼠类损害。大批贮藏种子时，不宜堆积过厚，一般以 15cm 左右为宜。

（2）果藏法。种果成熟后采收，装入竹篓或木箱中，堆放在冷凉通风处。贮放 1 个月左右，果肉虽然逐渐腐烂，但种子仍能保持新鲜。在播种前淘洗种子后，直接播种在苗床内。

（3）目前国内外保存种子的先进方法是将种子彻底洗净果渣、果胶，让其稍阴干后放入 51.5℃温水中，不断震荡，并不断加入热水，保持恒温，历时 10min。然后将种子表面水吸干，用福美双拌种，每千克种子用 5g 福美双，也可用 10%的 8-羟基喹啉硫酸盐溶液浸渍一下，待种皮沾满药液时即捞出，置阴凉处，待种皮发白后放入聚乙烯袋内，密封袋口，保存在 1.5~7.5℃条件下，可贮存 8 个月。枳种可贮存 2 年而不影响发芽率。

2. 播种

播种前，苗圃地应做成宽 1m 左右的厢，使土壤疏松细碎平整，厢面施液肥，干旱时应浇水，待土壤稍干后，即可播种。

1）浸种和种子消毒

为促进种子萌发整齐，减少苗期病害，播种前可进行温汤浸种。即用 50~52℃温水预浸 5~6min，再浸入 52~55℃热水中 50min，然后将种子置于垫草的箩筐内，上面盖以稻草。以后每天早、中、晚用 35~40℃温水均匀淋透一次，淋后同时将种子翻动，这样约经 1 个星期，种子微露白根时，即可播种。为减少苗期白苗病的发生，可用浓人尿或 5%尿素液浸种 24h 后播种。

2）播种时间

从种果成熟采收至次年春季均可播种。但秋冬播优于春播，秋冬播种子萌发至出土所需时间较短，出苗较整齐。

早熟砧木种类，如枸橘、柚等，采种后可立即播种，种子在当年即萌发出土，提早苗木生长期；有利于生长健壮，提早移栽。在冬季过于寒冷的地区，则应在第 2 年春播。

3）播种方法

柑橘播种的方式有撒播和条播两种，主要采用撒播。

(1)撒播。这种方法占地面积少，比较集中，便于管理。在当年的幼苗期 5~6 月和 9~10 月分期进行移栽，撒播后，种面覆盖细碎土壤，覆土的厚度在 1cm 左右为宜。土壤较疏松和气候干燥的地区，覆土宜稍厚，反之宜薄。播种后，要及时用麦草或麦壳等物覆盖畦面，以减少土壤水分蒸发，防止大雨冲刷和土面板结，保护幼苗顺利地出土生长。有条件的地区，早春播种的苗圃，可用塑料薄膜覆盖，能保温保湿，出苗快，有利于加速砧木苗的生长。

⑵条播。条播比较节约种子，管理较省工，有利于中耕、除草、松土等工作，而且苗木根系发育良好，植株生长旺盛，有利于培育壮苗。条播的株行距，依树种、品种和苗木在苗床时间的长短而定。如香橙生长迅速而旺盛的种类，行距可大些，红橘可小些。留在苗床时间短的，行距宜小，反之则宜大。

4）用种量

视种类、品种和种粒大小不同而异。如撒播枳种时一般每亩用 30~40kg；红橘种子 25~30kg。在一般管理条件下，每亩可获得苗木 10 万株左右。条播比撒播用种量一般应减少 30%左右。

除上述播种方法外，还可采用营养土温床育苗法，可以提早播种，加速砧苗生长。温床的制作与育菜秧的温床近似。营养土的配制法是将筛过的细堆肥 40%、过磷酸钙 2%~3%、油枯粉 2%~3%，加细土混合均匀制成。播种前，将种子用 0.4%高锰酸钾溶液浸种 2h，用清水淘洗干净，然后播种，可提高发芽率。

3. 播种后的管理

1）及时浇水和揭除覆盖物

幼苗出土前，若土壤干燥，应在覆盖物上均匀浇水，以湿润土壤为宜，但不宜过多，以免降低土温和使土壤板结。在种子萌发期，如土壤板结，应先在土面浇水，使土壤湿润后，再行松碎土面，使幼苗容易出土。幼苗大部分出土后，在阴天或傍晚时，揭除覆盖物，清除畦面杂草，过迟揭除覆盖物，会使幼苗黄化和生长弯曲，降低苗木质量。

2）除草和匀苗

幼苗出土后，应经常拔除杂草。为使幼苗稀密适度，分布均匀，生长发育良好，还应进行匀苗工作。匀苗时间，一般在幼苗高 8~10cm 时进行，拔去密弱病苗，使幼苗间距适当，分布均匀。此时，可结合匀苗进行移栽。

3）中耕、施肥和灌水

幼苗出土后，经常保持土壤一定的湿润度并使土壤疏松，尤其是在雨后和多次浇水形成土壤板结的情况下，要及时进行中耕，疏松土壤，但应避免损伤幼根。出苗后施清淡人畜粪水。苗木逐渐增粗长高，施肥浓度应逐渐加大，确保苗木生长的需要。

3.3 黄果柑嫁接苗繁育

3.3.1 嫁接技术

1. 嫁接成活的原理

接穗和砧木通过嫁接后，能形成一个新的植株。其成活的关键在于砧木与接穗二者是否形成层密切结合。嫁接后，砧穗双方的形成层、维管束鞘、次皮层、木质部薄壁细胞及髓部等能形成愈伤组织。在愈伤组织产生的过程中，分化出新的形成层及新的输导组织，二者结合成为一个统一的有机体，相互同化，进行共生生活。

2. 影响嫁接成活率的因素

嫁接后成活率的高低，与下列因素有密切关系。

1）亲和力

亲和力的强弱是嫁接成活与否的关键。一般亲缘越近的两株植物嫁接，其嫁接亲和力越强，成活率就越高，如甜橙接甜橙，红橘接红橘，嫁接后成活率高达95%以上，这种用同种植物作砧木进行嫁接称为共砧。共砧虽然嫁接成活率高，但抗逆性减弱，尤其是抗病虫害的能力减弱，所以一般情况下共砧不是优良的砧穗组合。但也有例外，有些异属异种间的嫁接亲和力也强，成活率也高，如枳作橙类、宽皮柑橘类的砧木，嫁接后成活率高达90%~100%，而且，苗木生长正常，果实品质好，其性状优于其他砧木。四川黄果柑产区均喜欢用枳作砧木。

嫁接亲和力低，表现为接后不愈合或愈合不良，虽然愈合，但不发芽不抽梢；即使发了芽、抽了梢，但苗期生长极缓慢，树势极衰弱，甚至到冬季叶落枝枯，2~3 年后整株死亡；同时，砧、穗结合部出现大小脚现象等。砧木大于接穗，从通常理论上讲是一种不良的亲和现象。但实践证明，凡是砧大于穗的黄果柑树势生长旺盛，树冠高大，连年结果均多，果实品质中上至上等。

2）外界环境因素

适当的温度、湿度等环境条件，有利于产生愈合组织和形成新的输导组织。当温度上升后，只要有适宜的湿度配合，嫁接成活率显著提高。高温干燥，不利于嫁接苗的成活。因此，在干旱时，嫁接前要充分灌溉，嫁接后立即包扎薄膜，以减少水分的散失。落透雨后，应抓紧时机进行嫁接，但如土壤和空气湿度过大，容易引起接合部霉烂，故应注意排水。

日照强烈直射，会增高温度和加强水分蒸发，嫁接部位在砧木的东南方、南方和西方的接芽，比嫁接在砧木西北方和北方的成活率低。夏秋剪顶嫁接或嫁接后过早剪砧不易成活，除因断绝养分供应外，受日照直射失水干枯也是致死的主要原因。因此，夏秋季嫁接的苗木，多不剪砧梢，以提高成活率。

3）砧穗生长状况

凡砧穗生长都健壮，养分充足，嫁接成活率高，所以，应该培育健壮的砧苗。生长瘦弱的砧苗和接穗，嫁接成活率往往很低。接穗应在枝条停止生长后至发芽前养分积累最多的时候采集。已发芽和旺盛生长期的枝条，养分积累少，嫁接成活率低。

4）嫁接技术

砧、穗削面如不平整或夹有尘沙，会使砧木相接穗不能密切接触，因而成活率低。芽片木质过厚，减少了砧、穗间形成层相互接触的面积，成活率亦差。砧、穗间形成层没有对准，致使双方新的输导组织不能连接起来，也难以成活。为此，在嫁接时，砧穗的削面必需平滑清洁，芽片厚薄适度，砧、穗形成层相互吻合，才能愈合良好，易于成活。

3. 嫁接前的准备工作

为了嫁接时操作方便，工作顺利，接后成活率高，应先作好以下几项准备工作。

1）砧木

在嫁接前 1 个月，修剪砧苗主干上的萌蘖，减少养分和水分的消耗，增加砧苗嫁接部位的光滑度和粗度。此外，苗圃应除净杂草，如遇干旱，应在嫁接前 3~4d 内灌 1 次透水，使砧苗水分充足，皮层湿润，有利于嫁接成活。

2）接穗

苗圃自有良种母本园者，夏秋季嫁接时，可在母本树上直接采取接穗，随采随用。采集接穗时必须注意以下几点：

（1）接穗必须从经过多年鉴定的纯系优良单株或多年选优单株上剪取。

（2）母树应树势健壮，无病虫害，并需采集树冠中上部的健壮枝条作接穗为宜。树冠下部和内膛的荫蔽纤弱枝条，不宜选作接穗。

（3）枝条充实，芽饱满，少刺或无刺的一年生春梢或秋梢，可作接穗。

（4）春季萌芽时，已发芽的枝条不宜作接穗，宜选取停止生长状态的枝条作接穗。

（5）采穗时间，以早上朝露干后采集为最好，阴天可全天剪取，雨天不宜选剪接穗。

（6）接穗剪下后，应立即剪除叶片和针刺，每 50 或 100 枝捆成一把，挂上名称、采剪日期的标签。

（7）采穗的母树，应尽量做到不影响其生长发育，可采用疏、短剪结合的方式，以 3 枝抽 1，4 枝抽 2 为宜。

有时为了充分利用良种母树有限的枝条，采用结合冬季修剪，剪取接穗的办法，需要注意接穗的保藏工作，一般采用沙保存或石花保存。要选择一个比较冷凉、湿度较大而背风的地方贮藏。只要把温度和湿度控制好，贮藏 1~2 个月后，接穗仍保持新鲜可用，不影响嫁接成活率。

此外，还要准备好嫁接工具和包扎物，如锋利的嫁接刀、枝剪和塑料薄膜条等。

4. 嫁接方法

黄果柑嫁接多采用单芽腹接、单芽切接、芽接和芽片腹接等方法。

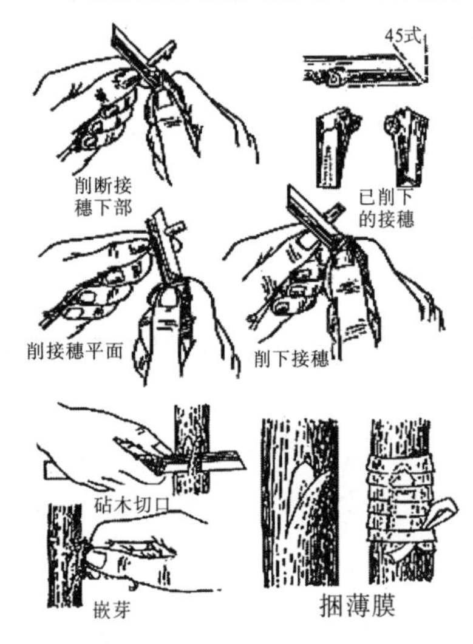

图 3.1 黄果柑单芽腹接

1）单芽腹接法

单芽腹接法是四川省目前广泛采用的柑橘嫁接法，其优点是：成活率高，一次未嫁接活的，可以补接 2~3 次，砧本不致浪费；嫁接时间长，从 2~11 月均可进行，尤以 8~10 月最适宜。但在春季采用这种方法嫁接的，发芽和新梢生长都比单芽切接的慢。

单芽腹接的操作法如图 3.1 所示。选接穗基部第 10 个饱满的芽，从芽下约 1cm 处斜削一刀，将接穗下部芽子不饱满的一段削去，斜削面成 45°。然后将接穗翻转，宽平面向上，从芽基部起平削一刀，削穿皮层，不伤或微伤木质，削面呈黄白色。最后在芽的上面约 2mm（半分）处斜削一刀，削断接穗。削面一定要平直光滑，深浅适度，不沾泥沙，以利愈合。

削砧木时，按砧木的粗度（约铅笔杆粗），在砧木主干离地 8~15cm，选平滑处，从上向下纵切一刀，长 2cm 左右，厚度以切穿皮层、不伤或微伤木质为度；切面要求平直，将切开的皮层上部削去 1/3。接穗插入砧木切口内，下端紧靠砧木切口底部，接穗与砧木的两个削面要对准贴紧，如砧木较粗，接穗应偏在切口的一边，使砧木和接穗的皮层（形成层）互相对准，然后用塑料薄膜包扎即成。

2）单芽切接法

单芽切接法单芽切接的优点是：发芽快而整齐，苗木生长健壮；接口愈合快，愈合得好。同时，由于剪除砧木上半节，操作方便。但切接法嫁接时间短，主要在春季雨水节前后半月进行。单芽切接法，削接穗与单芽腹接法相同。砧木切口如图 3.2 所示。在砧木离地面 10~15cm 处剪去砧木上部，剪口呈 45°。在斜面低的一方，对准皮层与木质部交界处，向下纵切一刀，切口略长于接穗削面。切好后进行嵌芽，即将接穗插入砧木切口内，接穗的削面上部应微露一点在砧桩上面。如接穗与砧木切面大小不一，必须将接穗与砧木的皮层（形成层）偏靠一边，对准贴紧，以便愈合。最后封顶包扎薄膜。

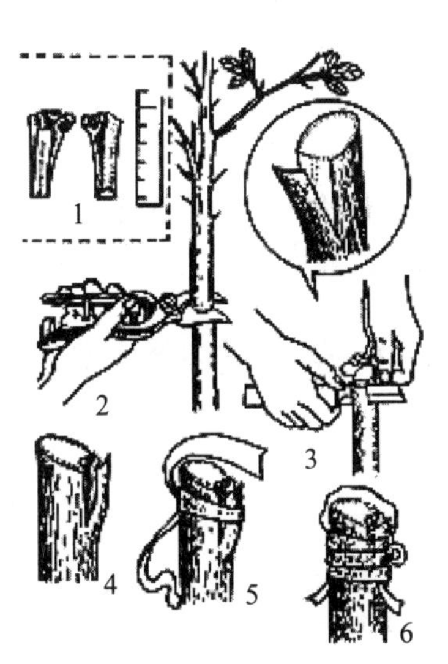

图 3.2　黄果柑单芽切接
1.削接穗；2.剪砧；3.砧木切口；4.嵌接穗；5、6.捆薄膜

3.3.2　嫁接苗管理

1. 检查成活与补接

嫁接后 15~30d 进行检查，如接穗的叶柄一触即落，嫁接口已愈合或芽已萌动，就是接活了；如接穗枯萎变色，就是没有接活，应及早进行补接。

2. 解除薄膜

夏秋季嫁接的，接芽成活后，即可解除薄膜。晚秋嫁接的，当年不能发芽，要到翌年 2 月发芽前，才解除薄膜。单芽切接的，在芽开始膨大时，用刀尖挑破芽点上端的薄膜，等第一次新梢停止生长，并基本木质化时，再解除薄膜。

3. 剪砧、扶直

春夏和早秋嫁接的，在抽梢后长出 7~8 片叶时，分两次剪去砧木。第一次在剪口上面留 10~15cm 长的短桩，把砧苗剪断，留短桩是作为接穗抽梢后扶直用。第二次，当接穗木质化时，从接口剪去砧木的短桩，剪口微向芽后倾斜，再另立支柱扶直嫁接苗。单芽切接的，在抽梢后就立支柱扶直。

4. 除萌、整枝

砧木上抽发的萌芽，要随时用刀从芽的基部削去，但不能削伤砧木皮层。每隔 15~20d 削除一次。接芽抽发时，往往同时抽出 2~3 个新梢，只能选留 1 个粗壮的枝梢，其余的枝梢和芽要及早除去，以便集中养分供主干生长。

5. 摘心

当黄果柑苗长到40~50cm时，就要摘心，促发侧枝，并使其分布均匀。

6. 除草施肥

嫁接苗圃地，必须经常中耕除草，合理施肥灌水，及时防治病虫害，促使苗木生长健壮，及时出圃。

3.3.3 黄果柑容器育苗

1. 容器的选择与定植时间

育苗容器有播种穴盘与育苗钵。播种穴盘主要用于砧木播种，用黑色硬质塑料压制而成，一个播种盒分为5个小方格，10个播种穴盘连在一起组装在铁架上可播50粒种子。育苗钵用于培养嫁接苗，由聚乙烯薄膜压制而成，钵呈圆柱形，直径15cm，高30cm，每钵可育一苗。另外容器苗的定植，除最热月7~8月和最冷月12月到翌年1月以外周年均可进行，以秋季9~10月定植为佳。

2. 营养土配制与消毒

容器育苗的营养土要因地制宜，就地取材，并具备下列条件：一是来源广，成本较低，具有一定的肥力；二是理化性状好，保湿、透气、透水；三是质量轻，不带病菌、虫卵和杂草种子，一般用晒干并打碎的塘泥、园土60%，腐殖土20%，锯木屑、河沙各10%。每立方米营养土中拌入腐熟的饼肥10kg、过磷酸钙2.5kg、硫酸钾1.5kg、硫酸亚铁1kg，充分搅拌后即成营养土。

另外预防苗木病虫害，培养基质应坚持消毒，方法是：用65%代森锰锌可湿性粉剂50~70g，均匀拌入1m^{3}营养土内，再用塑料薄膜覆盖3~4d，最后揭去薄膜1周后药物气体散尽便可使用，也可用多菌灵或福尔马林消毒杀菌。

3. 日常管理

培育容器苗应注意苗期管理，尤其是水分管理，苗期要保持营养土湿润，雨天应注意排水，做到内水不积，外水不淹。平时采用打顶、拉索等方法矫正树形，在生长期内，加强病虫害防治，及时除草、施肥。发现弱苗要及时补肥，并作好间苗与补苗工作，促平衡生长。

3.3.4 高接换种

1. 高换对象

被换除的对象为：效益不高、品质和抗逆性差的黄果柑树。选择品质好、表现稳定、十年生以上母树的春梢或早秋梢作为嫁接穗条。通过高接换种达到高产优质的目的。高接换种的树龄不宜太大，树冠不能太弱，因高接过程中对树冠进行大规模修剪会影响根系的正常生长，加速树体衰老，造成园区衰落。因此，一定要选取树龄在 20 年以下，树势健壮、枝条多且分布均匀的青壮年树进行高接换种，并掌握两个原则：一是 1 次不可把树冠去光，否则会引起烂根；二是尽可能压低接口部位，这样可以避免换种后内膛空虚。

2. 高换时间与方法

高换时期与嫁接时间相同，以春季 2~3 月为宜。方法是在每一主枝上距离主干分枝处 25~30cm 接第 1 个接穗，直到主枝茎 1.5cm 为止。每一较大的侧枝除去基部嫁接 1 接穗外，每隔 25~30cm 接 1 接穗，直到侧枝茎 1~1.5cm 处。小侧枝如有必要，则仅在基部嫁接 1 接穗。所有嫁接的接穗应分布均匀，接穗枝条应充实，芽眼饱满，枝条切口要平直，不宜太深。嫁接时要注意对准形成层，接口要扎紧，用薄膜封住嫁接部位保湿。每株高接穗数应看树龄大小、生长势等情况而定。一般每株接数十个芽，15 年以上的壮年树，每株嫁接 100 个左右的接穗为宜。

3. 高接管理

高接后 15d 进行检查，如果接穗新鲜，叶柄脱落，说明已经成活，可将薄膜解开一部分，露出芽眼，但仍要扎紧。若接穗已枯死，应立即进行补接。春季切接宜在嫁接后 30d 解除薄膜。夏季在嫁接后 15d 解除薄膜。秋季在嫁接后 25d 解除薄膜。春季腹接的一般在接后 15d 断干，10 月以后高接的要留到来年 3 月才能断干。接芽抽梢期间，要经常把砧木上的萌蘖摘除，促进养分集中供应接枝生长。待接穗芽萌发到 30cm 以上时进行摘心，使基部长得粗壮，加速分枝。每砧有 2 个接穗的，应留强的 1 个，腹接和芽接伤口愈合后，第 1 次剪砧要离接口 20cm，待新梢停止生长，齐接口截断，伤口涂上接蜡或其他保护剂。

3.4 黄果柑苗木出圃

3.4.1 起苗与分级

1. 起苗

供定植的黄果柑苗木，不论一年生或二年生均可，但必须是良种、壮苗，并需做到带土团定植。为了配合园地深翻熟化，一年生嫁接苗出圃后，最好假植 1~2 年，集中精细管理，培养壮苗。待幼苗初具树形，根群发达时，用大苗带土团上山栽植，成活率高，恢复生长快，投产早。

如果园地土层深厚肥沃，或新修梯地土壤已经深翻熟化，在苗圃已经进行矮干整形的一、二年生健壮嫁接苗，不必假植，可以直接定植。

起苗时苗木根部带土团的，定植方便，易于成活。但起苗搬运较困难，费用较大，一般在接近苗圃地或运输方便的地方采用。不带土团的露根苗，起苗包装运输等都较方便而经济，而且能保留大量根系，根据根系的情况便于分级选择苗木。同时，定植后根群与新土接触，能刺激根系发育，只要栽植细致，成活率亦高。因此，远途调运苗木，常用露根苗，但应注意在根部沾泥浆，务必要保持根系湿润。

苗木掘取后，应注意保护根系，不让直接遭受风吹日晒，以减少水分损失。同时，要争取快运速栽。定植前对苗木根系损伤部分，要加以修剪，使伤口平滑，并可喷射生长素如吲哚丁酸、萘乙酸等，促进伤口愈合发生新根。

2. 分级

培育健壮的黄果柑苗木，不但定植后成活率高，生长发育旺盛，而且也能早结果，早丰产。质量差的苗木，定植后不但成活低，生长弱，甚至易早衰和死亡。健壮苗木的基本规格要求见表 3.1。

表 3.1　石棉黄果柑嫁接苗一年出圃标准

种类	砧木	甲级苗					乙级苗				
		高度/cm	粗度/cm	分枝级数	枝头数	叶片数	高度/cm	粗度/cm	分枝级数	枝头数	叶片数
黄果柑	枳	50	0.6	3	5	40	35	0.5	2	3	30
	红橘	60	0.8	3	5	40	45	0.6	2	3	30
	香橙	80	1	3	5	60	50	0.8	2	3	40

无检疫病虫害，否则不能出圃；主干端直，干高 15~30cm，并有 3 个以上的分枝，接口以上 3cm 处干粗 0.6cm 以上，苗高 60cm 以上；根系完整，主侧根发达；品种纯正，砧木优良，接口愈合良好，苗木生长健壮。

3.4.2　检疫与消毒

1. 苗木检疫

苗木检疫是在苗木调运中，禁止或限制危险病虫人为传播的一项国家制度。由国家或地方政府制定法规并强制执行。向国外引种或国内地区间调运种苗时，需事先提出引种或调运计划和检疫要求，报主管部门审批后，持审批单和检验单到检疫部门检验，确认无检疫要求对象的，发给检疫合格证，准予引进或调运。凡带有检疫性病虫害的柑橘苗木，要及时烧毁，以免传播。黄果柑主要检疫对象见表 3.2。

表 3.2　石棉黄果柑主要检疫对象

主要检疫对象	拉丁学名
柑橘溃疡病	*Xanthomonas citri*（Hasse）Dowson
柑橘黄龙病	*Gracilicute like* Baeterium
柑橘大实蝇	*Tetradacus* citri Chen
柑橘干枯病	*Deuterophom atracheiphila*
柑橘蚧类	

2. 苗木消毒

常规的消毒方法有以下三种。

1）采用药剂处理

1~2 度石硫合剂喷洒或浸苗 10~20min，浸泡枝条或苗木，浸泡时间 15min。消毒后的苗木要用清水冲洗，晾干，然后包装运输或随即种植。

2）采用熏蒸办法处理

用溴甲烷熏蒸，把柑橘苗放在密闭的房间内，在 20~30℃条件下熏蒸 3~5h，溴甲烷的用量大约为 $30g/m^3$，温度低的条件下可适当提高使用剂量，温度高的条件下适当减少使用剂量。熏蒸时，可使用电扇吹，促使空气流动，提高熏蒸效果。熏蒸时，要防止柑橘苗脱水。

3）针对虫害、病害的综合消毒处理办法

先将黄果柑苗放在 43~45℃的温水中浸泡 2h，然后捞出放入 0.8∶1∶100 的波尔多液或甲基托布津 500 倍溶液中浸泡 15min，浸泡后捞出晾干包装运输或栽种。

3.4.3　包装与运输

苗木检疫后，应立即进行妥善包装，秋季出圃定植，效果最好。在春季发芽前或春梢生长减缓时，只要灌溉条件良好或雨水调匀，也可出圃定植。苗木不宜长途运输后定植，否则影响成活率。苗木出圃前，应做好苗木调查统计和定植的准备工作，大型专业苗圃出圃前还应编制出圃计划，并准备好掘苗、包装材料和运输工具等。

为了确保苗木定植后的成活率，避免缓苗期，达到早结果、早丰产的目的，应尽可能做到带土团运输。远途运输时，起苗后，可将裸根涂上泥浆，按标准分级，每 30~50 株，用稻草将裸根部分包扎成束（图 3.3），注意保持湿度，挂上标签，迅速起运。运到后，按苗木级别，立即定植或集中栽植管理，效果较好。

图 3.3　裸根多株苗包草

苗木运输途中，应注意保持苗木根部的一定湿度。大批运输苗木时，不能堆压过厚，以免发热烧根致使根系霉烂，影响定植成活。

参 考 文 献

陈杰忠. 2003.果树栽培学各论：南方本. 北京：中国农业出版社.

邓烈,何绍兰. 2008.柑橘无公害优质高效栽培技术. 重庆：重庆出版社.

韩雪琼，何玉亮，徐维，等. 2009.柑橘高接换种技术.南方农业,(2): 10-12.

李荣华. 2014 枳优株筛选及柑橘育苗基质和容器的改良.长沙:湖南农业大学硕士学位论文.

李照会. 2004.园艺植物昆虫学. 北京：中国农业出版社.

农业部种植业管理司,等. 2010.柑橘标准园生产技术.北京：中国农业出版社.

覃永祝. 2005.柑橘容器育苗技术.广西园艺,(5): 24-26.

汪志辉. 2008. 柑橘精细管理十二个月. 北京：中国农业出版社.
郗荣庭. 1997. 果树栽培学总论. 北京：中国农业出版社.
徐仙华. 2009.柑橘高接换种技术综述.浙江柑橘,(1):17-20.
朱彪，易祖强. 2005.柑橘无病毒容器育苗营养土配方的改进和应用. 广西园艺,(6): 38-38.

第4章　黄果柑生态区划与建园

黄果柑园的建立是黄果柑集约化栽培、商品化生产的基础性工作。黄果柑树势强健，树冠自然圆头形，树姿较开张，幼树枝梢直立，萌芽抽枝力强，枝条健壮。因此，对黄果柑园的选址和建园要求较高，栽植工作的技术要求较强。只有在建园时综合考虑黄果柑生物学特性、当地生态条件和栽培技术水平，慎重选址，高标准建园，科学定植及栽后科学管理，才能实现优质、高效的栽培目标。

作为商品化生产的黄果柑园，必须具有一定规模，规模大小应根据立地条件、投资强度、市场状况、交通条件、加工能力及产供销服务体系等因素来确定；同时为了使黄果柑园所产果品能以商品形式进入更广阔的市场，提高经营效益，还应在条件适宜、投资有保障的地方，集中连片种植。

4.1　黄果柑生长发育与生态条件关系

4.1.1　气候条件

适宜的光、热、水、气等气候条件因子是黄果柑优质丰产的保障。光照提供黄果柑光合作用所需的能量，黄果柑若要获得较好的产量和品质，必须有良好的光照条件；热量直接影响黄果柑的光合作用、呼吸作用等生理代谢过程，影响水分和养分的吸收、转运与分配，黄果柑适宜在温度13~17℃，绝对最低温度≥－1℃。1月平均温度为5~8℃，年有效积温4000~6500℃，年日照时数≥1200h，降雨量≥750mm，相对湿度60%~80%，无霜期250~300d的地区栽培。其果挂树越冬，不经任何防寒措施和药物保果便能安全越冬不落果，直到翌年3~4月底采收，性状保持良好。

4.1.2　土壤条件

黄果柑对土壤的适应性较强，除了高盐碱土壤和受到严重污染的土壤外，砂壤土、红壤、黄壤等类型的土壤都能正常生长结果。土壤酸碱度影响土壤养分的有效性，进而影响黄果柑对养分的吸收利用；土壤有机质含量的高低对土壤保肥保水性能和土壤质地都有很大影响；地下水位的高低影响黄果柑根系生长，水位过高会增加一些土壤有害物质的累积。因此，黄果柑适宜在pH 5.5~7.2（红黄土或沙壤土），质地良好，疏松肥沃，有机质含量2%以上，可耕土层达60cm以上，地下水位80cm以下的地方栽培，此种植条件下，黄果柑表现品质优，产量高，早结实。

4.1.3 海拔与地形

海拔对温度的影响很大，通常情况下，海拔每上升 100m，气温下降 0.6~0.7℃。温度对黄果柑的影响主要有两个方面：一是冻害，二是品质。在有冻害的地区，海拔的升高，意味着黄果柑出现冻害的概率增加；黄果柑果实的含酸量也受温度的影响。此外，温度还影响黄果柑果实的转色，适度的低温（3~10℃）可以加快果实中叶绿素的分解，促进类胡萝卜素等红黄色素的合成。多年的种植结果表明：黄果柑在海拔 800~1200m 的区域内生长良好。

4.1.4 水源与水质

1. 水对黄果柑生长发育的影响

（1）对抽梢的影响。黄果柑能否抽生一定数量健壮的枝梢，与水分供应的关系极大。水分缺乏时，抽梢的时间推迟，抽出的枝梢纤弱短小，叶片狭小且少，枝梢的抽发参差不齐；水分过多又会导致枝梢生长过旺，影响生殖生长。

（2）对开花和果实生长的影响。黄果柑花期缺水时，花枝质量差，开花不整齐，花期延长，如遇长期干旱，会造成大量的落花落蕾，严重影响当年产量；开花期水分过多，则会影响授粉授精，造成落花落果。果实与水分的关系更为密切，当水分严重不足时，会出现叶果争水现象，使果实内的水分倒流向生长势更强的叶片，严重阻碍果实的生长、发育，导致小果增多、产量下降、品质变劣。如果久旱后遇过多的秋雨，则会产生裂果。在夏季和初秋，由于气温高、日照强烈，缺水往往导致果实“日灼”现象，以幼树最为严重。

（3）对根系生长的影响。黄果柑根系喜湿忌渍，保持土壤湿润是培养健壮根系的重要条件。影响黄果柑根系吸水的外部因素主要有：土壤含水量、土壤温度、土壤透气性和土壤溶液浓度。土壤含水少，可供黄果柑根系吸收的水分自然减少，但黄果柑枝和叶因为蒸腾作用会不断消耗水分，若时间较长，植株会因缺水而出现暂时性萎蔫，此时如不及时补充水分，则有可能造成植株永久性萎蔫，严重时造成植株死亡；土壤水分含量充足，若遇到高温天气，空气湿度小，蒸发强烈，根系吸收水分的速度跟不上叶片蒸腾水分的速度，从而导致植株萎蔫，但傍晚气温下降，空气湿度增大，植株蒸腾作用减弱，黄果柑无需灌水即可恢复原状。土温影响根系对水分的吸收，一般来说，在 10~30℃，根系吸水能力随土温的升高逐渐加强，土温高于 30℃或低于 10℃，根系吸水能力明显降低。土壤通透性的好坏，取决于氧气和二氧化碳的含量，二氧化碳含量高，氧气不足，根系呼吸受阻，影响黄果柑对水分的吸收。土壤溶液浓度过高，超过根细胞液的浓度时，就会影响根系吸水，严重时甚至会出现根细胞水分反渗透现象，造成植株生理性缺水。

2. 黄果柑对水质的要求

水分是黄果柑生理代谢活动的媒介，没有水黄果柑所有的生命活动都不能进行，同时水还起着调节树体温度和维持细胞膨压的作用。黄果柑对灌溉水中的盐分敏感，由于受盐分种类、灌水量、气候、土壤淋溶作用和砧木等多因素的影响，要确定黄果柑灌溉水的盐浓度并不容易。一般要求灌溉水中的硼离子浓度不宜超过 0.5mg/L，锂离子不宜超过 0.1mg/L，氯离子不宜超过 150mg/L。对于受到工业污染的灌溉水源，由于污染物种类众多，不同的污染物对黄果柑的伤害作用差异很大，在没有试验确定灌溉水对黄果柑安全的情况下，不能用于果园灌溉。

4.2 黄果柑园地选择

4.2.1 园地选择的原则

园地应选择气候适宜，冬季最低气温在－7℃以上，土壤深厚肥沃的坡地或山地，建园前应对园地的大气、地下水、土壤进行全面检测，保证园地环境符合无公害生产标准，无工业废气、污水和粉尘污染（彭良志等，2007）。

1. 土壤条件

砂壤土、红壤、黄壤等类型土壤均可建园。要求土层深厚，保水、保肥性强，排水良好，地下水位在 80cm 以下，土壤中重金属污染物含量符合国家有关规定。通过土壤改良，能达到有机质含量 2%以上、pH 5.5~7.2、土层厚度 60cm 以上。

2. 水源水质及空气质量

选择园地时，果园附近必须有灌溉水源，水质空气要符合国家的有关标准。

3. 海拔

根据当地的地形地势，海拔以不出现冻害为原则，黄果柑栽植区域海拔一般控制在 700~1200m。

4.2.2 不同地势条件的园地评价

1. 坡地建园

坡地日照充足，温差较大，病虫害少，有利于碳水化合物的积累、果实着色和优质果品的生产，是发展黄果柑的适宜地形。凡光照充足、土层深厚、无冻害之处的坡地，都适于黄果柑种植。坡地可按山头和坡向划分小区，一般 30 亩左右为宜。

2. 平地建园

平地面积较大，平缓开阔，坡度一般小于 5°，土壤、气候基本一致。在平地建园具有规划管理方便，有利机械化生产，劳动效率高，果树生长发育好、产量高等优点；但平地通风、光照、排水等条件不如坡地，果实品质和耐贮力也比山地差。地下水位高于 0.8m 的地方不可选作果园，平地小区面积一般在 50 亩以上。

4.3 黄果柑园地规划设计

4.3.1 园地的勘测

1. 园地调查

在园地规划设计前，首先应了解园地所在地的社会经济情况、果树生产情况、气候条件、地形、土壤条件及水利条件等，并对附近果园进行访问和调查，将调查结果写成书面报告，只有在调查的基础上，才能做好新建果园的设计规划工作。

（1）土地情况。观测园地的地形、地势、海拔、坡度、坡向、面积及植被生长情况。

（2）土壤条件。在所选园地有代表性的地段挖 1.5m 深的土壤剖面，观察表土和心土的土壤类型、土层厚度、地下水位高低情况，测定土壤的 pH。

（3）自然环境条件。了解当地的年平均气温，年最低温及霜、雪出现的频率，年降雨量，日照，风，环境污染（空气和土壤等）情况。

（4）水源和交通。园地附近水源、水利情况、交通是否便利。

2. 实地勘测

1）果园测量

用测量仪器测出园地的面积大小，其中包括建筑物、水井等位置，并根据野外测量的数据，绘出一定比例的地形图。

2）绘制果园规划图

在所绘制好的地形图上按所选用的比例绘制果园规划图，用各种图例注明图中各项内容，包括小区、道路、排灌系统和防护林。

（1）小区。绘出每个小区的位置、形状，并注明每个小区的面积、黄果柑栽培的砧木品种。

（2）道路。绘出主干道、支路和区内便道位置，并指明规格。

（3）排灌系统。绘出园地的水源、水利设备、灌排沟渠位置及规格。

（4）防护林。绘出园地内建筑的位置、面积、名称。

4.3.2 作业区的划分

在大型黄果柑园中，黄果柑栽培面积应占总土地面积的 80%~85%，防护林占 5%~10%，道路占 4%~5%，建筑等辅助用地占 6%。在距城镇较近的地方，还要考虑到旅游观光型黄果柑园的配套设施，如食、宿、游、购等项目。

园内的各项生产、生活用的附属建筑，包括办公室、宿舍、库房、工棚、堆贮场、饲养场、护果房（棚）等，应根据果园规模的大小、布局、交通、水电供应等条件进行相应的规划与设计。小型果园可只设库房、工棚与护果园。大中型果园可在适中的位置设办公用房，以便对各小区的监控管理；在果园中央主路旁设包装与堆贮场，贮藏库要设在阴凉背风处并与主路相通；若设置饲养房（场），宜建在果园或生活区的下风处或山地果园较高处，并且应该有充足的水源和方便饲料与粪肥运输的通道；护果棚（房）应建在路边视野开阔的地方或高点位置；抽水泵房应建在水源附近不会被淹没的地方。中型果园可在中部道路边修建宿舍，大型果园则在适宜的作业区修建宿舍，以方便管理人员就近上班。果园建筑物规划，应以宁少勿多、不占沃土、方便适用为原则，以节省土地和造价，降低建园成本。

1. 栽植小区

为了便于管理和有利于果树生长，果园常划分为若干个小区。小区的划分要根据园地实际情况来确定，必须兼顾“园、林、路、渠”进行综合规划。小区的大小因当地的地形、地势、土壤及气候等自然条件而定。山地自然条件差异大，灌溉和运输不方便，小区面积宜小，一般 1~4hm^2为一小区；地势较平坦的地带，小区面积可大至 6~12hm^2，平地的小区不能太小，否则道路和排灌渠道占地太多，土地利用率低。小区的形状通常以长方形为宜，其长边与短边的比，可为 2∶1 或(5∶3)~(5∶2)，其长边即小区走向应与防护林的走向一致，可有效减轻风害。小区的划分、设立，既要考虑耕作的方便，又要注意生态环境的保护。要根据当地的地形、地貌，因地制宜，使小区与周围环境融为一体，不能刻意追求规模，为使小区连片而大兴土木，造成水土流失。山区、丘陵宜按等高线横向划分，平地可按机械作业的要求确定小区形状。例如，用滴灌方式供水的果园，小区可按管道的长短和间距划分；用机动喷雾器喷药的果园，小区可按管道的长度而划分，另外也可按承包户、组、队所承包的面积划分栽植小区。原有的建筑物或水利设施均可作为栽植小区的边界。

2. 道路系统

具有一定规模的黄果柑果园，必须合理地规划建设道路系统（图 4.1，图 4.2）。

1）道路系统的规划

在道路的布局上，要求运输方便，布局合理，运输距离短，造价低，并与排灌系统、防护林系统、贮运设施及生活设施的规划布局相协调。果园道路一般由主干道、支路和便道组成（沈兆敏，1998）。

（1）主干道。应直接与外界公路相通，园内与生活区、办公区、贮藏转运场等相连，并以最短路程贯通或环绕全园。主干道上应能行驶汽车或大型拖拉机，宽 5~6m，在适当位置加宽至 10m 以便会车。主干道末端是断头路时，应在末端处修筑会车场。山地果园的主干道可以盘山而上或呈“Z”字形上山，其坡度要小于 5°~7°，转弯半径大于 10m（何绍兰等，2004）。主干道以石块垫底，碎石铺面，有条件的地方可以修成混凝土或沥青油路面，主干道两边应设置排水沟和防护林。

（2）支路。横贯于各小区之间，与主干道相连，便于机动车或耕作机械通行。支路宽 3~4m，最小转变半径大于 3m。山地果园的支路一般沿等高线设置于山腰或山脚，坡度不超过 12°。支路应铺设碎石路面，两边设排水沟和防护林。

（3）便道。便道是贯通小区内各树行或梯田各台面的人行通道或小型耕作机行驶道，宽 1~2m，与支路或主干道相通。平地果园的便道以一定间隔沿垂直于树行的方向设置；山地果园的便道在小区内沿等高线横向及上下坡纵向，每距 50m 左右设置 1 条，构成路网。便道的设置还应与排灌沟及防护林系统配合，一般不能修在汇水线上。有条件的果园可按纵坡方向设置单轨或双轨交通运输车道。

沿江河湖滨或水网地带建立的黄果柑果园，可以以水道网络代替道路运输系统，但要使水位至少低于 1m，以保证果园有足够的有效土层厚度。全园道路系统的占地面积不应超过果园总面积的 5%。

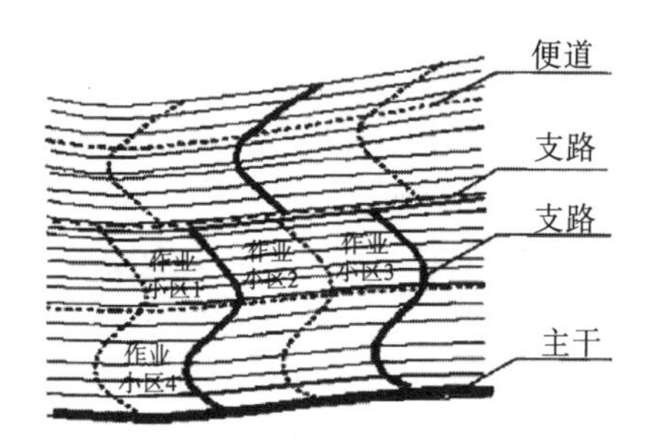

图 4.1 坡度较大的坡地黄果柑园道路规划图

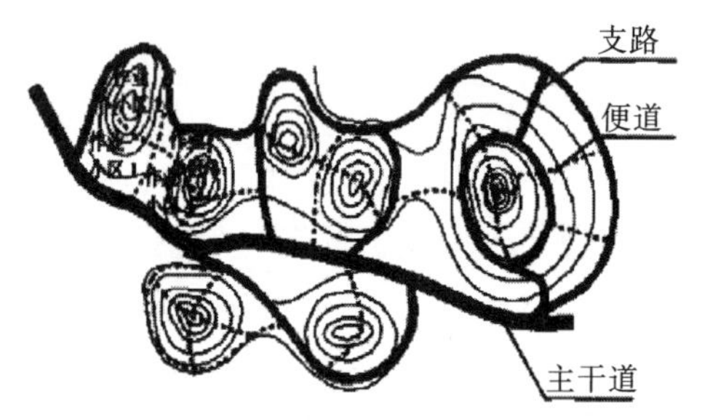

4.2 丘陵地黄果柑园道路规划

2）道路规划应注意的事项

（1）充分利用已有道路。把规划区内已有的道路纳入黄果柑园道路规划框架，对达不到黄果柑园道路标准的路段进行改建。黄果柑园道路尽可能与村庄相连。

（2）避免建设大型道路工程。道路选线应尽可能避开需要大量挖填方，修建桥梁、大型涵洞和大型堡坎的地段。

（3）尽量利用结实地基作路基。在不明显影响道路整体布局的前提下，不过多考虑道路的线形。道路尽量在结实地基上通过，既可节省修路费用，又可减少今后道路的维护费用。

（4）尽量采用闭合线路。主干道和支路尽量规划成循环闭合线路，少规划盲道。需在视线良好的路段适当设置错车道。另外，便道最好以机动三轮车能通行为标准，采取水平走向或“Z”字形线路上下坡。

3. 排灌系统

1）灌溉系统的建立

黄果柑园需具备一定的灌溉条件，才能保证均衡地向黄果柑植株供水，为优质丰产创造良好的条件。黄果柑园灌溉系统由抽（引）水、蓄水池和灌溉渠（管）等设施构成。

抽水设施主要包括泵房、取水口、泵机、配电及控制设备和输水管（渠）等。取水口必须常年有水质良好的流水。若地面水没有保障，应考虑打机井抽取地下水。水泵的功率以能满足果园设计提水量为原则，设备功率过大会增加成本，过小又不能满足对水量的需求。如果采用引水方式供水，则应考虑果园主要灌溉季节取水的可能性、水价成本、取水设施建造成本及管渠修建成本等。提灌或引水灌溉的水通过输水干渠（管）进入果园。输水干渠应以石衬里或水泥涂内壁成“三面光”。最好采用管道输水，以减少水的渗漏，节约水资源和取水成本。

蓄水池要修在山地果园各小区的较高位置，每小区根据栽树多少设置若干蓄水池，尽量利用自然落差进行自流灌溉。蓄水池数量和容积以其灌区内每株黄果柑树拥有 $1m^3$ 蓄水量为标准规划和修建（叶垂杨等，2005）。可以通过合理地设置排灌沟渠，将果园范围内降雨形成的地表径流导引入蓄水池，以减少提水成本。如果是抽提水，则应在果园制高点位置建一个容积为 150~$200m^3$ 的转水池，将抽提上来的水先注入转水池，再由管渠分配进入各作业区的蓄水池。从蓄水池或引水渠来的水，通过设于山坡分水线上的干渠进入或流经各小区。在干渠与梯面背沟相交处设置一个出水口和拦水闸，在此闸处下闸阻断水流，使水从打开的出水口流入梯面背沟进入果园。可以从背沟中人工取水浇灌黄果柑树，也可开沟将水引入树盘。如果采用管道输水，其主管道应纵、横贯穿果园或纵向沿分水线排布。主管道连通各蓄水池，用闸阀控制向池中供水。支管沿机耕道（支路）按等高线方向排布，通入各作业区。也可直接沿水线纵坡向排布，在与每一梯面相交处安装闸阀和出水口，以便各层梯田取水灌溉。每台梯田的灌溉则从出水口开闸放水进入背沟进行沟灌，也可以接上胶皮管，人工手持灌水。投资强度较高时也可在各小区安装机械喷灌或滴灌系统。

喷灌或滴灌是较为现代化的节水自动化灌溉技术，其系统组成包括：首部（取水、加压及控制系统，必要时增加水过滤和混肥装置）、管网和树下喷（滴）头三个主要部分。其水管按干管、支管、毛管三级排布，毛管排布于黄果柑树行之下，山地果园一般干管沿等高线按支路方向排布，支管纵坡方向排列，毛管沿等高线排布于树行下。喷灌的喷头或滴灌的滴头直接安装在毛管上。为了保持田间各喷（滴）头的出水量均匀，在毛管上还要安装减压阀与排气阀。平地果园中，树行、道路与防护林大多按规则的“井”字形排布。因此，灌溉主渠要与主路并行设置，将灌溉水输送到各作业区，再利用支渠引水至各树行间[灌溉时从支渠相应位置预留的闸门（阀）中放水进入树行中的灌溉沟]。如果主管与支管都高出地面便可实现自流灌溉，这种明渠输水灌溉系统中的水渠应做成“三面光”，以防渗漏。

2）排水系统的建立

山地梯田黄果柑果园或坡地黄果柑果园的排水系统，对于维持梯地的牢固、减少水土流失等具有重要的作用。平地黄果柑园通过排水渠及时排出园中积水，对于维持黄果柑生长良好的土壤环境，促进土壤中有机质的分解和根系对养分的吸收等具有重要意义。

山地黄果柑园的排水系统包括拦洪沟、排水沟、背沟及沉砂凼等。如图 4.3 所示，洪沟是建立在果园上方的一条较深的沿等高线方向的深沟，作用是将上部山坡的地表径流导入排水沟或蓄水池中，以免冲毁梯田。园内隔行开深沟，沟深 0.6~0.8m，围沟深 1m，小沟通大沟，大沟连通园外排水系统。在标准化栽植的园区内，如还没有进行喷灌，可根据园内面积大小规划，建 1~2 个贮水池，供平时喷药、施肥用水。将排水与蓄水相结合，少量雨水贮入蓄水池，蓄水池满后再将山水排下山。山地果园的排水沟主要设置在坡面汇水线位置上，以使各梯田背沟排出的水汇入排水沟而排出园外。排水沟的宽度和深度应视积水面积和最大排水量而定，一般可考虑排水沟的宽和深各为 0.5m 和 0.8m，每隔 3~5m 修筑一沉砂凼，较陡的地方铺设跌水石板。排水沟最好也以“三面光”方式处理内壁。在排水沟旁也可设置一些蓄水坑或蓄水池，从沟中截留雨水贮于池中，也可设引水管将排水沟的水引入蓄水池贮备，供抗旱灌溉用。山地梯田的内侧修筑深 20~30cm 的背沟，使梯田土面的地表径流汇入背沟，再通过背沟排入排水沟。背沟要向排水沟方向以 0.3%的比例倾斜，背沟内每隔 5m 左右挖一沉砂凼或在沟中筑一土埂，土埂面低于背沟上口 10cm，以沉砂蓄水。为了使山地黄果柑园排灌一体化，可将背沟高的一端与分水线处的灌溉沟相通，低的一端与排水沟相通，使背沟既可用作排水，又可用于干旱时灌溉。梯面应整理成外高内低的倾斜面，梯面外缘筑 15~20cm 高的田坎，这样可防雨水从梯壁流下冲毁梯田，使梯面的雨水及时流入背沟，排出果园。

平地黄果柑果园的排水系统是由园内设置的较深的排水沟网构成，一般呈“井”字形排布，利用果园附近的河流、水库、池塘或地下水的水源进行灌溉。水源要清洁，能够人工浇灌或喷灌，提倡以滴、喷灌方式灌溉。小区内树行间的排水沟可考虑为 50~80cm 深，以利将水排出根区土壤；支排水沟与小排水沟相通，将树行间汇聚的水一并排出，支排水沟深度约 100cm。各小区的积水通过支排水沟汇入主排水沟，最后排出果园。主排水沟深度以 120~150cm 为宜，保证将地下水位降到 100~120cm 及以下。平地黄果柑园的排灌渠网也可以通过相间排布，实现排灌一体化。

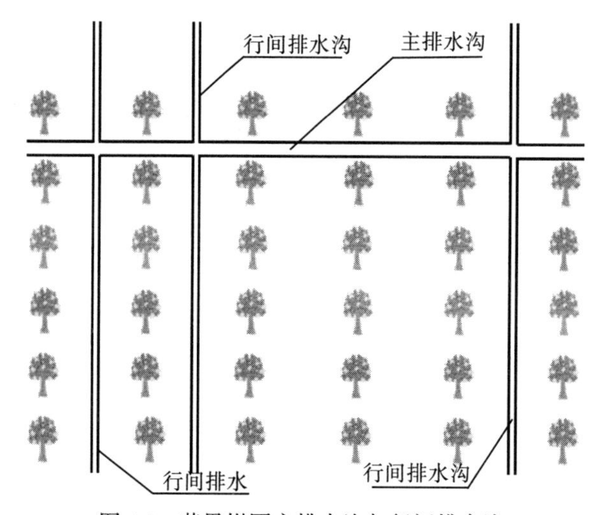

图 4.3 黄果柑园主排水沟与行间排水沟

3）贮粪池

在进行黄果柑园规划时，应考虑每 1hm²黄果柑园配置一个 10~20m³ 的贮粪池，贮粪池内壁要做防渗漏处理，池上要加水泥盖板，只留取粪口。贮粪池要靠近道路，使运粪车可直达粪池边。粪池还应该与灌溉系统相连通，以方便向池中注水。一般人、畜粪要贮在粪池内，经腐熟后再施用。最好将贮粪池修建成沼气池，腐熟粪肥的同时既可为黄果柑园提供能源，又可为黄果柑树提供腐熟有机肥。

4）判断黄果柑园是否缺水

黄果柑是否需要灌溉，不能单纯从表面现象来判断。如果仅从叶片卷缩、发黄等萎蔫现象来确定灌溉，往往为时已晚。因为当植株发生萎蔫表面症状时，土壤已过度干燥，对黄果柑的生长发育已经产生了严重的影响，而且这种影响往往是不可逆转的。目前，判定黄果柑灌水时期主要有以下几种方法：

（1）测定叶片的蒸腾量。用塑料布包裹一定数量的黄果柑叶片，测定叶片的蒸腾量，每隔 1~2 日测定 1 次。当叶片蒸腾量减少为充分供水蒸腾量的 2/3 时，则表明需要灌水。由于植株个体间存在差异，用此法测量时必须在同一果园内设多点观察。

（2）测定土壤含水量。土壤含水量的测定一般采用烘箱烘干法。即在黄果柑园中选择有代表性的土壤进行取样，可分层取土(0~20cm、21~40cm、41~60cm)，然后按层次分别将土样迅速装入加盖的铝盒内，做好标记，连同铝盒称重后放入烘箱，在 105℃下烘干 4~8h，取出冷却后称重，再放入烘箱中烘 2~3h，烘到前后两次恒重即可。然后按下式计算土壤含水量。

土壤含水量=(烘干前铝盒及土样质量－烘干后铝盒及土样质量)/(烘干后铝盒及土样质量－烘干空铝盒质量)×100%

5）灌溉量的确认

适宜的灌水量，应在一次灌溉中使黄果柑根系分布层的土壤湿度达到最有利于黄果柑生长发育的程度，即相当于土壤田间最大持水量的 60%~80%。如果仅仅浸润表层或上层根系分布的土壤，不仅达不到灌水目的，且因多次补充灌溉，容易引起土壤板结，破坏土壤结构。因此，必须一次浇透。但在防旱灌溉时，特别是久旱后灌水，切不可一次猛灌，否则会造成大量裂果，或抽生大量晚秋梢，造成减产或树体养分的浪费。

6）灌溉方式

（1）沟灌。又称浸灌，即在黄果柑园行间开沟并与输水渠道相连，灌溉沟微有比降，灌溉水经沟底、沟壁渗入土中。此法浸润比较均匀，适用于平坝或丘陵梯地水源较为充足的果园。沟灌开沟方式有两种：一种是在树冠滴水线下开环状沟，在果树行间开一大沟，水从大沟流入环沟，逐株浸灌；另一种是在株行间开沟，并在果园四周开大沟输水。引水入沟中，逐渐浸没底土，灌后及时覆土和松土。

（2）浇灌。在水源不足或幼龄黄果柑园、零星分布种植的地区，可采用人力挑水或动力引水皮管浇灌的办法。一般在树冠以下地面开环状沟、穴沟或盘沟进行浇水。这种方法费工费时，为了提高抗旱的效果，最好结合施肥进行，在每担水中加入 4~5 勺人粪尿，浇灌后即行覆土。该法目前在生产中应用较为普遍。

4.3.3　防护林带

防风林可以降低风速，减少风害，增加空气温度和湿度。在没有建立起农田防风林网的地区建园，都应在建园之前或同时营造防风林。防风林带的有效防风距离为树高的 25~35 倍，由主、副林带相互交织成网格。主林带是以防护主要有害风为主，其走向垂直于主要有害风的方向，如果条件不许可，交角在 45°以上也可；副林带则以防护来自其他方向的风为主，其走向与主林带垂直。根据当地最大有害风的强度设计林带的间距大小，通常主林带间隔为 200~400m，副林带间隔为 600~1000m，组成 12~40hm²大小的网格。山谷坡地营造防风林时，由于山谷风的风向与山谷主沟方向一致，主林带最好不要横贯谷地。谷地下部一段防风林，应稍偏向谷口且采用透风林带，这样有利于冷空气下流；在谷地上部一段，防风林及其边缘林带，应该是不透风林带，而与其平行的副林带，应为网孔式林型。防风林的结构可分为两种：一种为不透风林带，组成林带的树种，上面是高大乔木，下面是小灌木，上下枝繁叶茂。不透风林带的防护范围仅为10~20倍林高，防护效果差，一般不选用这种类型；另一种是透风林带，由枝叶稀疏的树种组成，或只有乔木树种，防护的范围大，可达30倍林高，是果园常用的林带类型。林带的树种应选择适合当地生长，与果树没有共同病虫害、生长迅速的树种，同时要防风效果好，具有一定的经济价值。为了不影响果树生长，应在果树和林带之间挖一条宽60cm、深80cm的断根沟（可与排水沟结合用）。

4.3.4 土壤改良方案

1. 土壤改良的作用

柑橘是多年生常绿果树，结果多、产量高、根系发达、需肥水量大，因此对土壤条件的要求也比一般农作物高（沈兆敏等，1992），要求活土层60cm以上，土壤肥沃、质地疏松、有机质含量高，pH在5.5~7.2。我国大多数柑橘园的土壤有机质含量不到2%，而黄果柑优质丰产栽培所要求的土壤有机质含量应在3%以上，虽然其差异只有1%，但是要使每公顷果园50cm土层的有机质含量增加1%，理论上至少需增加有机质60t，而每100kg绿肥在土壤中仅可形成大约5kg有机质，因此，需每公顷土壤施用绿肥1200t，如果再考虑每年土壤有机质的消耗和损失，则需施入更多的绿肥。因此，只有通过绿肥生产基地，逐年压埋绿肥改土或用绿肥喂猪转化成畜粪后施入土中，才能达到以园养园，逐年补充土壤有机质，提高土壤肥力的目的。在果园规划时，应将山顶、陡坡等不宜建园栽黄果柑树的地方开辟成专门的绿肥生产基地，在梯田的坡壁种上可以固坡的多年生绿肥，在未封行的果树行间间种绿肥，保证有稳定的绿肥或青饲料来源。

2. 土壤改良的方式

建园改土主要有壕沟改土、挖穴改土、作畦改土、堆置法改土、鱼鳞坑改土等方式。在坡地上建园，在改土前常需要先修筑梯地，即通常所说的“坡改梯”。

壕沟改土和挖穴改土是主要的改土方式。壕沟改土范围大，不易积水，有利于黄果柑丰产稳产，但改土耗资大；挖穴改土的土、石开挖量较小，在坡地上也可省去坡改梯，改土费用较低。

1）丘陵山地的改土方式

没有开垦种植过庄稼的丘陵山地，坡度在10%以下的缓坡，规划改土方式时，可以不进行坡改梯，在坡面上按定植方格网，以正南正北方向排列黄果柑种植行向，每行规划一条改土壕沟。如图4.4所示，度超过10%的坡地，按黄果柑种植行距整倍数确定梯面宽度。例如，行距为5m时，梯面宽度按5m或10m，沿等高线按3‰~5‰的比例修筑梯地，在梯面的外1/3处挖壕沟改土，壕沟宽1.0~1.5m，深0.8~1.0m。

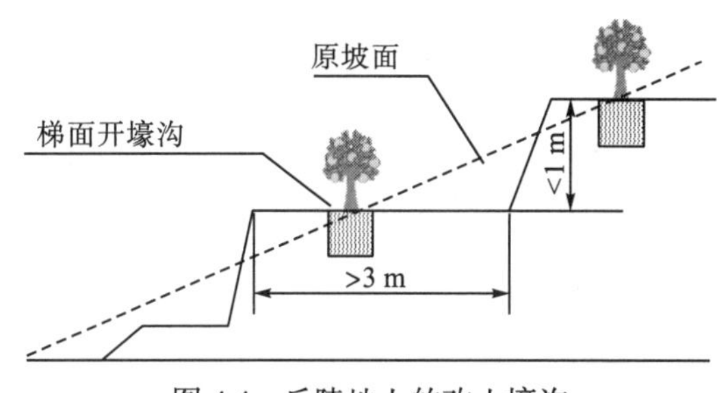

图 4.4　丘陵地上的改土壕沟

2）旱地的改土方式

旱地经过多年耕作，多数已形成简易阶地，部分已成梯地，改土时尽可能地保留现有梯地或阶地，只对少量极不规则地块及影响黄果柑定植的特殊位置进行适当调整，一般无需改建已有梯地，以免加重水土流失，增加建设成本。

（1）旱地壕沟改土。如图 4.5 所示，在坡面总体坡度不超过 10%的缓坡地上的块状旱地，按正南正北方向确定壕沟走向，按行距大小确定壕沟间距。在坡度超过 10%的坡地上的块状旱地，如果相邻两地之间的高度差普遍不超过 70cm，则在整个坡面上规划平行的直线壕沟，或平行等高线（不一定在一个平面上）壕沟，即同一壕沟分布在不同的地块上，但黄果柑定植后依然成行（可能是弯曲成行）；如果相邻两地块之间的高度差普遍超过 70cm，可在每个地块上分别按行距规划一至多条壕沟，地块宽度不足 2.5m 的放弃不栽，此种壕沟规划方式在黄果柑定植后为不规则的长短行，且行向各异。

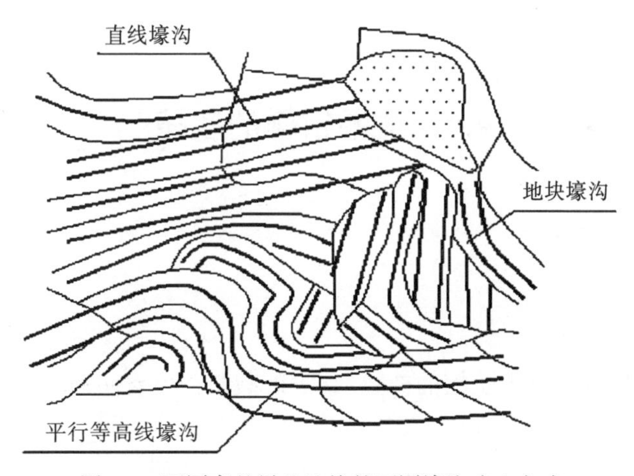

图 4.5　不同高差旱地地块的不同壕沟改土方式

（2）旱地挖穴改土。如果旱地的土壤排水性能较好，建园资金比较紧张，也可按南北行向、东西株向，根据株行距的大小，按定植方格网方式直接在各地块上确定改土穴位置。

3）水田的改土方式

水田经过多年耕作，形成了坚硬难以透水透气的犁底层，易积水。水田种植柑橘的关键之一是排水，特别是平地水田。

水田种植柑橘有壕沟、挖穴和开沟作畦 3 种改土方式。

（1）水田壕沟改土。平地水田，按南北方向规划改土壕沟，壕沟与排水沟相通。梯田壕沟的走向和位置，应根据梯田所处坡面的总体坡度的不同来确定，方法参照“旱地壕沟改土”。

（2）水田开沟作畦。如图 4.6 所示，层深度普遍达到 40cm 的水田，可直接开沟作畦，在畦面上种植黄果柑。畦面宽度由田块的排水性能确定，排水性能差的田块，畦面宽度 4~5m，只宜种植 1 行黄果柑并挖一条沟；排水性能好的田块，畦面宽度 10~20m，宜栽 2~4 行黄果柑。平面和低洼水田的畦沟宜深，采用深沟高畦，沟深 1m 以上。排水性能好的梯田，畦沟可浅些。

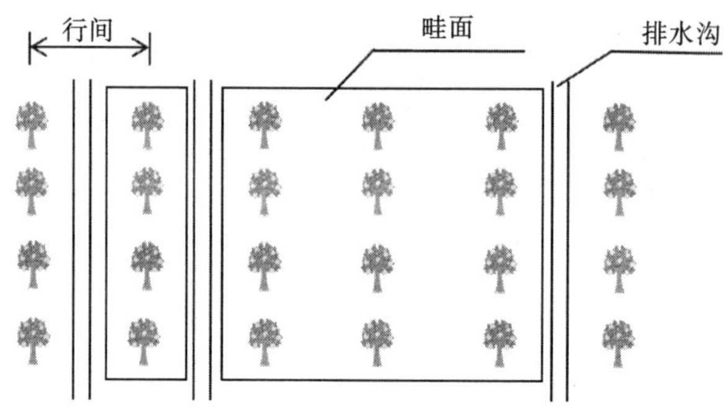

图 4.6　水田开沟筑畦种植黄果柑

（3）水田挖穴改土。只适宜土层深度 80cm 以上，且犁底层下土壤透水性好的水田。按南北行向、东西株向，根据株行距大小，以定植方格网方式直接在各梯田上确定改土穴位置，方法参照“旱地挖穴改土”。

4.4　黄果柑树的栽植

4.4.1　栽植密度与方法

1. 栽植密度

栽植密度是指单位面积内栽植的株数。合理的栽植密度对实现“两高一优”的生产目标有重要作用（何天富等，1999）。黄果柑栽植密度依砧木、果园立地条件和树体结构度等而定。砧木类型影响黄果柑植株的大小、生长速度的快慢。一般矮化自根砧＞矮化中间砧＞乔砧的栽植密度，矮化砧类型中又有乔、矮、半矮之别，矮化作用愈强，栽植密度愈大（吴文和马培恰，2009）。

1）果园立地条件

砧木相同的情况下，黄果柑立地条件越优，树体生长越快，树体体积越大，栽植密度越小。山地、坡地和地下水位高的果园，栽植密度较高；土层深厚肥沃的，栽植密度较稀。通常，黄果柑的株行距为 5m×4m、5m×3m、4m×3m 等，主要栽植时期为 2~3 月和 9~10 月，一般以秋季栽植为主。因这时气温较高，土壤水分适宜，根系伤口易愈合，并能长出一次新根，次年春梢又能正常抽发，对提高成活率、扩大树冠、早结丰产有利，但秋植苗要注意防旱和冬季防冻；带土的容器苗 2~11 月都可以栽植。

2）树体结构

树高与行距、冠幅与株距有正相关关系，一般树高不超过行距，冠幅不超过株距的 10%。

2. 栽植时期与方法

(1) 定植穴或定植沟的准备。定植穴要挖长、宽、深 1m 见方的深坑，定植沟挖宽、深 1m，长随地形而定的槽沟。底层的石块要挖出，表土和心土分别堆放，回填有机肥（堆肥、厩肥及玉米秆、稻草、绿肥等），每穴填放 30~40kg，槽沟每株填放 60~80kg，同时施入 2~3kg 磷肥，均匀撒在穴内和沟内，并充分与土壤混合，分层填入覆土，堆成馒头形“定植堆”，以备定植苗木，“定植堆”一般高出地平面 20cm 左右。定植穴或定植沟在冬春完备。定植苗木的株行距，计划密植的可采用 3m×4m、3m×5m、4m×5m。

(2) 定植。栽植果苗的时期，以 9 月下旬至 10 月中旬为最佳，另外在雨水节前后也可栽植。在栽植技术上，为了成活率高和生长良好，应尽量少伤根，挖苗时要多留根系，并用鲜牛粪和泥土调成泥浆蘸根，在运送和栽植时，防止根系干燥凋萎。如图 4.7 所示，栽植时在定植穴或定标植沟的“定植堆”上挖一小坑，将苗木放置其中，作到苗端、根伸，覆土后，用脚踏紧，使土壤与细根紧密结合。苗木栽植深度以根颈为度，保持黄果柑苗木嫁接口露出地面 2cm 为宜，忌过深过浅。在土壤灌水下沉后，苗木应向上提，再行复土踏紧。苗木后避免摇动，歪倒的要扶正，或加支柱系绳扶持，防止苗倒。苗木后立即灌足定根水，待水浸干后，覆盖一层细土或盖 30cm 厚的稻麦草等，保持土壤湿润，以免土面干燥裂缝而影响苗木成活。

图 4.7　黄果柑幼苗定植

(3) 定植后的管理。苗木定植后约半个月才能正常生长，期间若土壤干燥，每 1~2d

浇水 1 次（苗木成活前不能施肥），成活后勤施稀薄液肥，以促使根系和新梢生长，幼苗开始正常生长时要摘心，促苗分枝成冠。在有风害之地，苗木栽植后应立杆支撑。

4.4.2 黄果柑栽后幼树期管理

黄果柑幼树生长的物质基础来源于其根系对土壤营养元素的吸收和叶片进行光合作用制造的光合产物的积累。所以黄果柑幼树管理的中心是营造树体最佳的生长环境，尽可能地促进其根系生长和树冠扩大，因为只有幼树多抽梢，并具有足够的叶面积，幼树的光合面积才大，光合产物才多，输送给根系的有机营养越多，根系就越发达，就能吸收更多的水分和矿物质输送到地上部分，形成了一个良性循环，使树冠迅速扩大，为丰产、打下良好的基础。

1）黄果柑幼树的树体管理

不抹梢、不摘心、适度整形、让其充分生长；剪去严重病虫枝并烧毁，减少病源、虫源；对一些风吹、雨后不堪重负而下垂的枝条，适当加以牵引。

2）除草

通常采用人工方法除草。一般在施肥前或杂草生长快又多的时候进行，特别是树盘内杂草必须清理干净，避免草与树争肥；严禁施用除草剂，以免破坏地力。

3）灌水

在冬、春或夏季干旱时，应注意灌水，保持土壤湿润，以利果树正常开花结果。适宜的灌水量，应在一次灌溉中使柑橘根系分布的土壤湿度达到最有利于柑橘生长发育的程度，即相当于土壤田间最大持水量的 60%~80%。遇干旱天气，每两天浇一次水，一早一晚进行。灌溉水质必须达到国家农田灌溉水质标准和地面水环境质量标准中的五类水标准，严禁用污染水灌溉果园。

4）排水

（1）在定植前后平整土地，让多余的水分形成地表水径流而走。

（2）行间挖排水沟排水，排水沟深 80cm，上底宽 60cm，下底宽 40cm，让地表水和渗透水经排水沟排出果园。

（3）对个别定植穴积水现象，埋入 PVC 管，将底部积水引走。

5）遮阴

连续干旱高温，可用草帘、草棚、遮阳网等对新栽树遮阴；树盘用湿稻草、杂草等覆盖保湿，但嫁接口必须露出地面。

6）病虫害防治

（1）红蜘蛛和黄蜘蛛。1 年可发生 12~20 代，有 2 次高峰期：第 1 次在 4~5 月，为害春梢；第 2 次在 9~10 月（部分地区），为害秋梢。气温高于 35℃或低于 12℃时虫口急剧减少。红蜘蛛为害严重时，叶片呈灰白色、失去光泽；黄蜘蛛则使叶片正面出现凸起的黄斑，进而扭曲变形。二者为害均可造成落叶落果，严重影响树势和产量。

（2）蚜虫类。主要有橘蚜和橘二叉蚜。1 年发生 10~20 代，其若虫、成虫群集在嫩芽、嫩叶、嫩梢、花蕾和花上吸食汁液，使叶片卷缩、新梢枯萎、花和幼果大量脱落，树势衰弱，产量降低。以春芽、春梢和花蕾受害最重，秋梢受害次之。

（3）潜叶蛾。1 年发生 10 多代。初孵幼虫以咀嚼式口器掀起嫩叶、嫩茎表皮，潜入取食，形成银白色弯弯曲曲的虫道，使叶片卷曲、脱落，新梢生长差，树势衰弱。为害严重时，秋梢嫩叶受害率达 100%，春梢一般不受害。秋季多绵雨地区常因雨水影响喷药效果，防治难度较大。

（4）凤蝶类。主要为害夏、秋梢（5~8 月）。幼虫取食嫩叶和嫩梢，吃成缺刻状甚至吃光。

（5）天牛类。主要有星天牛和褐天牛。星天牛又名脚虫、盘根虫，其幼虫蛀食柑橘树根颈和主根的皮层，造成部分枝叶或全株黄化甚至枯死；褐天牛又名老木虫，幼虫多在柑橘树距地面 30cm 以上的主干和大枝的木质部内蛀食为害，造成树势衰弱，严重时枝干因中空易被大风吹断。

病虫害防治方法参见第 7 章和 8 章。

7）施肥

成活初期 30d：清水与粪水或沼液的比例 4∶1，连续施 3 次，10d 一次。活 40d 后：清水与粪水或沼液的比例 2∶1，连续施 2 次，15d 一次。活 70d 后：清水与粪水或沼液的比例 1∶2，50kg 清水与粪水或沼液的混合液加尿素 100g、磷酸二氢钾 100g，30d 一次。

常用的施肥方法有：撒施、兑水浇施、环状沟施、滴灌和叶面喷施。

撒施。在土壤湿度大又没有雨水冲走造成损失的情况下，可采用撒施。即将肥料均匀地撒在树冠滴水线两边偏向内侧根系比较集中的地方。由于尿素挥发性强，撒施容易导致氮的流失，如果土壤湿度不足，不宜撒施，应兑水滴灌，浓度控制在 0.3%~0.5%。

沟施。在降雨量较大的季节，为了避免由于雨水的冲刷而造成肥料的流失，可采用环状沟施，即在柑橘树冠投影处外缘挖环状沟，沟深 5~10cm（注：施肥沟太深易损伤柑橘根系），将肥料撒入环状沟内，与土壤搅拌均匀，然后回土。施肥切勿离幼树主干太近，也不能成堆放在一起，否则会由于浓度太高，造成烧根现象。

叶面喷施。叶面喷施可补充树体内微量元素养分的不足，促进枝梢的生长与老熟。常用的叶面肥有尿素、磷酸二氢钾等，其中尿素喷施的浓度为 0.3%~0.5%，磷酸二氢钾浓度为 0.2%~0.3%。叶面施肥的最佳时间是清晨或傍晚，此时叶片气孔正好张开，便于充分吸收养分；温度过高时喷施叶面肥，可能导致叶片灼伤甚至落叶。

参 考 文 献

何绍兰,邓烈,雷霆,等.2004.不同坡度及牧草种植对紫色土幼龄柑橘园水土流失的影响.中国南方果树,33(6):1-4.

何天富,等.1999.柑橘学.北京：中国农业出版社.

农业部农民科技教育培训中心,中央农业广播电视学校组.2010.现代柑橘产业技术.北京：中国农业出版社.

彭良志,等. 2007.柑橘园建设与维护.重庆：重庆出版社.

沈兆敏,等.1992.中国柑橘技术大全. 成都：四川科学技术出版社.

沈兆敏.1998.中国柑橘区划与柑橘良种.北京：中国农业科学技术出版社.

吴文,马培恰.2009.柑橘生产实用技术.广州：广东科技学技术出版社.

叶垂杨,等. 2005.山地柑橘无公害栽培.福州:福建科学技术出版社.

第5章　黄果柑树营养与土肥水管理

柑橘生命周期长，需要的养分总量高。柑橘每年枝梢生长和结果都需要足够的矿质养分供应，果实中矿物质成分含量与施肥管理关系密切。柑橘不同物候期对养分的吸收、利用和积累，随环境条件的不同，呈现季节性变化。例如，4~11 月是各种营养元素吸收高峰，其中，5~6 月氮素吸收量大，9~10 月氮、磷吸收多，10~11 月为钾素吸收的高峰期。在施肥管理上应依据各时期的特点合理施肥。柑橘在整个生命周期中，不同生物学年龄时期有特殊的生理特点和营养需求。如幼龄期施肥量相对较少，且以氮肥为主；结果期要增施磷、钾肥，注重各种营养元素的配合。不同柑橘种类品种、不同的砧木，由于生长结果存在差异而需肥状况也不同。生产中应通过营养诊断来指导施肥。

从黄果柑树体的营养特点来看，保持营养生长和生殖生长及树体营养与果实营养的平衡，是高产、稳产和优质的保证。良好的施肥管理可以调节这种平衡状态。黄果柑树体由地上部和地下部组成。地上部的主要功能是在光能的作用下，利用根系吸收的养分和水分，及空气中的 CO_2，形成有机化合物，称为“地上部营养”。地下部的主要功能是吸收水分和养分满足地上部和自己的需求，称为“地下部营养”。

随着市场需求的变化，人们对黄果柑品质的要求也越来越高。近年来，一些地方种植的黄果柑品质下降，风味偏酸，外观变劣，效益不高。究其原因，一是果园光照不良，影响果实品质；二是受不合理栽培管理技术的影响，如土壤缺乏有机质，过多的施氮，或过多的施钾，或缺磷，氮磷钾配比不合理，或采收过早，果实未能充分成熟；三是病虫害防治不力。风害对果实品质也有不利影响，大风吹动枝梢，常导致果实表面产生网纹伤痕，为改善黄果柑外观品质，在避风地建园或营造防护林带缓解风害，同时进行科学管理。土壤是指地球上能够生产植物收获的疏松表层，黄果柑的生长好坏与土壤的种类与性质等有密切的关系。黄果柑根系与地上部之间互相依存，互为条件，没有良好的土壤条件，就没有发达的根系，也就没有黄果柑的优质丰产。

5.1　黄果柑树体营养元素

黄果柑在生长发育过程中需要 30 多种营养元素，必需的矿质营养元素有 16 种，分别为大量元素（氮、磷、钾、钙、镁、硫）和微量元素（硼、锌、铁、铜、锰、钼等）。大量元素含量为叶片干重的 0.2%~4%，微量元素含量范围在 0.1~100mg/kg。这些元素在柑橘生理上起着重要作用，反映在树体的树势、产量和品质等方面。各种营养元素相互之间不能取代，并且相互影响，某种元素的增减，往往引起另一种或几种元素的变化，一种元素的缺少或过量，都会引起营养失调。因此，施肥必须了解元素间的综合影响，才能取得良好的施肥效果。

5.1.1　氮素

氮元素是柑橘生长必需的营养元素之一，是果树生长的重要物质基础，对果树的物质代谢生理生化反应、果实产量及品质的形成等都有不可替代的作用（李文庆等，2002）。氮循环是生物圈、土壤圈、大气圈、岩石圈、水圈之间进行生物地球化学循环的关键生态过程之一。

1. 氮元素的形态

氮在土壤中以有机氮和无机氮形态存在，98%以上的氮元素存在于地球的岩石圈中，主要以 NH_3 的形式存在。土壤中无机态氮的含量相对较低，主要来源于土壤有机物质经微生物活动缓慢分解释放,由黏土矿物吸附的交换性铵及可溶性的矿物质态氮（NH_4^+-N/NO_3^--N、NO_2^--N）组成，土壤微生物只能分解 2%~3%的有机态氮，绝大部分有机态氮可免受微生物的迅速分解而得到保存，这种机制对于维持和提高土壤肥力、防止土壤氮素流失和流域水体环境恶化具有重要的意义。

有机氮占土壤总氮的 90%左右（李合生，2002），主要以有机结合态存在。土壤有机氮的来源包括施入的有机肥料、有机质分解的中间产物、微生物的代谢产物和根系分泌物等，主要包括氨基氮（蛋白质、氨基酸、多肽等）、氨基糖（糖胺、肽聚糖、几丁质、腐殖质等）和其他的杂环类化合物（碱基及其衍生物、维生素、磷脂等）（刘俊英等，2010）。有机氮在土壤中占的比例虽大，但无机态氮才是植物吸收氮素的主要形态（王文颖和刘俊英，2009）。无机态氮的来源主要是人为施入的无机肥和有机氮矿化而成，存在形式包括铵态氮、硝态氮、挥发性 NH_3^-等（Bataung et al.,2012）。有报道表明，在大多数情况下，土壤溶液中 NO_3^-是 NH_4^+的 10～1000 倍，但由于需要消耗较少能量，果树根部铵态氮的吸收要强于硝态氮（Gemma et al.，2009）。

土壤中大多数有机氮都属于不溶性有机氮，不溶性有机氮和土壤溶液中分子质量大的可溶性有机氮均不能被植物直接吸收利用，果树植株根系仅能利用分子质量较小的可溶性有机氮，如尿素氨基酸多肽等（刘俊英等，2010）。尿素进入植株细胞后，主要通过脲酶催化，水解成碳酸铵或碳酸氢铵后，才能被吸收利用（Wang et al.，2008）。植株对氮的同化利用主要表现在对硝态氮、铵态氮的同化利用，利用土壤中的硝态氮是通过硝酸还原酶（NR）将硝态氮还原成亚硝态氮（Rosales et al.，2011），进而被亚硝酸还原酶（NIR）还原成铵态氮，如此，硝态氮和铵态氮都以铵态氮的形式被同化成谷氨酸和谷氨酰胺，这个步骤主要是由谷氨酰胺合成酶（GS）、谷氨酸合成酶（GOGAT）和谷氨酸脱氢酶（GDH）催化（李宝珍等，2009），转化成氨基酸后以有机氮的形式被利用。

2. 土壤氮的分布特征和有效性

果园土壤氮的分布特征是土壤肥力的重要指标和植物生长发育的基础，包括土壤全氮的含量及其在土壤剖面上的含量特征及其影响因素、土壤有效氮含量及其分布特征等。

果园土壤全氮含量是衡量土壤氮元素供应状况的重要指标，土壤全氮含量越高，储量可能越大，可供给果树生长发育所需氮的潜力越大，越有利于果树植物的生长发育。由于土壤全氮中有机态氮的比例较高，因而土壤全氮含量的分布在很大程度上取决于土壤有机质含量的变化和土壤有机质的积累及分解作用的相对强弱。

土壤有效氮是果树生长发育的基础。土壤速效氮（NH_4^+-N/NO_3^--N、NO_2^--N）含量较低，一般不到全氮含量的 1%，具有易淋失和被植物吸收利用的特点。由于硝酸根离子不易被土壤胶体吸附，容易流失，或在厌氧条件下被反硝化细菌还原成 N_2 或 N_2O 而损失，因此，土壤中的硝态氮含量一般都小于 5mg/kg。铵离子易被土壤胶体吸附，含量相对较高，一般在 5~20mg/kg，立地条件较好的果园土壤铵态氮含量可达到 70mg/kg。受土壤温湿度、降水量淋溶作用及植物根系吸收的影响，土壤速效氮的季节变化规律明显而复杂。一般而言，夏季具有较高的土壤速效氮含量，冬季则较低，这是因为夏季土壤温度较高，微生物活性较强。土壤速效氮含量一般随着土壤深度的增加而降低，这是由表层土壤有机质含量较高，通气性较强及微生物活性较高决定的。但是，夏季雨量较大，淋洗作用强烈，且果树生长发育旺盛，对氮的需求量较大，也可能导致土壤速效氮含量比春季和秋季低的特征。因此，对于立地条件较差的果园，在黄果柑生长季节施用适量的氮肥是提高黄果柑生产力的重要途径之一。

土壤全氮、速效氮和有效氮的含量及其分布特征与黄果柑生长发育密切相关。土壤氮含量仅仅是反映土壤供氮水平的一个重要指标，土壤供氮潜力还受土壤氮库的作用和控制，即土壤氮库（总氮量及其有效氮库）是果树产业可持续经营与管理的基础。黄果柑的生长发育除了受到土壤全氮、速效氮和有效氮含量的影响，还受果园土壤氮库的调控作用。在果园经营与管理过程中，通过改土培肥等措施，提高土壤氮含量和氮库是黄果柑果园基地可持续生产的重要途径。

3. 黄果柑对氮素的吸收与利用

1）黄果柑对氮素的吸收及分布

柑橘可吸收的氮素形态主要是硝态氮、铵态氮和尿素分子，硝态氮和尿素基本上处于溶液中而为柑橘根系所吸收（黄成能等，2013）。黄果柑在年周期中对氮素的吸收随生长季节和物候期变化而变化，黄果柑根系全年都有吸收作用，即使在冬季根部生长停止时也有一些吸收作用，在整个生长期中，根系吸收率和吸收量都显著受季节水培液和空气温度影响。

氮肥对植株营养生长的影响极大，集中分布在枝叶部，因此又将氮肥称为叶肥或枝肥。不同氮素形态在施肥效应上有不同的影响，不同氮素形态对黄果柑根系的生长影响不同，以硝态氮为氮源的根系生长量，明显大于以铵态氮为氮源的植株，且地上部的生长也表现同样的趋势。与硝态氮肥相比，铵态氮肥可提高柑橘的可溶性固形物含量（廖炜等，2010）。

2）氮素对黄果柑树体内氨基酸的形成及生理功能的影响

黄果柑树体内主要的游离氨基化合物有精氨酸、天冬酰胺和脯氨酸。精氨酸可作为柑橘植株氮素状况的指标，脯氨酸可转化为具有耐寒抗旱抗病特性的羟脯氨酸。胁迫状态下这些氨基酸的含量升高有利于提高植物的抗旱性（谢深喜，2006）。

氮素对黄果柑各器官的分化和生长发育也起重要作用。在花芽生理分化期、花芽形态分化期和落花期 3 次施氮处理表现增产，且在适量配施磷钾的基础上充分供应氮素，可在一定程度上消除大小年现象（刘运武，1998）。因此，在花芽分化前，树体的含氮量和含氮物质的组成是黄果柑优质丰产栽培的重要环节。

4. 氮素对黄果柑叶绿素生物合成的影响

谷氨酸是连接氮素同化和叶绿素生物合成的桥梁，氮素被同化成谷氨酸后以谷氨酸的形式进入到叶绿素生物合成的途径（史典义等，2009）。氮作为叶绿体的重要组分，其一定程度的增加有利于叶绿素的合成，有利于光合作用及碳水化合物的积累，柑橘施氮量在一定范围内与叶绿素的形成有明显正相关关系（Bondada and Syuertsen，2003）。叶片 CO_2 同化的潜在效率、叶绿素含量羧化效率与叶片氮含量有关，缺氮明显降低净 CO_2 同化，升高 CO_2 补偿点，缺氮主要是通过减少光合色素含量，降低光合电子传递速率，引起细胞的膜脂过氧化程度加剧，进而损伤叶绿体类囊体结构及光合反应中心，导致光合速率降低。

黄果柑光合产物的转运主要体现在果实中糖的贮存。光合产物通过韧皮部到达果实的海绵层，并发生卸载，被卸载的蔗糖通过非微管结构的汁胞梗进入汁胞，并在汁胞细胞的液泡中贮存并形成一个糖代谢库（谢永红等，2005）。增施氮肥能使光合产物向汁囊中的分配量减少，向果皮的分配比例增加，引起果皮后期再次生长，从而削弱汁囊中糖积累的基础（赵智中等，2003）。

5. 氮素对黄果柑果实品质的影响

氮素是对黄果柑生长和发育影响最大的营养元素。试验表明（表 5.1），常规管理的黄果柑果树成熟期各器官的含氮量，叶片中占全树总氮量的 32.1%，枝干中占 13.6%，果实占 45.7%，根占 8.6%。氮肥过量或不足都会对黄果柑果实品质产生不利影响，进行测土配方施肥（如关键物候期施肥），并适量施用氮肥是提高黄果柑品质的关键。氮素供应充足时，枝叶茂盛、叶色浓绿、枝条粗壮、花芽形成多、果实产量高。缺氮会导致黄果柑树势衰弱、枝梢生长不良、叶小色黄、落花落果严重，造成减产或大小年，果小且回青加重。

有研究发现，柑橘转化糖、还原糖、维生素 C 等在一定范围内与施氮量均成线性正相关，氮素施用过多，使植株徒长造成抗性下降、着花及结果减少、果皮粗厚、果色淡、果肉纤维素多、果汁糖分减少、酸味物质增多（杨生权，2008；凌丽俐等，2012）。

在黄果柑生产中选择何种形态的氮肥是极其重要但又是被人们普遍忽视的问题。有关柑橘对不同形态氮肥的选择吸收特性在国内外一直存在不同的观点，但他们的结论表明，介质环境（有机质、pH、离子状况）的差异是柑橘对不同形态氮素的吸收重要影响因素（李先信等，2007；樊卫国和葛会敏，2015）。

因此，在一定范围内补充氮素营养有利于黄果柑树体生长、果实产量提高、品质提升，但过量施用氮肥会影响树体正常生理代谢，导致果实品质下降。根据果树营养诊断结果进行科学合理的施肥，是实现轻简高效营养诊断和果树优质的一个重要保障（张冬强等，2012）。

表 5.1 果实成熟期黄果柑不同器官的 N 分配率

器官	施肥模式		器官	施肥模式	
	常规施肥/%	关键物候期施肥/%		常规施肥/%	关键物候期施肥/%
果实	45.7 ± 0.18	50.2 ± 0.09	多年生枝韧皮部	2.53 ± 0.18	2.22 ± 0.08
叶片	32.1 ± 0.18	30.1 ± 0.08	中心干木质部	3.55 ± 0.18	3.24 ± 0.09
一年生枝	0.60 ± 0.19	0.29 ± 0.08	中心干韧皮部	3.25 ± 0.19	2.92 ± 0.08
二年生枝	0.90 ± 0.18	0.59 ± 0.09	粗根	7.8±0.18	7.49 ± 0.08
多年生枝木质部	2.75 ± 0.19	2.44 ± 0.08	细根	0.8±0.18	0.49 ± 0.08

5.1.2 磷元素

磷是细胞中核酸、核苷酸、磷脂的重要成分，是酶与辅酶的重要成分，与光合作用、呼吸作用、种子的形成、碳水化合物与氮化合物的代谢与运转、果树植物的抗性都有着密切关系。黄果柑对磷的需要量比氮和钾低得多，每吨果实约含磷 0.2kg。黄果柑缺磷时营养器官糖分积累、硝态氮积累及蛋白质合成受阻，导致叶片减小、生长缓慢、坐果减少、幼枝叶片易脱落、果实早落，严重影响产量，果实风味淡、果实小、成熟迟、含酸多、糖少，果实着色不良，光泽差。

因此，满足黄果柑对磷素的需求既可促进花芽分化，提高产量，又能改善品质，同时还能使果皮变薄、果汁酸度降低、上等品果实增加。

1. 土壤中的磷

在土壤中，磷的移动速率慢，容易被土壤固定，土壤中磷元素利用率较低。土壤中有效磷，可被果树吸收，是土壤磷素养分供应水平高低的指标，土壤磷素含量高低在一定程度反映了土壤中磷素的贮量和供应能力。不同土壤的供磷能力差异很大，在供磷水平和 N/P_2O_5 值大的土壤上，施用磷肥增产显著；在供磷水平高和 N/P_2O_5 值小的土壤上，施用磷肥的效果不明显。在 N、P 含量较高的土壤上，施用磷肥的增产效果不稳定；在 N、P 含量较低的土壤上，只有提高氮肥用量之后，才能发挥磷肥的增产效果。同时土壤的 pH 会显著影响磷肥的肥效。如果土壤 pH<5.5，土壤有效磷的含量很低；土壤 pH 6.0~7.5 时，有效磷的含量相对较高；土壤 pH＞7.5，有效磷的含量又降低。在石灰性土壤上，根基 pH 降低，显著增加土壤磷素的有效性（黄建国等，2003）。

2. 柑橘中的磷

磷主要以有机磷的形式存在黄果柑体内，有机磷主要是核酸、磷脂和植酸等；无机磷则主要是钙、镁、钾的磷酸盐。一般而言，无机磷的大部分存在于液泡中，只有一小部分存在于细胞质和细胞器内。在缺磷时，黄果柑组织（尤其是营养器官）中的无机磷含量显著下降，但有机态磷含量的变化不大。作物在生长发育期，磷主要集中分布于幼嫩组织和繁殖器官中。不同生育期，含磷量变化较大，幼苗的磷含量高于成熟的植株。在作物内，磷的再分配和再利用能力很强。因此，在磷营养供应不足时，植物缺磷的症状首先从最老的器官和组织表现出来（黄建国，2003）。

磷在柑橘不同发育时期，叶片中磷的含量会随着不同时期而发生变化。肖家欣等（2007）研究了赣南纽荷尔脐橙果实及叶片中的磷含量的季节性变化，老叶磷含量动态均呈先升后降的趋势，春梢叶磷含量均呈明显下降趋势。王建红等（1996）在温州蜜柑果实成熟期，通过叶面喷雾或环状沟施磷肥，研究发现施磷方式不同时，磷在树体内的分配方式存在差异，土壤施用时磷主要沿枝梢木质部运转分配，叶面喷施时则主要沿韧皮部运输分配。黄果柑对磷的吸收是磷在植株体内各部位的运转和再分配的结果。因此，生产上必须严格掌握抽梢、开花、结果及根系的活动规律来考虑施肥的适当时期，黄果柑需磷最多的时期是果实膨大期。

柑橘叶片中磷的含量不仅受柑橘自身需求量、根外或土壤供给量的影响，同时还受生态因子的调控。有人认为叶片中磷的含量，既不能作为植株磷摄入的评定标准，也不能作为产量提高的评定标准。根据 Sato 和佐藤等对宽皮柑橘类研究所制定的叶片含磷量标准：<1.0g/kg 为缺乏；1.5~2.0g/kg 属适量；>3.0g/kg 为过量（刘运武，1995）。但当柑橘因缺磷而造成果实品质不佳时，叶片中磷营养含量很低。因此，在柑橘需磷前期，叶片中磷含量水平是否满足会直接影响柑橘品质及产量。

3. 磷肥对黄果柑果实品质的影响

磷是细胞质和细胞核的主要成分之一。果树上施用磷肥，能使根系发育良好，树势健壮，促进花芽分化。同时，磷酸在碳水化合物的合成、水解和氮代谢方面具有重要作用，对增大果实，提高果实品质和耐贮性方面也起着重要作用。黄果柑对磷需要不多，但如果土壤缺磷，会使叶片易脱落，叶肉呈水浸状，叶尖及叶缘现坏死斑；果实变小，果皮粗皱，果实空心，果汁减少，果皮色淡和酸味浓烈。缺磷会加重黄果柑叶片的光抑制。适当增施磷肥可明显提高黄果柑果实中可溶性糖含量、V_C 比，降低果实的可滴定酸含量。因此，合理施用磷肥是保证黄果柑高产、稳产和优质的一项重要措施。

Townsend（1972）研究发现，当土壤中含磷较高时增施磷肥则降低越橘产量而且延迟成熟。Doughts（1988）提出当土壤中磷含量低于 6mg/kg 时增施磷肥才会对越橘有效，需增施磷肥 15~45kg P_2O_5/hm^2。缺磷会使黄果柑果皮厚而粗硬，果汁少、酸量多、糖酸比低、可食率低。适量施用磷肥，可以使果树提早开花、结果与成熟，改善树体营养，提高果实品质，增强果树抗性。

与黄果柑果实品质有关的磷化物有无机磷酸盐、磷酸脂、植酸、磷蛋白和核蛋白等。磷肥对黄果柑果实品质的影响明显，适量增施磷肥不仅能提高产量，还能提高产品中的总磷量，显著增加 V_C 含量，增加糖分、淀粉和脂肪含量。黄果柑施磷量与可滴定酸含量、V_C 含量呈显著直线负相关，施用磷肥有降低果实酸度和提高固酸比的效果；但过量施磷也有降低 V_C 含量、增加果皮厚度的不利影响。果实中的磷浓度过高会增加裂果的比例，且 K/P 低果皮较厚，K/P 高则果皮较薄。施用适量的磷肥，可降低果实产生浮皮和空心的比例，使果皮光滑而薄软；同时，也能提高果汁含量，降低酸量。增施磷肥可以提高叶片磷、钙含量，并促进其对镁、锰、钼的吸收。然而，需要引起注意的是施磷过量将会引起黄果柑产量下降，这可能与过量的磷能抑制氮的吸收有关；另外，过多的磷还会影响树体对锌、铁、铜和硼的吸收。

5.1.3 钾元素

钾是果树生长发育、开花结果过程中必需的三大营养元素之一。在果实的各种矿质养分中钾含量最高，又由于钾在作物生理生化过程中起着至关重要的作用，因此一直被誉为品质元素。钾素对果实生长发育、开花结实、增产优质、提高抗逆性、抗病性、促进早熟等方面，均具有良好作用。合理施用钾肥，可以促进果实膨大，提高含糖量，提早成熟，提升果实品质（李振轮等，2001）。

1. 土壤中的钾

钾在土壤中主要以离子形态存在。按照钾素对植物有效程度来划分，钾可以分为缓效钾、速效钾及矿物钾三大类。植物对不同形态钾的吸收程度不同，但是不同形态的钾素之间保持着动态平衡，维持着植物对钾的需求（张超，2010）。土壤施钾后，增加了土壤溶液钾离子的浓度，进而促进钾离子的转变。徐晓燕等（2005）试验研究表明施钾可以提高土壤中速效钾、缓效钾的含量，作物对钾元素的吸收是影响钾肥在土壤中转换的重要因素。土壤速效钾是植物生长发育过程中所需钾素营养的直接来源。植物对钾的吸收导致土壤溶液中钾离子浓度降低，打破了不同形态钾之间的动态平衡，促进矿物钾转化为非交换性钾、非交换性钾转化为交换性钾及交换性钾转化为水溶性钾，水溶性钾和交换性钾之间能进行相互转化，并且转化的速度非常快（王振宙等，2011），植株能较好地吸收利用水溶性钾和交换性钾，所以是土壤中短期钾效的重要指标，也是土壤的一个主要的养分指标。

黄果柑对钾素需要很多，当黄果柑果园土壤全钾<5.0g/kg，速效钾<50mg/kg，黄果柑叶片含钾量<7.0g/kg 时，将出现缺钾症状，此时增施钾肥，提高土壤速效钾到 100mg/kg 以上，可促进果实增大、果皮增厚、裂果率降低。在幼果期与果实发育后期，提高土壤供钾能力可降低裂果率和提高果实品质。

2. 植物中的钾

植物钾素营养处于一个复杂的生态系统中，它包括土壤系统和高等植物的根系统，它们都是一个动态系统，在这两个系统中进行各种物理、化学、生物过程，它们又受不同因素的控制（梁成华等，2002）。植物中的钾是酶的活化剂，能提高酶的活性，促进氨基酸和蛋白质的合成，一方面在于蛋白质合成的各主要步骤都需要大量的钾；另一方面钾还可以维持蛋白质的电中性和适宜的水合度，从而保障蛋白质和酶的稳定性；另外，钾还参与合成蛋白质需要的其他物质的运输机制（祖艳群和林克慧，2000）。

钾在黄果柑树体内以离子的形态存在，主要存在于代谢最活跃的组织或器官中。叶片中的钾主要来源于叶面喷施钾肥和土壤吸收。叶面喷肥主要用于追施速效肥，保证叶片中钾的营养含量，迅速解决树体缺钾情况。同时树体中的一部分钾素来源于土壤，植物根部通过吸收土壤中的有效钾离子，以满足树体的需要。因此，叶片中钾的含量会受到土壤中其有效成分的影响。李建等（1998）研究证实叶片 K 与土壤全 N/有效 K、水解 N/有效 K、叶片 Mg 与土壤代换 Mg/代换 Ca 呈极显著相关，但据庄伊美等（1984）认为施壮果钾肥并使根系在柑橘果实膨大期维持旺盛的吸收能力是很重要的栽培措施。

3. 钾肥对黄果柑果实品质的影响

钾肥对提高黄果柑产量和改善果实品质起着十分重要的作用。在果树年生长周期中，施用钾肥能够获得不同程度的增产提质作用。在黄果柑萌芽开花期、果实快速膨大期施用钾肥，对果实增大效果较显著，可减轻裂果，提高 TSS 含量，但在进入转色期宜减少钾的供应，以促使果实形美味佳。增施钾肥使果实酸度和 V_C 含量增加，同时提高了果实的耐贮运性能，但钾肥施入量必须适宜，否则过量会对树体造成钾害。

5.1.4　钙元素

钙在树体内不易流动，在树的不同部位含量有明显差异，多存在于茎叶中，老叶多于幼叶，叶子多与果实。钙只能单向转移，钙能促进钾、磷酸和硝态氮的吸收。适当的钙可降低果实的呼吸强度，延长果实的贮存期。缺钙时，黄果柑植株生长受阻，因而一般较正常的矮小，而且组织柔软。缺钙黄果柑植株顶芽、侧芽、根尖等分生组织容易腐烂死亡，幼叶卷曲畸形，或从叶缘开始变黄坏死，果实生长发育不良，会出现叶焦病，或称缘叶病，嫩叶边缘呈烧灼状。

钙是细胞壁的重要成分，也是细胞的组成成分。钙素有调节细胞原生质胶体性质和对代谢过程中产生的有机酸进行中和的作用。黄果柑缺钙，新梢短弱早枯，先端成丛，根生长停滞，树体营养异常，落果严重，果小味酸，液泡收缩，果形不正。钙充足则果实早熟，耐储藏，果面光滑，酸少味甜。钙以果胶钙的形式参与细胞壁的组成。缺钙，细胞壁不能形成，影响细胞分裂，妨碍新细胞形成，影响根尖、茎尖分生组织的成长，影响加长生长、木质坚固、种子萌发及种子和根系的发育，导致吸收力的降低。钙可以防止细胞和液胞中的物质外渗，保持膜的不分解，防止果实变绵衰老。钙可同植物细胞中的有机酸结合形成难溶性的钙盐，如草酸钙，柠檬酸钙等，而沉淀下来，是不能再利用的元素。因此，缺钙症状常表现在新生组织上。

钙是淀粉酶、磷脂酶、精氨酸激酶和腺苷三磷酸激酶在进行酶促反应时的辅助因素，在维持膜的结构和功能方面具有重要作用。近年在植物体内发现的一种含钙的蛋白质，称钙调蛋白。当钙同钙调蛋白所具有的环状多肽链结合后，能使后者被激活，从而促进酶的活性。植物体中的烟酰胺腺嘌呤二核苷酸（NAD）激酶、三磷酸腺苷（ATP）酶，就是由于与激活的钙调蛋白结合为复合体而增强酶的活性，从而起促进植物代谢的作用。

钙肥的主要品种是石灰，包括生石灰、熟石灰和石灰石粉（即磨碎的石灰石、白云石或贝壳的粉末），其主要成分为 $CaCO_3$ 或 $CaMg(CO_3)_2$。石膏及大多数磷肥，如钙镁磷肥、过磷酸钙等和部分氮肥如硝酸钙、石灰氮等也都含有相当数量的钙。

适时为黄果柑果树补钙，可有效防止果树幼叶长势减弱，叶片失绿黄化，果实出现下陷斑点及果肉变色、变软、变苦等现象，能显著提高果实的品质和产量。同时，在果实快速膨大期进行叶面喷钙处理，能有效地防治黄果柑果实粒化。

黄果柑对钙的吸收高峰期有 3 次。第一次在落花后的 30d 开始，第二次在果实膨大期，第三次在采果前 30 天左右。一般采用叶面喷施效果较好。99%硝酸钙的喷施浓度一般为 0.3%~0.4%，一般情况下，每千克兑水 400kg，与杀虫剂、杀菌剂混合喷施，在黄果柑落花后喷施较好，在果实着色后不可施用，以免影响着色。氨基酸钙如盖利施、乳酸钙等的喷施浓度一般为 500~600 倍。落花后 20d 开始喷施，年度内 3 个补钙高峰期各喷施 1~3 次，可促使黄果柑树花芽分化，促进果实上色，提高果实的含糖量、硬度和耐贮性。

5.1.5 硫元素

1. 硫的作用

硫是植物体内含硫蛋白质的重要组成分，约有 90%的硫存在于胱氨酸和蛋氨酸等含硫氨基酸中。硫也是植物体内脂肪酶、羧化酶、氨基转移酶、磷酸化酶等的组成成分，并参与某些生物活性物质如硫胺素、辅酶 A、乙酰辅酶 A 等的组成。此外，某些硫肥还有改善土壤性质的作用，如施用硫磺粉或液态二氧化硫肥可降低石灰性土壤的 pH，从而增加土壤中磷、铁、锰、锌等元素的有效性；石膏施于碱土时，其中的钙离子可代换出土壤胶体中的钠离子，形成硫酸钠盐（Na_2SO_4）随水排出土体，从而降低土壤中交换性钠的含量，减轻钠离子对土壤性质和作物的危害。

2. 硫肥的种类

硫肥的种类主要有硫磺（即元素硫）和液态二氧化硫，施入土壤以后，经氧化硫细菌氧化后形成硫酸，其中的硫酸离子即可被作物吸收利用。其他还有石膏、硫铵、硫酸钾、过磷酸钙及多硫化铵和硫磺包膜尿素等。

3. 硫肥的肥效

硫肥肥效与土壤中硫的含量和形态关系极大，通常有机质较丰富的土壤和石灰性土壤含硫量较高。土壤中的硫以有机态为主，无机态硫含量较少，有机态硫需经微生物分解转化为硫酸盐后方可为黄果柑所吸收利用。一般情况下，有效硫含量指土壤中能为作物吸收利用的硫元素的量。它包括易溶于水的或吸附于土粒表面的硫酸盐，及有机硫中易分解的部分，低于 10mg/kg 时，则需施用硫肥。

5.1.6 镁元素

镁是构成植物体内叶绿素的主要成分之一，与植物的光合作用有关。镁又是二磷酸核酮糖羧化酶的活化剂，能促进植物对二氧化碳的同化作用。镁离子能激发与碳水化合物代谢有关的葡萄糖激酶、果糖激酶和磷酸葡萄糖变位酶的活性；也是 DNA 聚合酶的活化剂，能促进 DNA 的合成。此外，镁还与脂肪代谢有关，能促使乙酸转变为乙酰辅酶 A，从而加速脂肪酸的合成。植物缺镁则体内代谢作用受阻，对幼嫩组织的发育和种子的成熟影响尤大。

镁肥分水溶性镁肥和微溶性镁肥。前者包括硫酸镁、氯化镁、钾镁肥；后者主要有磷酸镁铵、钙镁磷肥、白云石和菱镁矿。不同类型土壤的含镁量不同，因而施用镁肥的效果各异。一般情况，酸性土壤、沼泽土和砂质土壤含镁量较低，施用镁肥效果较明显。

1. 镁的营养功能

不同植物体内的含镁量各异，生长初期镁大多存在于叶片中，镁在韧皮部中的移动性强，储存在营养体或其他器官中的镁可以被重新分配和再利用。在正常生长的植物成熟叶片中，大约有 10%的镁结合在叶绿素 a 和叶绿素 b 中，75%的镁结合在核糖体中，其余 15%呈游离态或结合在各种镁可活化的酶或细胞的阳离子结合部位。

1）叶绿素合成及光合作用

镁的主要功能是作为叶绿素 a 和叶绿素 b 卟啉环的中心原，在叶绿素合成和光合作用中起重要作用。镁原子同叶绿素分子结合后，才具备吸收光量子的必要结构，才能有效地吸收光量子进行光合反应。

2）蛋白质的合成

镁元素另一重要生理功能是作为核糖体亚单位联结的桥接元素，保证核糖体稳定的结构，为蛋白质的合成提供场所。叶片细胞中有大约 75%的镁是通过上述作用直接或间接参与蛋白质合成的。镁是稳定核糖体颗粒，特别是多核糖体所必需的，也是功能 RNA 蛋白颗粒进行氨基酸与其他代谢组分按顺序合成蛋白质所必需的。

3）酶的活化

植物体中一系列的酶促反应都需要镁或依赖于镁进行调节。镁在 ATP 或 ADP 的焦磷酸盐结构和酶分子之间形成一个桥梁，大多数 ATP 酶的底物是 Mg-ATP。在活化磷酸激酶方面，镁比其他离子（如锰）更为有效，缺镁导致叶脉间变黄。

4）黄果柑对镁的需求与缺镁症状

当黄果柑缺镁时，其突出表现是叶绿素含量下降，并出现失绿症。由于镁在韧皮部的移动性较强，缺镁症状常首先表现在老叶上，逐渐发展到新叶。缺镁时，植株矮小，生长缓慢，叶脉间失绿，并逐渐由淡绿色转变为黄色或白色，还会出现大小不一的褐色或紫红色斑点或条纹；严重缺镁时，叶片退色而有条纹，整个叶片出现坏死现象，特别典型的是在叶尖出现坏死斑点。

缺镁对叶绿体中淀粉的降解、糖的运输和韧皮部蔗糖的卸载有较大影响，而对光合作用本身的影响相对较小。许多代谢过程需要高能磷酸盐，因此镁对能量的转移影响极大。缺镁降低光合产物从“源”（如叶）到“库”（如根、果实或储藏块茎）的运输速率。缺镁对根系生长的影响要比对地上部大得多，从而导致根冠比的降低。

2. 补施镁肥方法

黄果柑果树缺镁大致原因可能是土壤酸性强，或土壤含钙量高，或是施钾肥太多，而诱发缺镁，镁肥施用量因土壤作物而异，一般每亩施纯镁 1~2kg。硫酸镁、硝酸镁可叶面喷施，硫酸镁为 0.5%~1.5%，硝酸镁为 0.5%~1.0%。

5.1.7 铁元素

铁也是植物必需微量营养元素之一，在植物体内移动性不强，是植物中一些重要的氧化还原酶的组分。铁虽然不是叶绿素的组成成分，但它对叶绿体结构的形成是必不可少的。铁以各种形态与蛋白质结合生成铁蛋白：细胞色素、过氧化物酶、豆血红蛋白、铁氧还蛋白。铁肥对矫治果树失绿症有一定作用。

近年来，由于铁肥投入不足及石灰性土壤自身碱性反应及氧化作用，使铁形成难溶性化合物而降低其生物学有效性，致使植物缺铁黄化病连年发生，涉及的植物品种较为广泛，植物这种缺铁黄化病害的后果不但影响作物的生长发育、产量及品质，更重要的是影响人体健康，如缺铁营养病、缺铁性贫血病等。而合理施用铁肥有助于提高植物性产品的铁含量，改善人类的铁营养。施肥是补充铁营养最易实现的措施，而铁肥品种及其合理施用尤为重要。

1. 铁肥的种类

1）无机铁肥

无机铁肥如氧化铁、硫酸亚铁铵、碳酸亚铁、一水合磷酸亚铁铵等）

（1）氧化铁-硫酸铁的混合物：是用具氧化作用的浓硫酸与氧化亚铁与氧化铁反应制成的混合物，主要成分为 Fe_2O_2-$Fe_2(SO_4)_3$，通常加入锰、硼氧化物。混合物中铁的有效性取决于加工过程中硫酸的用量，硫酸用量大则其有效性高。

（2）金属硫酸盐。硫酸亚铁盐（$FeSO_4 \cdot xH_2O$），有一水、二水及七水化合物，含铁量因结晶水含量而异，其有效性因氧化作用而降低，使用时不如氧化物-硫酸盐混合物经济，不可与许多杀病农药混用，易对黄果柑产生伤害。

（3）能增加铁有效性的酸化物质：黄铁矿、元素硫、硫酸。黄铁矿（FeS_2）和元素硫在通气良好的氧化土壤中，可缓慢氧化生成硫酸，提高土壤酸性，增加土壤铁的溶解性，从而提高土壤铁的植物有效性。

2）有机铁肥（络合、螯合、复合有机铁肥），主要代表品种有尿素铁络合物（三硝酸六尿素合铁）、黄腐酸二胺铁（尿素、硫酸亚铁和黄腐酸制得）、螯合铁肥有 NaFeEDTA、NaFeEDDHA 和 NaFeDTPA。

（1）乙二胺四乙酸（EDTA）、二乙酰三胺五乙酸铁（DTPAFe）、羟乙基乙二胺三乙酸铁（HEEDTAFe）、乙二胺二（O-羟苯乙酸）铁（EDDHAFe）、乙酰二胺-二（2-羟基-4-甲酰-酚基）乙酸铁（EDDHMAFe），这类铁肥可适用的 pH、土壤类型范围广，肥效高，可混性强。但其成本昂贵、售价极高，多用作叶面喷施或叶肥制剂。

（2）羟基羧酸盐铁肥。柠檬酸铁、葡萄糖酸铁十分有效。柠檬酸土施可提高土壤铁的溶解吸收，可促进土壤钙、磷、铁、锰、锌的释放，提高铁的有效性。柠檬酸铁成本低于 EDTA 铁类，可与许多农药混用，对作物安全。

（3）有机复合铁肥。由造纸工业副产品制得的木质素磺酸铁、多酚酸铁、铁代聚黄酮类化合物和铁代甲氧苯基丙烷，作为微量元素载体成本最低，但其效果较差，与多种金属盐不易混配。

3）生物分泌物质

生物分泌物质包括植物根系分泌物和土壤中微生物分泌物质，它们能提高土壤难溶铁的溶解性，从而提高铁的有效性。

目前，我国市场上销售的铁肥仍以价格低廉的无机铁肥为主，无机铁肥以硫酸亚铁盐为主。有机铁肥主要制成含铁制剂在销售，很少有标明成分的纯螯合铁肥化合物销售。如 EDDHA、HEETA、EDDHMA 类螯合铁、柠檬酸铁、葡萄糖酸铁等主要用于含铁叶面制剂肥。

在纠正植物缺铁失绿症时，土壤施用的铁肥仍以硫酸亚铁为主，造纸下脚料制成的铁有机化合物也用于土壤施用。而螯合铁肥、柠檬酸铁、葡萄糖酸铁及生物铁肥因其价格昂贵，土壤施用成本过高，主要用作叶面喷施，少量用于土壤施用，以矫正严重的植物缺铁症。

2. 黄果柑缺铁原因及症状

测定表明，石灰性土壤的铁含量一般并不低，有时还相当高，但石灰性土壤上种植黄果柑易缺铁，这主要是由于石灰性土壤中铁的植物有效性非常低，土壤中的铁在一般情况下均会氧化为溶解性极差的氧化铁或沉淀为氢氧化铁，使植株难以吸收利用。因此，种植在石灰性土壤上的黄果柑存在着潜在性缺铁，并易发生缺铁失绿症，其症状为叶片呈网状失绿。缺铁的土壤不仅局限于石灰性土壤，砂质土、通气性不良的土壤、富含磷或大量施用磷肥的土壤、有机质含量低的酸性土壤、过酸的土壤上易发生缺铁。

3. 铁肥的肥效

铁肥的肥效虽取决于许多因素，如土壤的酸碱性、氧化还原电位等，但根本决定于铁肥化合物在土壤中的稳定性和水溶性。土壤铁以多种形态存在，稳定性很高的氢氧化铁为其之一（稳定常数为 $\log Kt$=38.57），它是一种溶解性极差的化合物，其控制着土壤溶液中铁的浓度，使土壤溶液铁浓度通常低于 4mol/L，低于营养液栽培中铁的最低浓度 8~10mol/L 的要求水平。因而，土壤有效铁浓度通常低于作物吸铁临界水平，作物难以吸收利用。施入土壤的无机铁肥因氧化作用及土壤碱性作用最终会转化为氢氧化铁。

因此，无机铁肥在土壤中的效果很差，而有机螯合铁肥则是稳定性很高的含铁化合物，其稳定常数多接近于氢氧化铁的稳定常数，而且有机螯合铁肥多为溶性的，其对植物的有效性很高。硫酸亚铁主要用于叶面喷施，也可用作基肥。有机铁肥和螯合铁肥用于喷施，效果更好。

4. 黄果柑缺铁的矫正及铁肥的施用

铁肥在土壤中易转化为无效铁、其后效弱。因此，每年都应向缺铁土壤施用铁肥，土施铁肥应以无机铁肥为主。根外施铁肥，以有机铁肥为主，其用量小，效果好。螯合铁肥、柠檬酸铁类有机铁肥价格较昂贵，土壤施用成本非常高，其主要用于根外施肥，即叶面喷施或茎干钻孔施用。果树类可采用叶片喷施，吊针输液及树干钉铁钉或钻孔置药法。

叶面喷施是最常用的校正植物缺铁黄化病的高效方法，也就是采用均匀喷雾的方法将含铁营养液喷到叶面上，其可与酸性农药混合喷施。吊针输液与人体输液一样，向树皮输含铁营养液。树干钉铁钉是将铁钉直接钉入树干，其缓慢释放供铁，效果较差。钻孔置药法是在茎干较为粗大的黄果柑果树茎干上钻孔置入颗粒状或片状有机铁肥。

叶面喷施铁肥的时间一般选在晴朗无风的下午 4 点以后，喷施后遇雨应在天晴后再补喷 1 次。无机铁肥随喷随配，肥液不宜久置，以防止氧化失效。叶面喷施铁肥的浓度一般为 5~30g/kg，可与酸性农药混合喷施。单喷铁肥时，可在肥液中加入尿素或表面活性剂（非离子型洗衣粉），以促进肥液在叶面的附着及铁素的吸收。由于叶面喷施肥料持效期短，因此，对黄果柑缺铁矫正时，一般每半月左右喷施 1 次，连喷 2~3 次，可起到良好的效果。

土施铁肥与生理酸性肥料混合施用能起到较好的效果，如硫酸亚铁和硫酸钾混合施用的肥效明显高于各自单独施用的肥效之和。对于易缺铁作物种子或缺铁土壤，用铁肥浸种或包衣可矫正缺铁症。浸种溶液浓度为 1g/kg 硫酸亚铁，包衣剂铁含量为 100g/kg 铁。对于具有喷灌或滴灌设备的农田缺铁防治或矫正，可将铁肥加入到灌溉水中，效果良好。

5.1.8 锌元素

1. 主要功能

锌是黄果柑必需的微量元素之一，锌以阳离子（Zn^{2+}）形态被植物吸收。锌在植株中的移动性属中等。锌在植株体内间接影响着生长素的合成，是许多酶的活化剂，通过对植株碳、氮代谢产生广泛的影响。同时，锌还可增强植株的抗逆性。锌是一些脱氢酶、碳酸酐酶和磷脂酶的组成元素，这些酶对植株体内的物质水解、氧化还原过程和蛋白质合成起重要作用，参与生长素吲哚乙酸和叶绿素的合成，是细胞核糖体的必要成分。当黄果柑树体缺锌时茎和芽中的生长素含量减少，生长处于停滞状态，植株矮小。黄果柑适宜区缺锌土壤较多，施锌增产效果显著。

最常用的锌肥是锌加硒、七水硫酸锌和一水硫酸锌。碱式硫酸锌、氯化锌、氧化锌、硫化锌、磷酸锌、碱式碳酸锌、锌玻璃体、木质素碳酸锌、环烷酸锌乳剂和螯合锌（$Na_2ZnEDTA$ 锌宝）等均可作为锌肥。后三种为有机锌肥，易溶于水。

2. 黄果柑缺锌症状及施用方法

黄果柑树体缺锌时，症状表现为新梢叶片随着叶片老熟，叶脉间出现黄色斑点，逐渐形成肋骨状的鲜明黄色斑块；缺锌严重时长出的顶枝极纤短，叶呈丛生状，叶片直立窄小；植株呈现直立的短生状，随后小枝干枯死亡。锌肥可以基施、追施、喷施，作为叶面肥喷施效果最好。每年果实采收均带走大量的锌，若不及时补充也会引起缺锌。

如果植株早期表现出缺锌症状，可能是早春气温低，微生物活动弱，肥未完全溶解，幼树根系活动弱，吸收能力差；磷-锌的拮抗作用，土壤环境影响可能缺锌。锌肥做基肥每公顷用硫酸锌 20~25kg，要均匀施用，同时要隔年施用，因为锌肥在土壤中的残效期较长，不必每年施用。

3. 注意事项

1）勿与磷肥混用。因为锌-磷有拮抗作用，锌肥要与干细土或酸性肥料混合施用，撒于地表，随耕地翻入土中，否则将影响锌肥的效果。

2）不要表施，要埋入土中。追施硫酸锌时每公顷施硫酸锌 15kg 左右，开沟施用后覆土，表施效果较差。

3）叶面喷施效果好。用浓度为 0.1%~0.2%硫酸锌、锌宝溶液进行叶面喷雾，每隔 6~7d 喷一次，喷 2~3 次。

5.1.9　硼元素

硼是植物生长发育必需的七种微量营养元素之一。硼不是作物体内各种有机物的组成成分，但能加强作物的某些重要生理机能。硼素供应充足，植物生长繁茂，根系生长良好；反之，硼素供应不足，植株生长不良，产品的质量和产量下降；严重缺硼时，甚至颗粒无收。

1. 硼的营养作用

硼对黄果柑生理过程有三大作用。

（1）促进作用。硼能促进碳水化合物的运转，黄果柑体内含硼量适宜，能改善树体各器官的有机物供应，使作物生长正常，提高结实率和坐果率。

（2）特殊作用。硼对受精过程有特殊作用，以柱头和子房含量最多，能刺激花粉的萌发和花粉管的伸长，使授粉能顺利进行，缺硼时，花药和花丝萎缩，花粉不能形成，表现出“花而不实”的病症。

（3）调节作用。硼在黄果柑树体内能调节有机酸的形成和运转，缺硼时，有机酸在根中积累，根尖分生组织的细胞分化和伸长受到抑制，发生木栓化，引起根部坏死。硼还能增强黄果柑的抗旱、抗病能力和促进作物早熟的作用。

2. 土壤的硼素状况及有效性

（1）土壤中的硼可简单分为全量硼和有效硼。土壤全量硼是指土壤中所存在的硼的总和，包括植物可利用的硼和不能利用的硼两部分。土壤有效硼是指植物可从土壤中吸收利用的硼，约占全量硼的 5%。因此，土壤缺硼与否完全取决于土壤有效硼含量。土壤中有效硼的含量不仅与成土母质有关，也直接受到土壤酸碱度、耕作制度、栽培管理、气候及生态条件的影响。

（2）黄果柑吸收的硼主要来自土壤，土壤的含硼量对树体的生长发育至关重要。

（3）自然界广泛存在着硼，动植物残体、降雨、矿物等都是土壤中硼素的来源，其中最主要的还是矿物。因此，土壤中硼的含量与成土母质有关，同一地区不同土壤类型含硼量也有一定差异，质地愈沙的土壤含硼量愈低。影响向土壤中硼转化的主要因素包括土壤酸碱度、有机质含量、气候条件等。

A. 土壤酸碱度。一般土壤，pH 在 5~7 时，硼的有效性最高；pH>7 的土壤，特别是强石灰性的土壤，由于 pH 高，土壤中水溶性硼被三价氧化物及黏土矿物所吸附固定。在酸性土壤中有效硼的含量虽然较多，但容易淋失，所以淋溶严重的酸性土黄果柑果园，特别是砂质土壤也容易缺硼。

B. 有机质含量。土壤中有机质多时有效硼含量也较高，因为和有机物结合或被有机物固定的硼含量也较高，当有机物分解后就可释放出来供应作物利用。

C. 气候条件。气候干旱或多雨都会使土壤中有效硼含量下降，干旱加强了硼的固定。干旱伴随高温，硼生成不溶化合物，有效硼下降；多雨季节和淹水时，水溶态硼被淋失，使土壤有效硼下降。土壤中有效硼临界值为 0.5mg/kg，低于 0.25mg/kg 的土壤为严重缺硼。

3. 硼肥品种

硼肥指含有硼（B）元素，能促进农作物生长，增强农作物抗性，有利于开花结实的微量元素肥料，又称硼素肥料。目前市场常见的硼肥品种有：硼砂、硼酸、硼镁肥和新型高效硼肥等。

（1）硼砂：化学名工业十水合四硼酸二钠（$Na_2B_4 \cdot 10H_2O$），是提取硼和硼化合物的原料，外观呈白色细小晶体，难溶于冷水，硼素易被土壤固定，植物当季吸收利用率较低，是常用的单质硼肥品种。

（2）硼酸：分子式 H_3BO_3 含量≥99.5%折合含硼（B）量约 17%，由硼镁矿石与硫酸反应，经过滤、浓缩、结晶、烘干而制成。硼酸为无色带珍珠光泽的三斜鳞片状结晶或白色细粒晶体，可溶于水。硼酸是无机化合物硼素化工原料，也是传统的硼肥品种之一。

（3）硼镁肥：是生产工业硼酸的副产品，主要成分为硫酸镁（$MgSO_4 \cdot 7H_2O$）和硼酸（H_3BO_3），主含量 85%~93%，其中硫酸镁占 80%~90%，硼酸 3.6%，折合硼（B）含量 0.5%~1%，外观呈白色或灰白色结晶颗粒或粉末，水溶解性好，是含镁并含少量硼的中量元素肥料，适宜在缺镁，并轻度缺硼的酸性土壤上作基肥施用。

（4）新型高效硼肥：自 20 世纪末，安徽省土壤肥料工作总站即着手研制精炼聚合农业专用硼肥——速溶硼肥，主要成分为四水八硼酸钠，硼（B）含量高达 21%，具有水溶性好、用量少、植物吸收利用率高、土壤残留少等特点。

4.科学合理使用硼肥

科学合理的使用硼肥，不但能以最小的投入获得最佳的增产效果，而且能提高黄果柑果品品质，增加收益。使用硼肥时，应注意以下几个方面：

1）精准选肥

选含硼（B）量大于 10%，且不含其他中、微量元素的硼肥，以达到缺硼补硼目的。目前市场上除传统的硼肥品种硼砂外，“金地来”硼肥、美国的速乐硼等新型硼肥，硼含量均≥20%，常温水速溶，作物吸收利用率高。

2）合理施肥

（1）基施。缺硼较重土壤，可选硼砂作基肥，以延长土壤供硼时间。亩用量 0.5~1kg，与农家肥、化肥或适量干细土充分混匀作基肥穴施或条施。缺硼不太严重且土壤黏重的黄果柑果园施用硼砂，防止硼砂残留造成土壤酸化对黄果柑根系产生毒害，可考虑两年施一次。

（2）叶面喷施。土壤缺硼不太严重时，叶面喷硼可根据植株生长情况灵活、适时补硼，效果显著。可在叶面的正反面喷施，但因气孔在叶面的反面，故反面喷施效果更好。叶面喷施硼肥应根据黄果柑营养生长或生殖生长特性，适以开花前喷施效果最好。

3）用量适度

根据黄果柑果园土壤缺硼状况，结合所选品种适量施用，不可过少或过多。一般缺硼较重的果园，用中上限量，反之则用中下限量；硼易淋失的砂质土壤用上限，黏土壤用下限。

5.2　黄果柑树体营养诊断

植物营养诊断是通过物理的、化学的或生物技术手段获取植物养分丰缺和土壤养分供给强弱的信息，为合理施肥提供依据，以达到不断提高产量、改善品质及增加经济效益的目的。黄果柑营养的诊断方法很多，一般从黄果柑自身营养状况和土壤养分供给两方面入手，分别称为植物诊断和土壤诊断。植物诊断可分为植物形态诊断、植物生理诊断、植株元素分析诊断等。土壤诊断则主要是土壤元素分析诊断。

5.2.1　植物营养诊断

1. 形态诊断

特定的营养元素，在植物体内都有其特定的生理功能，当这一元素缺乏或过多时，与该元素有关的代谢受到干扰而失调，植物生长不能正常进行，严重时表现出异常的形态症状。不同的营养元素生理功能不同，所表现出的形状症状不相同；不同的营养元素在植物体内移动性不同，其形状症状出现的部位也不同。可根据这些不同的形状症状，就可判断植物缺乏或过剩何种元素。形态诊断又分为外观形态诊断和显微形态诊断。

2. 化学诊断法

此法借助化学分析对黄果柑植株、叶片及其组织液中营养元素的含量进行测定，并与由试验确定的养分临界值相比较，从而判断营养元素的丰缺情况。叶片分析是树体营养诊断的有效方法。对于黄果柑叶片，一般采用 4~7 月龄的春梢上的同一叶龄的叶片进行分析，亦可采用结果枝上的叶，老树采用 3 月龄的春梢叶片效果更佳。

黄果柑叶片主要营养元素含量分级参考王仁玑等（1992）对甜橙叶片营养的分级标准，具体标准见表 5.2。

叶片结合土壤或果实、细根等分析，则诊断更可靠。例如，在酸性土壤发现黄果柑叶片缺铁失绿症状，分析叶片也表明含铁量低，其他元素含量均在正常范围内；但调查研究发现是喷洒波尔多液过多，铜在酸性土积累致细根中毒，施石灰矫正土壤酸度后，铜活动性降低，铜毒减轻，新根恢复生长，缺铁失绿症状亦消失。细根含锌、铜等重金属量比叶的含量多，取细根作分析材料更可靠。黄果柑果实含钾量的变化比叶含钾量的变化更能反映树体钾的营养水平。

表 5.2　黄果柑园叶片营养含量分级参考标准

养分名称	缺　乏	不　足	适　量	偏　高	过　量
N/%	<2.20	2.20～2.50	2.50～2.80	2.80～3.00	>3.00
P/%	<0.09	0.09～0.13	0.13～0.16	0.16～0.30	>0.30
K/%	<0.70	0.70～1.30	1.30～1.80	1.80～2.40	>2.40
Ca/%	<1.50	1.50～3.30	3.30～5.00	5.00～7.00	>7.00
Mg/%	<0.20	0.20～0.27	0.27～0.45	0.45～0.70	>0.70
Fe/（mg/kg）	<35.00	35.00～60.00	60.00～120.00	120.00～200.00	>200.00
Mn/（mg/kg）	<15.00	15.00～25.00	25.00～100.00	100.00～300.00	>300.00
Zn/（mg/kg）	<15.00	15.00～25.00	25.00～100.00	100.00～300.00	>300.00
Cu/（mg/kg）	<3.00	3.00～5.00	5.00～15.00	15.00～20.00	>20.00
B/（mg/kg）	<15.00	15.00～25.00	25.00～100.00	100.00～300.00	>300.00

3. *酶诊断法*

酶诊断法，又称生物化学诊断法。通过对黄果柑植株体内某些酶活性的测定，间接地判断植物体内某营养元素的丰缺情况。例如，对碳酸酐酶活性的测定，能判断黄果柑是否缺锌，锌含量不足时这种酶的活性将明显减弱。此法灵敏度高，且酶作用引起的变化早于外表形态的变化，用以诊断早期的潜在营养缺乏，尤为适宜。

此外，显微化学法、组织解剖方法及电子探针方法等也开始应用于黄果柑果树的营养诊断。

5.2.2　黄果柑园土壤营养诊断

土壤是植物养分的来源，作物营养状况和产量的高低很大程度上取决于土壤养分的供给能力。土壤营养的分析诊断，是用化学分析方法测定土壤养分含量，对照相应的指标，如临界值（表 5.3），评判土壤养分供给能力，达到营养诊断并用以指导施肥的目的。

表 5.3　柑橘园土壤养分分级参考标准

养分/(mg/kg)	极　缺	缺　乏	适　量	高　量
N	<50	50～100	100～200	>200
P	<5	5～15	15～80	>80
K	<50	50～100	100～200	>200

土壤分析分为提取和测定两步，先提取后测定。提取又称前处理及制备待测液。不同

的提取剂，测定结果相差很大，而不同测定方法，结果相差不会太大，所以，提取剂的选择是土壤分析的关键。分析方法的选择，主要是提取剂的选择。为了指导黄果柑施肥，通常土壤养分的测试值和植株反应进行分级，施肥的增产效果与分级状况大体有以下关系（表 5.4，表 5.5，表 5.6）

表 5.4　黄果柑果园土壤容重分级标准

分　级	容　重/（g/cm^3）
过　松	＜1.00
适　宜	1.00～1.25
偏　紧	1.25～1.35
紧　实	1.35～1.45
过紧实	1.45～1.55
坚实	＞1.55

表 5.5　黄果柑果园土壤主要营养成分分级标准

分级	有机质/（g/kg）	全氮/（g/kg）	有效磷/（mg/kg）	速效钾/（mg/kg）	缓效钾/（mg/kg）
一级	＞40	＞2	＞40	＞200	＞500
二级	30～40	1.5～2	20～40	150～200	400～500
三级	20～30	1～1.5	10～20	100～150	300～400
四级	10～20	0.75～1	5～10	50～100	200～300
五级	6～10	0.5～0.75	3～5	30～50	100～200
六级	＜6	＜0.5	＜3	＜30	＜100

表 5.6　黄果柑果园种微量元素分级标准

分级	有效硅/(mg/kg)	有效硫/(mg/kg)	有效钙/(mg/kg)	有效镁/(mg/kg)	有效硼/(mg/kg)	有效铜/(mg/kg)	有效锌/(mg/kg)	有效锰/(mg/kg)	有效钼/(mg/kg)	有效铁/(mg/kg)
一级	＞230	＞30	＞1000	＞300	＜0.2	＜0.1	＜0.3	＜1.0	＜0.1	＜2.5
二级	115～230	16～30	70～1000	200～300	0.2～0.5	0.1～0.2	0.3～0.5	1.0～5.0	0.1～0.15	2.5～4.5
三级	70～115	＜16	500～700	100～200	0.5～1.0	0.2～1.0	0.5～1.0	5.0～15	0.15～0.2	4.5～10
四级	25～70		300～500	50～100	1.0～2.0	1.0～1.8	1.0～3.0	15～30	0.2～0.3	10～20
五级	＜25		＜300	＜50	＞2.0	＞1.8	＞3.0	＞30	＞0.3	＞20

土壤养分的作物有效性受多种因素影响，因而土壤养分分级指标的具体数值因地域、土壤种类、气候条件差异而不同。

5.3 黄果柑园土壤管理

5.3.1 不同土壤类型园地土壤评价

土壤可以分为砂质土、黏质土、壤土三种类型。中国的主要土壤类型有 15 种，分别为砖红壤、赤红壤、红壤和黄壤、黄棕壤、棕壤、暗棕壤、寒棕壤（漂灰土）、褐土、黑钙土、栗钙土、棕钙土、黑垆土、荒漠土、高山草甸土、高山漠土。而黄果柑主产区的土壤以砂质土和壤土为主。

1. 评价方法

国内外提出多种土壤质量评价方法：多变量指标克立格法（MVIT）、土壤质量动力学法、土壤质量综合评分法、土壤相对质量法，但国际上对土壤质量的评价方法尚无统一的标准。这些土壤质量评价方法各有优点，实际工作中可以根据评价区域的时间和空间尺度、评价的土壤类型、评价的目的等，选择适宜的评价方法。

2. 评价指标

一般说来，反映土壤质量与土壤健康的诊断特征可以分成两组：一组是描述土壤健康的描述性特征；另一组是分析性指标，具有定量单位，常为科学家所用。分析性指标通常包括物理指标、化学指标和生物指标，在土壤质量评价中需要根据不同的土壤、不同的评价目的，按照上述指标选择原则对这些指标进行取舍组合。

1）土壤质量评价的农艺指标

对土壤做出适宜性评价，直接与农业的可持续性相关联，需选择与土壤生产力和农艺性状直接有关的参数指标，即质地、耕层厚度、pH、有机质、全氮、碱解氮、速效磷、速效钾、容重、CEC。对这些参数项目进行分级赋值，可以得到定量评价值，这种以农艺基础性状为主的土壤质量评价对于黄果柑的生产具有指导意义。

2）土壤质量的微生物学指标

土壤微生物是维持土壤质量的重要组成部分，它们对施入土壤的植物残体和土壤有机质及其他有害化合物的分解、生物化学循环和土壤结构的形成过程起调节作用。土壤生物学性质能敏感地反映土壤质量的变化，是评价土壤质量不可缺少的指标。生物学指标包括土壤上生长的植物、土壤动物、土壤微生物，其中，应用最多的是土壤微生物指标，多数研究认为，土壤微生物（包括微生物量、土壤呼吸等）是土壤质量变化最敏感的指标。但由于土壤生物学方面的指标繁多，加上测定方面的难度，下面的指标可供选择。

（1）土壤微生物的群落组成和多样性。土壤微生物十分复杂，地球上存在的微生物约有 18 万种，其中包含藻类、细菌、病毒、真菌等，1g 土壤就含有 10 000 多个不同的生物种。土壤微生物的多样性，能敏感地反映出自然景观及其土壤生态系统受人为干扰（破坏）或生态重建过程中的微细的变化及程度。因而是一个评价土壤质量的良好指标。

（2）土壤微生物生物量。微生物生物量（microbialbiomass，MB）能代表参与调控土壤能量和养分循环及有机物质转化相对应微生物的数量。它与土壤有机质含量密切相关，而且微生物量碳或微生物量氮转化迅速。因此，微生物量碳或微生物量氮对不同耕作方式、长期和短期施肥管理都很敏感。

（3）土壤微生物活性。土壤徽生物是表征土壤质量最有潜力的敏感性指标之一，壤微生物活性表示土壤中整个微生物群落或其中的一些特殊种群状态，可以反映自然或农田生态系统的微小变化。土壤微生物指标包括生物量、细菌、真菌、土壤呼吸、微生物区系及与微生物活动有关的参数。一个高质量的土壤应该具有良好的生物活性和稳定的微生物种群组成。在黄果柑果园系统中，测定土壤有机质变化之前，微生物群落对土壤的变化就可提供直接可靠的证据。微生物多样性指标可评价自然或人为干扰对微生物群落的影响，进一步揭示土壤质量在微生物数量和功能上的差异。

（4）土壤酶活性。土壤酶绝大多数来自土壤微生物，在土壤中已发现 50～60 种酶，它们参与并催化土壤中发生的一系列复杂的生物化学反应。如水解酶和转化酶对土壤有机质的形成和养分循环具有重要的作用。已有研究表明，土壤酶活性和土壤结构参数有很好的相关性。它可作为反映人为管理措施和环境因子引起的土壤生物学和生物化学变化的指标，尤其是非专一性和水解性的土壤酶活性十分适合这种指标。利用土壤酶活性评价干扰对土壤质量影响时，需要与参照系或特定地区状况进行比较，具体酶类见表 5.7。

高质量的土壤应具有稳定的微生物群落的组成、生物多样性及良好的生物活性。

表 5.7　主要土壤酶的种类

酶类	组成	主要功能
氧化还原酶类	脱氢酶、葡萄糖氧化酶、醛氧化酶、脲酸氧化酶、联苯氧化酶等	氧化脱氢等作用
水解酶类	羧基酯酶、芳基酯酶、酯酶、磷酸酯酶、核酯酶、核苷酸酶等	具有水解酸酯等功能
转移酶类	葡聚糖蔗糖酶、果聚糖蔗糖酶、氨基转移酶等	具有转移糖基或氨基作用
裂解酶类	天冬氨酸脱羧酶、谷氨酸脱羧酶、芳香族氨基酸脱羧酶等	具有裂解氨基酸作用

3）土壤质量的碳氮指标

通常把土壤有机质和全氮量作为土壤质量评价的一个重要指标，但生物活性碳和生物活性氮，它们是土壤有机碳和有机氮的一小部分，却能敏感反映土壤质量的变化，及不同土地利用和管理如耕作、轮作、施肥、残留物管理等对土壤质量的影响。

活性有机碳库的转化快，转化速率常数较大。土壤活性有机氮反映了土壤氮素供应能力，它可被视为一个单独的氮库，根据土壤有机质分解动力学活性有机氮常用 3 种表示方法：微生物生物量氮（MBN）、潜在可矿化氮（MN）和同位素稀释法测定活性有机氮（ASN）。MBN 主要是微生物生物量氮和少量土壤微动物氮。PMN 是指实验室培养测定的土壤矿化氮，包括全部活性非生物量氮及部分微生物生物量氮。ASN 是指参与土壤中生物循环过程中的氮，即用同位素稀释法测定的活性。

4）土壤质量的生态学指标

物种和基因保持是土壤在地球表层生态系统中的重要功能之一，一个健康的土壤可以滋养和保持相当大的生物种群区系和个体数目，物种多样性应直接与土壤质量关联。关于土壤与生态系统稳定性和多样性的关系，国内已有较多的研究，土壤质量的生态学指标主要有：

（1）种群丰富度。包括种群个数、个体密度、大动物、节肢动物、细菌、放线菌、真菌等。

（2）多样性指数。生物或生态复合体的种类、结构与功能方面的丰富度及相互间的差异性。

（3）均匀度指数。生物个体或群体在土壤中分布的空间特征。

（4）优势性指数。优势种群的存在及其特征。某些土壤性状在土壤质量评价中显得十分重要，如团聚性（aggregation）、容重（bulk density）、至硬盘的距离（distance to hardpan）、渗滤性（infiltration）、电导率（conductivity）、持水率（water holding capacity）、pH，有机质（organic matter）、可矿化氮（mineralizable nitrogen）、呼吸作用（respiration）。

5.3.2 土壤改良

果园土壤改良，主要包括深翻熟化、增施有机肥和翻压绿肥等措施。

1. 果园土壤深翻熟化

1）深翻对土壤和黄果柑的作用

根系深入土层的深浅，与黄果柑的生长结果有密切的关系。支配根系分布深度的主要条件是土层厚度和土壤质地，深翻后土壤水分含量比对照平均增长 5%以上，土壤孔隙度增加 12%左右，土壤微生物增加 1.2 倍多。由于土壤微生物活动加强，可加速土壤熟化，使难溶性营养物质转化为可溶性养分，提高土壤肥力。

果园深翻可加深土壤耕作层，为根系生长创造条件，促使黄果柑根系向纵深伸展，根量及分布深度均显著增加。深翻促进根系生长，是因深翻后土壤中水、肥、气、热等得到改善所致，使树体健壮、新梢长、叶色浓。

有研究发现，深翻改土后使土壤的有机质、全氮、全磷、全钾量均较对照显著提高，深翻可提高柑橘果实的产量，见表 5.8。

表 5.8 柑橘园深翻改土后土壤营养成分的变化

处理	有机质/%	全氮/%	全磷/%	全钾/%
改土前	0.570～1.480	0.037～0.070	0.025～0.060	0.300～0.500
改土后	1.350～1.800	0.074～0.094	0.149～0.220	0.900～1.300

2）深翻时期

经过多年的试验数据证明，黄果柑果园四季均可深翻，但应根据果园具体情况与要求因地制宜地适时进行，并采用相应的措施，才会收到良好的效果。

春季深翻。此时地上部分处于休眠期，根系刚开始活动，生长较缓慢，但伤根后容易愈合和再生。从土壤水分季节性变化规律看，春季土壤水分向上移动，土质疏松，操作省工。深翻过程中及时覆盖根系，可减少深翻对根系的损伤。

夏季深翻。最好在新梢停长或根系前其生长高峰过后，深翻后降雨可使土粒与根系密接，不致发生吊根或失水现象。雨后深翻可减少灌水，土壤松软，操作省工。但夏季深翻如果伤根多，易引起落果，故结果多的大树不宜在夏季深翻。

秋季深翻。此时地上部分生长较快，养分消耗量较大，正值根系秋季生长高峰，伤口容易愈合，并可长出新根。如结合灌水，可使土粒与根系迅速密接，对黄果柑根系损伤较小，有利于根系生长。因此，秋季是果园深翻较好的时期。

总之，四季均可进行果园深翻，翻后各有不同程度的良好效果，但深翻时期应根据树龄、劳力、土壤、气候情况及有无灌水条件等灵活运用。

3）深翻深度

深翻深度以稍深于果树主要根系分布层为度，并应考虑土壤结构和土质状况。如山地土层薄，下部为半风化岩石，或滩地浅层有砾石层或黏土夹层，或土质较黏重等，深翻的深度一般要求达到 80~100cm。如与上述情况相反，或为平地沙质土壤，且土层深厚，则可适当浅翻。

4）深翻方式

（1）深翻扩穴，又称放树窝子。幼树定植数年后，逐年深翻扩大栽植穴，直至株间全部翻遍为止，适合劳力较少的果园。但每次深翻范围小，需 3~4 次上才能完成全园深翻，每次深翻可结合施入粗质有机肥。丘陵山地幼树在定制后几年内应继续在定植沟或定植穴外进行深度相等的扩穴改土，以利于根系生长；成龄黄果柑果园土壤紧实板结，地力衰退，根系衰老，也应进行改土和更新根系。在根系生长高峰期进行，断根后伤口易愈合，发根多；抽梢期及冬季低温期不宜扩穴，以免影响新梢生长。

（2）隔行深翻，即隔一行翻一行。山地和平地黄果柑果园因栽植方式不同，深翻方式也有差异。坡地果园，第一次先在下半行进行较浅的深翻施肥。下一次在上半行深翻把土压在下半行上，同时施有机肥。平地果园可实行隔行深翻，分次完成，每次只伤一侧根系，对果树根系影响较小。行间深翻便于机械化操作。

（3）全园深翻，将栽植穴以外的土壤一次深翻完毕。这种方法一次需要劳力较多，但翻后便于平整土地，有利于果园耕作。

上述 3 种深翻方式应根据黄果柑果园具体情况灵活应用。一般小树根量较少，一次深翻伤根不多，对树体影响不大，成熟果园根系已布满全园，宜采用各行深翻为宜。深翻要结合灌水，也要注意排水。山地黄果柑园应根据坡度及面积大小而定，以便于操作，有利于果树生长为原则。

2. 增施有机肥料

有机肥所含营养元素比较全面，除含主要元素外还含许多生理活性物质，包括激素、维生素、氨基酸、葡萄糖、DNA、RNA、酶等，故称完全肥料。多数有机肥需要通过微生物的分解释放才能被黄果柑根系所吸收，故也称迟效性肥料，多做基肥使用。

黄果柑基础产量与土壤有机质含量之间关系密切，果园土壤有机质含量高，黄果柑基础产量也高，反之则相对较低。自古以来就把有机肥当做园艺作物的特效肥料，施用之后果树生长良好，产量稳定，果实品质（风味、色泽、储藏性）亦好。目前，黄果柑出现的大小年现象和果实品质差异较大，其中果园缺乏有机肥是一个主要的因素。

3. 培土与掺沙

培土与掺沙这种土壤改良方法在我国被普遍采用，具有增厚土层、保护根系、增加养分、改良土壤结构等作用。

黄果柑的适宜种植区域属干热河谷地带，土壤淋洗流失严重。培土工作要每年进行，土质黏重的应培含沙质较多的疏松肥土，含沙质多的可培塘泥、河泥等较黏重的肥土。

培土的方法是把土块均匀分布全园，经晾晒打碎，通过耕作把所培的土与原来的土壤逐步混合起来。培土量视黄果柑的大小、土源、劳力等条件而定，一次培土不宜太厚，以免影响根系生长。

培土厚度要适宜，过薄起不到培土的作用，过厚对黄果柑果树发育不利，“沙压黏”或“黏压沙”时要薄一些，一般厚度为5~10cm；压半风化石块可厚些，但不要超过15cm，连续多年压土，土层过厚会抑制果树根系呼吸，从而影响果树生长和发育，造成根茎腐烂，树势衰弱。所以，为了防止接穗生根会对根系的不良影响，在黄果柑果园培土时应扒土漏出根颈。

4. 应用土壤改良剂

土壤改良剂分有机、无机和有机-无机三种。有机土壤改良剂是从泥炭、褐煤及垃圾中提取的高分子化合物；无机土壤结构改良剂有硅酸钠和沸石等；有机-无机土壤结构改良剂有二氧化硅有机化合物等。这些土壤改良剂均可改良土壤理化性质和生物学活性，可保护根层，防止水土流失，提高土壤透水性，减少地面径流，固定流沙，加固渠壁，调节土壤酸碱度等。

在黄果柑果园的改良过程中可使用聚丙烯酰胺，该土壤结构改良剂为人工合成高分子化合物，溶于80℃以上的热水，先把干粉制成2%的母液，即1亩用8kg配成400kg母液，再稀释至3000kg水泼浇至5cm深的土层，由于其离子键、氢键的吸引，是土壤联结形成团粒结构，优化土壤水、肥、气、热条件，其效果可保持三年。

5.3.3 土壤耕作

1. 春季耕翻

春耕较秋耕浅，可保蓄土壤中的水分，风多的栽培区域需耕后耙平，以防风蚀，但春季风大少雨的地区以不耕为宜。春耕可促进新梢的生长，增产效果显著。

2. 夏季耕翻

在伏天进行，此时杂草繁茂，土壤较为松软，耕后可增加土壤有机质，提高土壤肥力；加深耕作层，促使根系向土壤深层生长，提高果树的抗逆性。

3. 秋季耕翻

秋耕可松土保墒，有利于雨水下渗。因而秋耕比未秋耕的土壤含水量高 3%~7%；可减少宿根性杂草和果树根蘖，较少养分消耗，改善土壤通气状况，还可以消灭地下害虫。坡地耕翻应沿等高线横行，耕翻深度为 20~30cm，具体运用要因地因树而异。

5.3.4　黄果柑果园土壤管理

黄果柑果园土壤管理方法有清耕法、覆盖法、生草法、免耕法等。传统的耕作方法是清耕法，即果园终年保持土壤疏松无草的状态。清耕法的主要优点是：土壤保持疏松通气，故能促进土壤中微生物的繁殖和有机质的分解，短期内可显著增加土壤中有效养分的供给，促进黄果柑生长。但长期采用清耕法会使土壤有机质含量迅速减少，并使土壤结构受到破坏，而且花费的人工较多。

1. 深翻扩穴

幼树可在植穴外围挖半圆形沟或在植沟外挖长方形沟，分年深翻改土。成年果园根系已布满全园，为避免伤断大根、伤根过多，可在树冠外围进行条状沟或放射状深翻改土，深、宽为 0.6~1m，分层埋施绿肥等有机、无机肥料，可隔年或隔行或每株每年轮换位置深翻。

深耕时每株施堆肥 50~100kg、豆饼 0.5~1kg、过磷酸钙 0.5kg、石灰 0.5kg，余表土拌匀填入坑中层，心土堆置坑面并高出地面 10~15cm，以防渍水。

2. 间作

土壤每年约消耗 2%的有机质，及时补充有机质是维持和提高黄果柑果园地力的必要措施。幼龄黄果柑果园行间空地较多可间作。果园间作可形成生物群体，群体之间可互相依存，还可改善微域气候，有利于幼树生长，并可增加收入，提高土地利用率。

合理间作既充分利用冠能，增加土壤有机质，改良土壤理化性状，如间作大豆，除收获大豆以外，遗留在果园土壤中的根、叶，每亩可增加有机质约 17.5kg，利用间作物覆盖地面可抑制杂草生长，减少蒸发和水土流失，同时还有防风固沙的作用，缩小地面温度变化幅度，改善生态条件，有利于果树的生长发育。

在不影响黄果柑生长发育的前提下，可种植间作物，以低杆作物为宜，应具有生育期较短，适应性强，与黄果柑需水临界期错开并没有共同的病虫害，比较耐阴和收获较早等特性。为避免间作物所带来的不良影响，需根据黄果柑种植过程中的各个时间制定间作物的轮作制度。同时，加强树盘肥水管理，尤其是间作物与黄果柑竞争养分剧烈的时期，要及时施肥灌水。8～9 月干旱季节应选种蓄水较少的间作物。间作物与黄果柑保持一定的距离，尤其是播种多年生牧草更应注意，多年生牧草根系强大，应避免其根系与果树根系的交叉，加剧争肥争水的矛盾。

经济有效的办法是利用封行前的株行间生草种绿肥（表 5.9）。一般山地黄果柑果园土壤较贫瘠，有机质缺乏，冲刷严重，更应该生草种绿肥，改善土壤理化性质，提高土壤肥力，以园养园。绿肥覆盖地面，夏季可防止冲刷，降低土温，增加空气湿度并抑制杂草。在盐分高的黄果柑果园有机质吸水力强，能缓冲和淡化盐分。豆科绿肥能增加土壤含氮量，非豆科绿肥形成腐殖质较多，两者最好混播或轮作。一年生绿肥每年可轮作 2~3 次，多年生绿肥每年可割数次。

表 5.9 黄果柑果园绿肥对土壤理化性质的影响

处理	有机质/%	全氮/%	全磷/%	全钾/%	花期土壤水分/%	孔隙度/%	土壤空气/%	土壤容重/（g/cm^3）
绿肥	1.48	0.07	0.06	0.50	18.15	49.90	11.17	1.40
清耕	1.80	0.09	0.22	1.30	23.04	40.23	9.47	1.44

黄果柑果园可选种植山毛豆、印度豇豆、假花生、巴西苜蓿、柱花草等。同时，黄果柑果园还可以间种甘蓝、白菜、瓜类、大蒜、西瓜等，能适当遮阴，增加果园早期收益。间作前应反耕土壤，施足基肥，并保证与黄果柑有一定的距离。

3. 生草法

生草法是在黄果柑果园株行间进行间播种草，长到一定程度后割短翻压入土。目前，许多国家和地区广泛采用的果园土壤管理方法是生草法，即果园内适当栽培或保留一定数量的草。生草法结合树盘覆盖具有很多优点：果树行间生草能改善黄果柑果园生态环境，防止果树坐果期高温干旱落果；7 月以后将草覆盖树盘可在高温干旱季节降低地表温度 6~15℃，冬季可提高土温 1~3℃，同时还可以保护表土不被冲刷，夏季可起到防旱保水的作用。此外，结合秋、冬季施基肥将草翻压，还能增加土壤有机质，提高土壤有效养分的含量；可降低生产成本，达到以草治草、以草养园的目的。果园生草方式有人工种草和自然留草两种。

1）人工种草

人工种草选择的草种适应性强，植株矮小，生长速度快，鲜草量大，覆盖期长，容易繁殖管理，再生能力强，且能有效地抑制杂草发生。人工草种可选用百喜草、白三叶草、多花黑麦草和藿香蓟等，最好是豆科草种和禾本科草种混种。

（1）百喜草。禾本科雀稗属多年生草种，又称为巴哈雀稗，是首选的水土保持植物。百喜草适应性强，对土壤要求不严，最适宜于 pH 5.5~6.5 的沙质壤土生长。既耐高温干旱，也耐低温和水淹，能忍耐长期的高温伏旱，连续水淹 7~15d 仍能存活。由于其匍匐茎发达，故耐践踏。可分蘖繁殖，生草量大。它以匍匐茎越冬。完全覆盖后的百喜草草层，生态优势明显，可达到“制草免耕”的效果。

百喜草通常为早春播种，夏季播种则会受到杂草的严重危害，还会因旱季来临影响幼苗生长。百喜草种子很小，需要在耕作良好的土壤播种。由于其种子表面覆有一层蜡质，影响吸水发芽，故播种前需进行种子处理。播种深度 0.5~1.0cm，每亩播种量为 2kg，撒播每亩播种量 3~5kg。幼苗与杂草竞争力弱，必须注意控制杂草危害。植草当年的 6 月中旬和 7 月底，追肥一两次，每亩施纯氮 1.2~2.3kg，以促进幼苗生长发育。以后每年适量施用氮肥、磷肥和钾肥，可使草地维持高产。为减少杂草对幼苗的危害，可采用育苗移栽的方法。

移栽定植应在 5 月底以前完成。还可以采用无性繁殖方法：将匍匐茎挖起，用手将匍匐茎从茎节处捏断，使每段保持两三个分蘖枝，每穴栽插一段，覆土并压紧，浇水两三次即可成活，当年可以利用。

（2）白三叶草。又名白车轴草，属宿根性植物，为匍匐生长型的多年生牧草。喜阴凉、湿润的气候，最适生长温度为 16~25℃。利用年限为 8 年左右。喜光性较强，茎叶含氮量高，适合幼年果园种植。对土壤要求不高，耐贫瘠，最适排水良好、富含钙质及腐殖质的黏性土壤；对土壤 pH 的适应范围为 4.5~8.5。

白三叶草以春季和秋季播种最佳。春季在 3 月中下旬、气温稳定在 15℃以上时即可播种。秋播 8 月中旬至 9 月中下旬，播种前将果树行间杂草及杂物清除，翻后整平，将种子撒播于地表后轻耙即可，每亩播种量为 300~500g。苗期保持土壤湿润，补充少量氮肥，并及时清除杂草。生长期适当补施磷肥、钾肥，干旱时适时浇水。白三叶草更新的主要措施是刈割和翻压。白三叶草植株低矮，株高一般 30cm 左右，可于株高 20cm 左右时进行刈割。刈割时留茬不低于 5cm，以利再生。每年刈割 2~4 次，割下的草可就地覆盖。

（3）藿香蓟。又名白花草，湖南各地均有栽培。耐阴性较强，根系浅，其花粉是捕食螨的食料，栽种后使捕食螨增加，能控制果树红蜘蛛、黄蜘蛛危害。

2）自然留草

自然留草的草种可选用当地土生土长的杂草资源配套种植，最好选用生长容易，生草量大，矮秆、根浅，与果树无共同病虫害且有利于果树害虫天敌及微生物活动的杂草，如野艾蒿、马唐、狗尾草、空心莲子草和商陆等都可以自行繁殖。马唐与狗尾草是新建黄果柑果园的优选留草植物。

不论是人工种草还是自然留草的黄果柑果园，均应及时人工或用除草剂杀灭其他杂草。生草三五年后全园深翻 1 次，结合翻耕每亩黄果柑果园施用石灰 50~70kg，防止生草期长引起土壤板结。树盘下是根系分布最多的地方，不宜生草，应经常保持土壤疏松且无草的状态。

4. *覆盖法*

地面覆盖可防止土壤冲刷，夏季降低土温，冬季保温，又能保水，抑制杂草，增加有机质，使表土松软通气，保存养分，减少硝态氮流失，促进土壤微生物活动和表层根系生长。在黄果柑果园，0~20cm 的土层内覆盖比不覆盖的含水量增加 3.24%~6.39%，这是抗旱、降温、促进黄果柑生长的有效措施。

覆盖有全园覆盖（图 5.1）和树盘覆盖（图 5.2），常年覆盖和短期覆盖。黄果柑果园全园常年覆盖，可以减少土壤冲刷，常年不需中耕灌溉，可用绿肥、杂草、稻麦、玉米秆及落叶等。

5. *免耕法*

一些黄果柑果园土壤有机质含量丰富，可采用裸地免耕法结合除草剂灭草，完全不中耕。由于保持土壤原来结构，灌溉水、雨水容易透入，细根量较大，产量比中耕园高，且较省肥料和劳力。由于黄果柑种植区域降雨量大，采用免耕法效果较好。

图 5.1 全园覆盖图

5.2 树盘覆盖

不同免耕法的比较：绿肥间作区，土壤含水量最高，由于增加了土壤有机质，土壤物理性状良好，表土疏松易透水，产量高，但易发生果皮粗后松浮、着色较迟、果汁偏酸、糖分减少、风味变淡；化学除草不中耕区，地面半截，土壤含水量少；放任生草不中耕区，含水量也少，因杂草抢夺大量水分、养分，产量均低，品质较差；每年 6~8 次中耕区，土壤含水量少，断根严重，营养恶化，树势生长明显受阻而低产。

所以，最好实行绿肥和有限中耕相结合，或带状生草与覆草中耕结合，并轮换局部深耕，是土壤中腐殖质分布较深，增加土壤孔隙度，石灰和磷肥也能深施，改善土壤理化性状，促进根系群的生长。

6. 中耕除草

黄果柑大多种植在干热河谷地带，果园易生杂草，消耗土壤的养分和水分，同时，杂草又是病虫潜伏滋生的场所。中耕除草是保持果园土壤表面裸露的一种土壤管理法。及时中耕除草，既可以避免杂草与黄果柑争夺养分和水分，又可促进土壤通气，加速有机质的分解，消除病虫害潜伏滋生的场所。

通过中耕除草，疏松土壤，破坏了土壤毛细管作用，切断水分上升的渠道，可减少水分的蒸发，增加土壤保肥水的能力，同时，改善土壤通气状况，促进土壤微生物的活动，加速土壤有机质和无机营养的分解、转化，提高土壤养分的有效性。但是，由于土壤表面裸露，表土流失，过多地洗脱肥料养分，团粒结构易受破坏，久而久之，会引起各种缺素症，造成树势减退及生理障碍。

黄果柑果园凡是没有覆盖、间作的，每年一般都要进行 3~4 次的中耕除草。一般在采果后的春季和夏秋季进行，尤其是杂草滋生最快的夏秋季，勤中耕不仅限制了杂草的滋生，还有抗旱的作用。中耕深度宜 15~20cm，愈靠近树冠，中耕应愈浅，以免损伤大根。树冠交接、园地荫蔽不能间作的果园，耕作制度应以中耕休闲为主，保持土壤疏松。中耕可结合绿肥、杂草或堆肥、厩肥、渣肥等有机物的施用同时进行，以提高土壤有机质含量。

5.4 黄果柑园施肥

矿物营养是影响植物生长发育和产量形成的重要因素，但土壤中的养分一般难以满足植物的需要，施肥是补充和调理植物营养的重要措施。科学施肥能提高植物产量，改善品质，培肥地力，保护生态环境。

5.4.1　施肥的基本原理

1. *矿质营养学说*

1840 年，德国学者李比西（Justus von Liebig，1803—1873），在伦敦英国有机化学年会上发表了题为《化学在农业和生理学上的应用》的著名论文，提出了矿质营养学说，并否定了当时流行的腐殖质营养学说。他指出，腐殖质是在地球上有了植物以后才出现的，而不是在植物出现以前，因此植物的原始养分只能是矿物质。这就是矿质营养学说的主要论点。

2. *养分归还学说*

德国化学家李比西 1840 年提出养分归还学说。它包含三个方面的内容：一是随着作物的每次收获，必然要从土壤中带走一定量的养分，随着收获次数的增加，土壤中的养分含量会越来越少。二是若不及时归还由作物从土壤中拿走的养分，不但土壤肥力逐渐减少，而且产量也会越来越低。三是为了保持元素平衡和提高产量应该向土壤施入肥料。养分归还学说的中心思想是归还作物从土壤中取走的全部东西，其归还的主要方式是合理施肥。

3. *最小养分律*

所谓最小养分律（图 5.3）就是指土壤中对作物需要而言含量最小的养分，它是限制作物产量提高的主要因素，要想提高作物产量就必须施用含有最小养分的肥料。

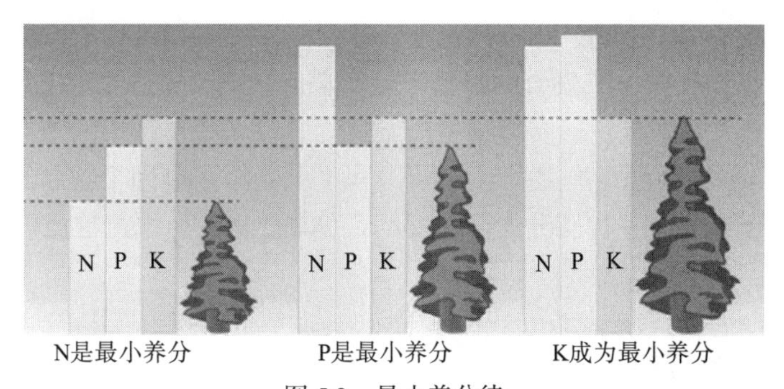

图 5.3　最小养分律

最小养分律包含四方面的内容：一是土壤中相对含量最少的养分影响着作物产量的维持与提高。二是最小养分是相对作物需要来说，土壤供应能力最差的某种养分，而不是绝对含量最少的养分。三是最小养分会随条件改变而变化。最小养分不是固定不变的，而是随施肥影响而处于动态变化之中，当土壤中的最小养分得到补充，满足作物生长对该养分的需求后，作物产量便会明显提高，原来的最小养分则让位于其他养分，后者则成为新的最小养分而限制作物产量的再提高。四是田间只有补施最小养分，才能提高产量。

最小养分律的实践意义有以下两个方面：一方面，施肥时要注意根据生产的发展不断发现和补充最小养分；另一方面还要注意不同肥料之间的合理配合。

4. 报酬递减律

施肥对产量的影响可以从两个方面来解释，一方面从施肥的年度分析，即开始施肥时产量递增，当增产到一定限度后，便开始递减，施用相同数量的肥料，所得报酬逐年减少，形成一个抛物线；另一方面是从单位肥料能形成的产量分析，每一单位肥料所得报酬，随着施肥量的递增报酬递减，也称肥料报酬递减律（图 5.4）。

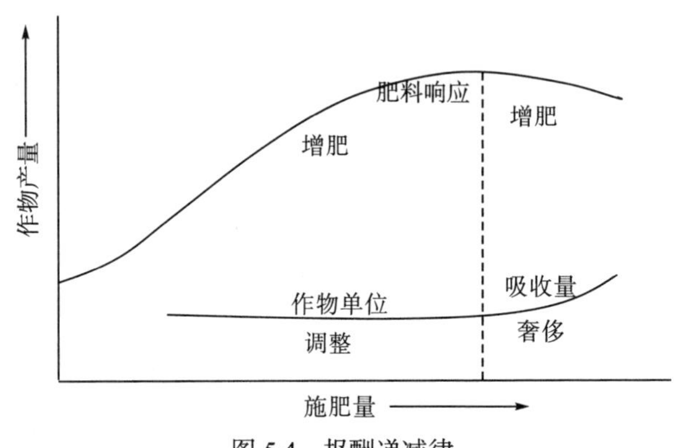

图 5.4 报酬递减律

肥料报酬递减律是不以人们意志为转移的客观规律，因此应该充分利用它，掌握施肥的度，从而避免盲目施肥。从思想上走出“施肥越多越增产”的误区。

5. 因子综合作用律

作物的生长发育是受到各因子（水、肥、气、热、光及栽培技术措施）影响的，只有在外界条件保证作物正常生长发育的前提下，才能充分发挥施肥的效果。因子综合作用律的中心意思就是：作物产量是影响作物生长发育的诸因子综合作用的结果，但其中必然有一个起主导作用的限制因子，作物产量在一定程度上受该限制因子的制约。所以施肥就与其他农业技术措施配合，各种肥分之间也要配合施用。例如，水能控肥，施肥与灌溉的配合就很重要。

5.4.2 肥料的种类与施用方法

1. 肥料的种类

黄果柑的生产依赖于土壤、肥料和水 3 个基本因素。没有适宜的土壤、肥料、水分，就没有茂盛生长的根、枝、叶，就没有高产量、高品质的果实。

肥料包括化学肥料和有机肥料，肥料在黄果柑产业发展过程中起着十分重要的作用，为了保证黄果柑产业能够持续、稳定、协调健康发展，施肥技术有待进一步提高。应长期坚持以有机肥为基础，有机肥和化肥相结合的综合肥料体系。有机肥料面广、量多、价廉、效好，是改土培肥的物质基础。在肥料施用方面，本着改进技术、调整比例、优化配方、提高效益的原则，向定量化、模式化、预报化、精准化方向发展。

1）有机肥

有机肥又称农家肥，主要指来自农村、城市可用做肥料的有机物。有机肥包括人畜粪尿、作物秸秆、绿肥和一些生活垃圾等。有机肥按其来源、特征和积制方式，可分为粪尿肥、堆沤肥、绿肥、杂肥。

（1）有机肥料的营养作用。有机肥含有作物生长发育所需的各种营养元素，如氮、磷、钾、钙、镁、硫和微量元素，同时含有较多的有机养分，主要包括含氮（蛋白质、氨基酸、酶、肽、酰胺、生物碱和某些维生素、生长素、色素等）和不含氮（水溶性碳水化合物、淀粉、纤维素、半纤维素、木质素、脂肪、树脂、单宁及有机酸、醇、醛和酚等）两类有机物及含磷有机化合物（核蛋白、磷脂、植酸、磷酸腺苷、核酸及其降解物）等。

（2）有机肥的改土作用。有机肥除了对作物有营养作用以外，还有培肥、改土的重要作用。有机肥料是耕地土壤有机质的主要来源，能增加和更新土壤有机质；适量的土壤有机质是作物高产、稳产、优质的必要条件，有机肥施入土壤后，经微生物分解、缩合成新的腐殖质，增加了阳离子交换量，改善土壤理化性状；同时，有机肥可为土壤微生物提供能量和营养物质，促进微生物的繁殖，增强呼吸作用及氨化、硝化作用，有机肥中含有大量的酶类（表 5.10），能增强土壤酶活性。

表 5.10 畜禽粪中酶的活性

种类	脱氢酶/[mg/(g・24h)]	转化酶/[mg/(g・48h)]	脲酶/[mg/(g・48h]	蛋白酶/[mg/(g・24h)]	磷酸酶/[mg/(g・h)]	ATP 酶/[mg/(100g・h)]
猪粪	12.4	166	7.5	15.8	2.5	281
牛粪	7.6	178	9.2	17.2	1.5	430
羊粪	8.2	74	3.8	11.8	1.4	158
鸡粪	10.5	78	5.6	10.9	1.6	166

2）化学肥料

（1）含义。化学肥料是指用化学方法制造或者开采矿石，经过加工制成的肥料，也称无机肥料，包括氮肥、磷肥、钾肥、微肥、复合肥料等，它们具有以下一些共同的特点：成分单纯，养分含量高；肥效快，肥劲猛；某些肥料有酸碱反应；一般不含有机质，无改土培肥的作用。化学肥料种类较多，性质和施用方法差异较大。化学肥料是农业生产中重要的生产资料，是现代农业的物质基础，在农业生产实践中，化学肥料消费量与粮食产量的变化有很好的相关趋势。化肥对提高作物产量，改善农产品品质有非常重要的作用。但是，如果施用方法欠妥或施用过量，不但造成肥料资源的巨大浪费，而且污染土壤和水环境。科学施肥要求掌握化学肥料的种类、性质、在土壤中的转化，及合理施用的原则。

（2）分类。根据化学性质可将化学肥料分为：

A. 理酸性肥料。在化学肥料的水溶液中牧草吸收肥料的阳离子过多，剩余的阴离子生成相应的酸类，使溶液变酸，大多数的铵盐和钾盐都属于这类肥料。

B. 理碱性肥料。如果牧草吸收利用的阴离子比吸收利用的阳离子快时，土壤溶液中阳离子过剩，生成相应的碱性化合物，使溶液变成碱性，如硝酸钙、硝酸镁等都属于碱性肥料。

C. 理中性肥料。牧草吸收阴离子与吸收阳离子的速度大致相等,土壤溶液呈中性反应，如硝酸钾、硝酸铵、尿素等。根据养分的成分可将化学肥料分为：氮肥、磷肥、钾肥、复合肥、微量元素等。根据用途可将化学肥料分为：基肥和追肥。

此外还可将化学肥料分为速效肥、缓效肥、长效肥；土壤用肥、叶面用肥等。

（3）肥料利用率偏低一直是果树产业施肥中存在的问题，当季氮肥利用率仅为 35%，磷肥的利用率仅为 10%~25%，磷肥利用率偏低不仅造成严重的资源浪费，还会使大量的磷素积累在土壤中，从而导致农田及环境污染。因此，提高化肥的利用率对农业的可持续发展和环境保护等均具有重要意义。

2. 肥料的施用方法

1）施肥量及施肥时期

黄果柑的合理施肥量，应以一定的单产为目标，需求最低肥料成本获得最高效益。片面追求单产而忽视品质和经济效益的施肥量也不可取的。

根据测土配方施肥试验结果，确定达到某一单产的适宜施肥量，是制订黄果柑施肥量的常用方法。黄果柑施肥量还根据养分平衡法计算，计算公式如下：黄果柑某元素施用量 =（黄果柑全年吸收养分－土壤供肥量）/肥料利用率。

由于施肥量受许多因素的影响，实际施肥量往往和理论推算值存在差异，当施肥量低于丰产园的实际施肥量时，树势就差，产量也随之下降。因此，应根据当地丰产园的施肥量进行调查分析而获得施肥量标准。

对于新建果园，成活初期 30d：清水与粪水或沼液的比例 4∶1，连续施 3 次，10d 一次；成活 40d 后：清水与粪水或沼液的比例 2∶1，连续施 2 次，15d 一次。成活 70d 后：清水与粪水或沼液的比例 1∶2，25kg 清水与粪水或沼液的混合液加尿素 0.5g、磷酸二氢钾 0.5g，30d 一次。

对幼树来说，施肥是在于促进其营养生长，迅速扩大树冠，为提早丰产打下良好的基础。因此，应根据幼树多次发梢和小树根幼嫩的特点，采取少量多次、薄施、勤施的方法。

（1）萌芽开花肥。由于黄果柑具有花果同树的特性，所以，萌芽开花肥即采果肥。

A. 施肥时间：为黄果柑采果后。

B. 施肥品种和施肥量：每株产果 50kg 及以上，施农家肥 50kg，生物菌肥 1kg，黄果柑专用肥 1.1kg，尿素 0.3kg；每株产果 25kg 左右，施农家肥 25kg，生物菌肥 0.5kg，黄果柑专用肥 0.6kg，尿素 0.2kg；初挂果树施农家肥 15kg，生物菌肥 0.3kg，黄果柑专用肥 0.25kg，尿素 0.1kg。

（2）壮果肥。

A. 施肥时间：7 月 5 日至 8 月 10 日。

B.施肥品种和施肥量：每株产果 50kg 及以上，施黄果柑专用肥 1.6kg，生物菌肥 1kg，油枯 1.5kg，高浓度钾肥 0.4kg，尿素 0.3kg；每株产果 25kg 左右，施黄果柑专用肥 0.7kg，生物菌肥 0.6kg，油枯 0.8kg，高浓度钾肥 0.3kg，尿素 0.2kg；初挂果树施黄果柑专用肥 0.25kg，生物菌肥 0.25kg，油枯 0.4kg，高浓度钾肥 0.1kg，尿素 0.1kg；对结果少的树可适当少施，以利于协调树势，稳定产量。

（3）转色肥。

A. 施肥时期。10 月 5 日至 11 月 10 日。

B. 施肥品种及施肥量：每株产果 50kg 及以上施黄果柑专用肥 1.4kg，油枯 1.5kg，稀土磷肥 2.25kg；每株产果 25kg 左右，施黄果柑专用肥 0.7kg，油枯 0.8kg，稀土磷肥 1.1kg；初挂果树施黄果柑专用肥 0.2kg，油枯 0.5kg，稀土磷肥 0.5kg。

2）施肥方法

施肥方式是影响根系吸收养分的重要因素，施肥方式不同，肥料在土壤中的移动和分布不同，黄果柑的大部分吸收根系分布在 20~40cm 土层，传统的柑橘施肥方法主要采用挖穴或挖沟施肥施肥深度 30~40cm（王秀茹等，2006）。氮肥撒施后在土壤中移动能力较强，磷肥容易被土壤固定难以移动，而钾肥介于二者之间（淳长品等，2013）。因此，含有氮磷钾的复合肥不宜撒施应以挖浅沟施。

黄果柑的施肥必须根据根系在土壤中的生长、分布及吸肥特性，将肥料施入适宜的位置才利于吸收利用。黄果柑根系分布大致与树冠对称，一般根系的水平分布超过树冠的 1~2 倍，垂直根多分布在 100cm 土层，根系主要集中在 20~40cm。由于根系有趋肥性，其生长方向常向施肥部位转移，所以施肥的部位，通常比根系集中分布的位置略深、略远，以诱导根系向深、广发展，扩大营养的吸收范围。

氮、磷和钾肥是黄果柑栽培中常施用的肥料，提高肥料利用率和减少氮、磷和钾肥损失，从而减少面源污染是生产上施肥追求的主要目标。有机肥料肥效长，通常用作基肥深施，化学肥料多为速效性肥料可做追肥浅施。施肥的方法不同，其效果也有差异。总的要求是将肥料施于细根集中分布的范围内，即树冠外缘滴水线处才能被充分利用。其施肥的方法有如下几种（图 5.5）。

（1）环状沟施肥：即在树冠外缘稍远处挖一条环状沟，沟宽 30~35cm、沟深 20~30cm，把肥料施入沟中与土壤混合覆土。

（2）放射状沟施肥：即在树冠下，距主干 1m 以外处，顺水平根生长方向放射状挖 5~8 条施肥沟，宽 30cm、深 30cm，长 50~100cm，将肥施入。为了减少大根被切断，应内浅外深，内窄外宽。用此法施肥面积广，多用于成年果树的施肥。应注意隔年或隔次更换施肥部位。

（3）穴状施肥：即在树冠外缘滴水线外，每隔 50cm 左右，环状挖穴 3~5 个，直径 30cm 左右，深 20~30cm，此法多用于追肥。

（4）半环状施肥：这种施肥方法与环状施肥相似，将环状中断为 3~4 沟宽 30~35cm、沟深 20~30cm 的施肥沟，将肥料施入。此法较环状施肥伤根较少，隔次更换施肥位置，可扩大施肥部位。

无论采取什么施肥方法都应根据果园和黄果柑树体具体情况正确应用，施肥还应注意方向和位置的轮换，使果园土壤肥力均匀。

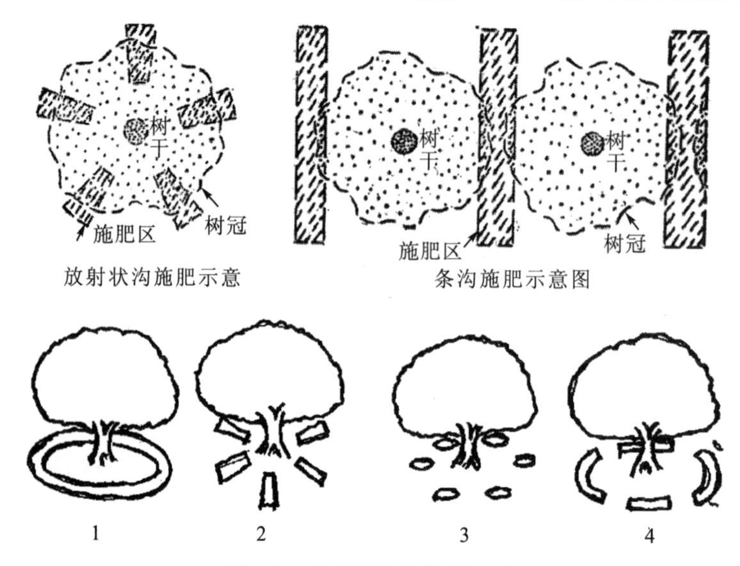

图 5.5 黄果柑几种施肥方法

（1）环状沟施肥；（2）放射状沟施肥；（3）穴状施肥；（4）半环状施肥

3. 根外追肥

植物主要通过根系吸收养分，但也可通过叶片吸收少量养分，一般不超过植物吸收养分总量的 5%。溶于水中的营养物质喷施叶面后，主要通过气孔，也可通过湿润的外侧角质层裂缝进入细胞内。根外追肥又称叶面施肥，是将水溶性肥料或生物性物质的低浓度溶液喷洒在生长中的作物叶上的一种施肥方法，根外追肥也是黄果柑采用较为普遍的一种施肥方式。

1）叶面肥的作用

叶面施肥在柑橘生产上早已广泛应用，在生长季对柑橘进行叶面施肥，养分或营养元素可以直接通过叶片气孔扩散或角质层渗透等方式被吸收到柑橘树体内（徐莉莉等，2011），直接参与树体的代谢和有机物的合成，迅速促进柑橘树体各器官的生长发育（马文涛和攀卫国，2014）。

黄果柑生长后期，当根系从土壤中吸收养分的能力减弱时或难以进行土壤追肥时，根外追肥能及时补充黄果柑植株养分；根外追肥能避免肥料土施后土壤对某些养分（如某些微量元素）所产生的不良影响，及时矫正黄果柑缺素症；在黄果柑快速膨大期，树体内代谢过程增强时，根外追肥能提高黄果柑的总体机能；根外追肥可以与病虫害防治或化学除草相结合，药、肥混用，但混合不致产生沉淀时才可混用，否则会影响肥效或药效。根外施肥方法简单，肥料利用率高，肥效快，易快速被植株吸收，生产上广泛用于保花保果、促进花芽分化和缺素症矫治等。用于根外施肥的肥料要求易溶于水，能被黄果柑叶片迅速吸收。

氮、磷、钾肥是柑橘叶片可以直接吸收的营养元素，其中氮和磷直接参与光合代谢和叶绿素的合成及叶片中光合产物的转化，钾元素对叶片气孔的调节和光合产物的运输具有重要作用（徐立祥等，2010），因此，这些营养元素对柑橘的光合生理特性具有重要的影响。

叶面混合喷施氮、磷、钾肥能够迅速提高植物的叶绿素（*Chl*）、净光合速率（*Pn*）、蒸腾速率（*Tr*）和气孔导度（*Gs*），同时降低叶片的胞间 CO_2 浓度（*Ci*），同时，喷施氮、磷、钾元素比单独或仅 2 种元素混合喷施对光合作用的生理响应更大。氮与植物叶片净光合速率有着明显的正相关关系，叶片氮元素促进类囊体蛋白和叶绿素的合成，进而促进光合作用；磷是植物光合磷酸化作用过程中重要的元素，也是光合产物合成与代谢联系最紧密的元素之一（徐立祥等，2010）；钾对植物叶片气孔的调节及光合产物的运转具有重要作用（徐立祥等，2010）。

2）黄果柑根外追肥的技术要点

（1）肥料品种应适宜。尿素、磷酸二氢钾、过磷酸钙、硝酸钾、硫酸钾、硫酸铵、草木灰浸出液及一些微量元素肥料（如含腐植酸水溶肥料“生命素”）等用作根外追肥效果较好，而含氯离子、易挥发及难溶性肥料如碳铵、氯化铵，钙、镁、磷等不宜选用。

（2）喷洒浓度适当。根外追肥的适宜浓度为：一般大量元素肥料的浓度范围在 0.3%~1.0%，尿素为 0.3%~0.5%（其中缩二脲含量不能超过 0.25%）；磷酸二氢钾为 0.3%~0.5%；硝酸钾为 0.2%~0.4%；硫酸钾为 0.5%；硫酸铵为 0.3%；过磷酸钙为 1%~2%；硼砂为 0.1%~0.2%；草木灰为 3%~4%；硫酸锌为 0.1%~0.5%；磷酸铵为 0.5%~1.0%；生命素为 500~600 倍液。根外追肥浓度不宜过高，不然会造成黄果柑叶尖黄化，缩短叶寿命，提早落叶。微量元素肥料的浓度范围是 0.01%~0.3%，含钼元素肥料的浓度应偏低，铁、锌、硼元素肥料的浓度应稍高一点。一般情况下浓度不得随意加大，以免造成肥害。

（3）喷洒液量要充分。具体根据黄果柑关键物候期来确定，以肥液将要从叶面上流下但又未流下时最好。一般亩用肥液 50~75kg。

（4）喷洒次数不可过少。即使喷洒 1%的尿素液，其亩用量不过 2kg 尿素。此量比作物需求量低得多，因此需连续喷 2~3 次，间隔期 7~10d。

（5）要选好喷肥时间。施用效果取决于多种环境因素，特别是气候、风速和溶液持留在叶面的时间。因此，根外追肥喷施的时间一般以阴天或早晚效果较好，切忌在烈日的中午和下雨天进行，保证叶片湿润 30~60min。

（6）在作物关键期喷洒。根据黄果柑的品种特性，应在关键物候期进行相关叶面肥的喷施，方能达到相应的效果，喷施部位要得当，肥液应重点喷布于黄果柑幼嫩茎叶上，两面都喷，并以正面为主。

（7）注意合理混用。将肥料和农药混用可提高功效。应注意的是，不能将碱性和酸性及会发生反应的肥料农药混用。

（8）肥液喷洒要均匀。肥液要充分搅拌，喷洒要均匀，不能漏喷，也不能在同一喷施过程中重复喷洒。

（9）要添加活性剂。肥料中加入少量活性剂（如中性肥皂、洗衣粉等），可以降低肥液的表面张力，增加肥液与叶片的接触面积，提高喷施效果。

5.4.3　平衡施肥与专家系统

1. 平衡施肥

平衡施肥，即配方施肥，是依据作物需肥规律、土壤供肥特性与肥料效应，在施用有机肥的基础上，合理确定氮、磷、钾和中微量元素的适宜用量和比例，并采用相应科学施用方法的施肥技术。

1）技术发展

化肥施用技术的发展，经历了由施用单一元素肥料到多元素肥料配合施用、由经验配方施肥到测土配方施肥的技术进步过程。施量过少，达不到应有的增产效果；施肥过量，不仅是浪费，还污染土壤。肥料元素之间也互相影响，例如，磷肥不足，影响氮的肥效；钾肥施用过量，容易导致缺锌。

平衡施肥技术，就是测土配方施肥，国际上通称平衡施肥，是综合运用现代农业科技成果。一是测土，取土样测定土壤养分含量；二是配方，经过对土壤的养分诊断，按照黄果柑对营养元素的需要“开出药方、按方配药”；三是合理施肥，就是在农业科技人员指导下科学施用配方肥。

2）施肥体系

一是有机肥料与无机肥料的配合，可以缓急相济、扬长避短、相互补充，既可及时满足黄果柑生长发育对养分的需要，提高化肥利用率，降低生产成本，增产增收，又能促进微生物活动，改善树体营养条件，保持和提高土壤肥力水平。二是无机肥料中氮、磷、钾肥和中微量元素的相互配合，将肥料三要素配比合理，防止偏施某一种肥料，出现施肥效果差，甚至产生副作用的现象。

3）肥料施用

平衡施肥在根据土壤条件和作物的营养特点选好肥料种类、最适宜用量和配比的基础上，还要考虑配方的实施。即肥料在各个生育期内的适宜用量和分配比例，发挥肥料最大利用率。不同营养元素，施肥方式不同。氮肥：在施肥上应强调基肥和追肥两种方，其中总用量的30%~40%作基肥，60%~70%在生长发育期间作追肥。磷肥：当季作物的磷肥作基肥，一次集中施用，轮作要把磷肥分配到对磷最敏感的作物上。钾肥：当季作物施用钾，一般宜全部作基肥，尽量早施，重施基肥。

2. 专家系统

农业专家系统（agricultural expert system，AES）是把专家系统技术应用于农业领域的一项高新技术，它是应用人工智能知识工程的知识表示、推理及知识获取等技术，总结和汇集农业领域的知识和技术、农业专家长期积累的大量宝贵经验，及通过试验获得的各种资料数据及数学模型等，模拟领域专家的决策过程，建造的各种农业智能计算机软件系统。施肥专家系统是农业专家系统在农业生产中一个方面的应用。对于在长期生产实践中积累了大量的施肥知识，运用施肥专家系统可以在贮存和保护这些宝贵知识的同时，也使之在生产实践中发挥更大的作用。在一定程度上，施肥专家系统可以代替农业专家指导农民科学合理施肥。因此，建立施肥专家系统对指导农业生产有着重大意义。

1）施肥专家系统在黄果柑生产管理中的应用价值

提高农民科学施肥意识，指导农业生产，提高农业综合生产能力；提高肥料利用率、减少肥料浪费，降低生产成本；保护农业生态环境，保证农产品质量安全；对促进实现农业可持续发展有一定的影响。

2）国内外应用的施肥方法

在长期的农作物推荐施肥研究和实践中，产生了多达 60 种施肥模型，分属肥料效应函数法、测土施肥法和营养诊断法三大系统。可以概括总结为三类六法，并且各种方法均有其不足之处。

（1）地力分区（或级）配方法。每种配方只能适应于生产水平差异较小的地区，而且依赖于一般经验较多，对具体田块来说针对性不强。

（2）目标产量配方法。

A. 养分平衡法。土壤养分校正系数变异大，故土壤供肥量难以估算准确。

B. 地力差减法。难以反映营养丰缺，土壤供肥量不是真实施肥区的。

（3）肥料效应函数法。

A. 多因子正交回归设计法。有空间局限性、模型中没有土壤和肥料因素，难以实现测土按地施肥目的。

B. 养分丰缺指标法。半定量，并建立在土壤养分测定值与产量相关性基础上，不适合氮。

C. 氮、磷、钾比例法。作物吸收养分的比例和应施肥的比例不同，难以反映真实的缺素情况。

测土施肥法主要对农户提出施肥量建议的微观指导功能，肥料效应函数法主要起到区域间肥料合理分配的宏观调控功能，二者相辅成配方施肥的主要方法；农作物营养诊断则是在定肥定量基础上作为合理施用肥料的辅助手段；从现阶段情况看，肥料效应函数法和测土施肥法有相互渗透的趋势，以求各自能统一担负起配方施肥的宏观调控和微观指导的双重任务；测土与营养诊断双向监测可使黄果柑配方施肥更为精确。

5.5 黄果柑园灌溉与排水

不同果树对水分的需要量不同，一般可根据蒸腾系数的大小来估计果树植株对水分的需要量，即以果树的生物产量乘以蒸腾系数作为理论最低需水量。但实际应用时，还应考虑土壤保水能力的大小、降雨量的多少及生态需水等。黄果柑对水分的需要量较大，要满足黄果柑对水分的需要，除做好水土保持、中耕除草等促水工作外，及时灌溉是解决水分不足的重要措施。在春、夏、秋季如出现干旱，影响抽梢、坐果、花芽分化时都应灌水。灌水量的多少应根据树冠大小，结果多少，土壤性质和干旱期的长短来定。

黄果柑是否需要灌溉可依据气候特点、土壤墒情、作物的形态、生理性状和指标加以判断。

（1）土壤指标。一般来说，适宜黄果柑正常生长发育的根系活动层，其土壤含水量为田间持水量的 60%~80%，如果低于此含水量时，应及时进行灌溉。土壤含水量对灌溉有一定的参考价值，但是由于灌溉的对象是黄果柑，而不是土壤，所以最好应以果树本身的情况作为灌溉的直接依据。

（2）形态指标。根据黄果柑在干旱条件下外部形态发生的变化来确定是否进行灌溉。

黄果柑缺水的形态表现为，幼嫩的茎叶在中午前后易发生萎蔫；生长速度下降；叶、茎颜色由于生长缓慢，叶绿素浓度相对增大，而呈暗绿色。从缺水到引起作物形态变化有一个滞后期，当形态上出现上述缺水症状时，生理上已经受到一定程度的伤害了。

（3）生理指标。生理指标可以比形态指标更及时、更灵敏地反映黄果柑植株的水分状况。黄果柑叶片的细胞汁液浓度、渗透势、水势和气孔开度等均可作为灌溉的生理指标。黄果柑在缺水时，叶片是反映黄果柑生理变化最敏感的部位，叶片水势下降，细胞汁液浓度升高，溶质势下降，气孔开度减小，甚至关闭。当有关生理指标达到临界值时，就应及时进行灌溉。

5.5.1 黄果柑果园干旱

旱季到来之前采取保水防旱措施，能提高土壤蓄水保水能力，减少灌溉次数及用水量，对于无灌溉条件或者灌水量不足的黄果柑果园尤其重要。土壤覆盖能防止土壤水分蒸发，同时在灌溉和下雨时能增加水分渗透深度。覆盖物可就地取材，一般多采用稻草、绿肥、杂草及其他作物茎秆，也可利用谷壳、木屑、树皮、树叶等进行覆盖，覆盖厚度依材料而定，10~20cm，并在覆盖物上再盖一层薄薄细土。如在覆盖的基础上适时挑水抗旱，效果更佳；将保水材料（稻草、绿肥、杂草、谷壳、木屑、树皮、树叶等）与根系附近土壤混合也可达到保水目的；此外，挖穴埋草也有明显的保水效果，挖穴埋草是在树冠周围挖3~4 个深、宽各 30~40cm 的穴，填入稻草或杂草，上面覆土。此法蓄水、保水效果较好，久旱雨后裂果率明显降低，并且对增加土壤容重，改善土壤结构有重要作用。

5.5.2 黄果柑果园涝害

1. 涝害的主要原因

首先，是因为下雨导致根部呼吸不畅，根部沤腐；其次，是因为部分黄果柑果园常年使用不合格肥料和激素类肥料，抗灾能力很弱，一碰到天灾，马上显现效果；最后，长期的土壤板结，真正的有机肥使用较少，多使用廉价的颗粒状、低有机质、杂质含量多的劣质有机肥导致根部土壤板结，透气性差，树体本身营养不良，处于超负荷运转，一有导火线就导致树体坏死。

2. 强化果园管理，及时修复受损果园

1）及时排水

清除积水，及时松土。及时排涝，排除园区洪水。应彻底清沟排出黄果柑果园四周及园内渍水，降低水位，防止渍水烂根造成树体死亡。当园土稍干现白后，进行 1 次 10cm 左右深的浅耕，以利园土通气促进根系迅速恢复生长。河谷、水田、江边，地势低平黄果柑园，建园时必须建立完整的排水系统，开筑大小沟渠。园内隔行开深沟，小沟通大沟，大沟通河流。深沟有利于降低水位和加速雨天排水，隔行深沟深度为 68~80cm，围沟深1m，每年需要进行维修，以防倒塌或淤塞。

2）加大有机肥的使用

有机肥所含营养元素比较全面，除含主要元素外还含许多生理活性物质，包括激素、维生素、氨基酸、葡萄糖、DNA、RNA、酶等，故称完全肥料。多数有机肥需要通过微生物的分解释放才能被黄果柑根系所吸收，故也称迟效性肥料，多做基肥使用。

黄果柑基础产量与土壤有机质含量之间关系密切，果园土壤有机质含量高，黄果柑基础产量也高，反之则相对较低。自古以来就把有机肥当做园艺作物的特效肥料，施用之后果树生长良好，产量稳定，果实品质（风味、色泽、储藏性）亦好。

3）追肥促根

在受涝严重的黄果柑园，发现枯枝落叶，生长衰弱的树，可进行修剪，剪除弱枝、枯枝，并增腐熟的骨粉、厩肥、过磷酸钙和焦泥灰，采取勤施薄施的方法，避免施肥浓度过高继续伤根，以促生新根恢复树势。同时，用 0.1%~0.2%尿素或 0.1%磷酸二氢钾溶液，每 3~4d 喷 1 次，树势衰弱的可多喷，1~2 次。

4）根外追肥

由于涝害使根系受到损伤，植株吸肥能力减弱，宜在防治病虫害时加 0.3%尿素或 0.3%磷酸二氢钾溶液，每隔 10d 喷施 1 次，连续 2~3 次。树势弱的可每 3~4d 喷 1 次，以补足营养恢复生长。

5）适度修剪减少叶片的蒸发

对落叶严重、烂根的树，应回缩修剪多年生枝，全面剪除病枯死枝，以利树势尽快恢复。受害轻的柑橘树宜轻，剪除枯枝、病虫枝、交叉枝、密生枝、纤弱枝、下垂枝和无用徒长枝等。对严重受害树体应及时剪枝，但不宜重剪、去果和去叶，以减少水分蒸发；扒开树冠下的土壤，进行晾根，以加快土壤中水分的蒸发，待 1~3d 后，天气晴好时再覆土。

进行修剪，疏除弱枝、徒长枝及密生发育枝，改善通风透光条件，集中树体营养，以减少营养消耗。植保防治以保叶为主，尽快促使树势恢复。

6）树干涂白

对因涝害引起落叶而暴露枝、干的黄果柑果树，为防日灼病发生，宜用 1∶10 的石灰水涂干，并用稻草等秸秆进行包扎，以保护树体。

7）防治病虫

受涝害的黄果柑树，其抗病能力明显下降，要注意防治柑橘急性炭疽病、树脂病等病害和螨类、天牛、蚜虫等虫害。结合根外追肥喷施 70%甲基托布津 700~800 倍液或多菌灵 500~700 倍液 1~2 次，可有效防止病害的发生。要用 40%多菌灵悬浮剂 600 倍液或 70%甲基托布津可湿性粉剂 600 倍液等全面喷洒橘园防止急性炭疽病发生；或用叶青双 600 倍液等药剂喷洒甜橙类易感病品种的树体预防溃疡病的发生。

5.5.3　合理灌溉的理论基础

合理灌溉是农作物正常生长发育并获得高产的重要保证。合理灌溉的基本原则是用最少量的水取得最大的效果。我国水资源总量并不算少，但人均水资源量仅是世界平均数的 26%，而灌溉用水量偏多又是存在多年的一个突出问题。因此节约用水，合理灌溉，发展节水农业，是一个带有战略性的问题。要做到这些，深入了解作物需水规律，掌握合理灌溉的时期、指标和方法，实行科学供水是非常重要的。

1. 不同物候期对水分的需要量不同

黄果柑在不同物候期对水分的需要量也有很大差别。石棉黄果柑需水的关键时期：从产量及品质考虑需水关键时期，开花期、幼果期及壮果期。萌芽期和开花期（2~4 月）需水规律：占全年需水量的 15%。幼果期（5~6 月）需水规律：占全年需水量的 24%。壮果期（7~9 月）需水规律：占全年需水量的 42%。果实成熟期（10 月至翌年 2 月）需水规律：占全年需水量的 19%。

黄果柑萌芽期和开花期灌水：2~4 月，占全年灌水量的 15%，2 月 10 日前灌 1 次水，丰产树灌水量每株 40kg，初挂果树灌水量每株 25kg，采果后灌 1 次水，丰产树灌水量每株 50kg，初挂果树灌水量每株 30kg，幼树半个月 1 次。

黄果柑幼果期灌水：5~6 月，占全年灌水量的 34%，5 月 10 日左右灌 1 次水，丰产树灌水量每株 60kg，初挂果树灌水量每株 30kg，6 月 20 日左右灌 1 次水，丰产树灌水量每株 60kg，初挂果树灌水量每株 30kg，幼树半个月 1 次。

黄果柑壮果期灌水：7~9 月，占全年灌水量的 19%，大多数时间不需灌水，如遇特别干旱，适量灌水。

黄果柑成熟期灌水：10~12 月，占全年灌水量的 32%，11 月 10 日左右灌 1 次水，丰产树灌水量每株 60kg，初挂果树灌水量每株 30kg，12 月 20 左右灌 1 次水，丰产树灌水量每株 60kg，初挂果树灌水量每株 30kg，幼树每个月灌水 1 次。

2. 黄果柑的水分临界期

水分临界期（critical period of water）是指植物在生命周期中，对水分缺乏最敏感、最易受害的时期。由于水分临界期缺水对产量影响很大，应确保农作物水分临界期的水分供应。植物的水分临界期不一定是植物需求量最多时期，各种作物需水的临界期不同，但多处于花粉母细胞四分体形成期，即营养生长即将进入生殖生长时期，这个时期一旦缺水，就使性器官发育不正常。因此，一般作物的水分临界期与花芽分化的旺盛时期相联系。

黄果柑是以果实为收获对象的多年生植物，其水分临界期在果实快速膨大时期。

5.5.4 节水灌溉与灌溉施肥

1. 节水灌溉

节水灌溉（water saving irrigation，WSI）：是根据作物需水规律及当地供水条件，为了有效地利用降水和灌溉水，获取农业的最佳经济效益、社会效益、生态环境而采取的多种措施的总称。

发展节水灌溉对于黄果柑产业的健康发展具有重要的现实意义，节约灌溉用水，改变传统的用水、管水方法，促进农田水利科学技术进步，提高灌溉的科技含量，减轻劳动强度。同时，所节省出的水用于工业和城镇生活，缓解用水供需矛盾，有利于国民经济快速、健康、持续的发展；有利于促进人们在用水方面的思想观念更新，提高用水管理水平。

目前，黄果柑产区采用的主要节水灌溉技术包括：

1）节水工程技术

渠道防渗技术；低压管道输水技术；喷灌与微灌技术；地面灌溉改进技术。

2）节水农业技术

耕作保墒技术；覆盖保墒技术；培肥改土与土肥耦合技术；节水生化制剂实用技术；抗旱品种选育。

3）节水灌溉管理技术

制度管理；制定节水灌溉制度；采用先进的水分监测、控制设备和计算机技术。

4）节水灌溉方法

在进行灌溉时，应本着节约用水，科学用水的原则，不断改善灌溉设施，改进灌溉方法，以解决黄果柑产地灌溉用水偏大和灌溉效益不高的问题。节水灌水方法有穴灌、喷灌、滴灌、浇灌等方法，主要采取喷灌、浇灌方法。

（1）漫灌（wild flooding irrigation）：是我国目前应用最为广泛的灌溉方法，它的最大缺点是造成水资源的浪费，还会造成土壤冲刷，肥力流失，土地盐碱化等诸多弊端。近些年来，喷、滴灌技术的研究应用已遍及全国。

（2）喷灌（spray irrigation）：是借助动力设备把水喷到空中成水滴降落到植物和土壤上。这种方法既可解除大气干旱和土壤干旱，保持土壤团粒结构，防止土壤盐碱化，又可节约用水。

（3）滴灌（drip irrigation）：是通过埋入地下或设置于地面的塑料管网络，将水分输送到作物根系周围，水分（也可添加营养物质）从管上的小孔缓慢地滴出，让作物根系经常处于保持在良好的水分、空气、营养状态下。滴灌不仅提高了当地地表水和地下水的利用率，比较充分地取用了灌溉回归水，而且解决了灌区土壤次生盐渍化的防治问题。因地制宜地选择科学的灌溉方法，平均年用水量可减少 1/3 左右，并且为黄果柑生长提供了良好的生态环境。

2. 灌溉施肥技术

灌溉施肥技术是现代集约化灌溉农业的一个关键因素，它起源于无土栽培（也称营养液栽培）的发展。在古代，人们就已将这项技术应用在古巴比伦著名的空中花园和中美洲阿兹特克斯的水上花园。事实上，巴比伦的空中花园就是一个复杂的泵式水培系统，它利用富含氧气和养分的水来灌溉。在阿兹特克斯的水上花园，人们在漂浮的木筏上种植蔬菜、花卉甚至树木，这些植物的根系可穿过木筏在水中生长。

农业在追求作物的最高产量、最佳品质和最低生产成本的同时也要保持可持续发展。实现这个目标的前提是要有一个最优且平衡的水分和养分的供应。环境、土地和水资源的保护也是我们需考虑的另一个重要方面。通常要根据作物对养分的需求来供应养分。

灌溉施肥技术，一种将水肥供应通过灌溉结合起来的现代农业技术，不仅可实现产量的最大化，同时它对环境所产生的污染也达到最小。

在半干旱和干旱气候条件下，有时甚至在湿润的气候条件下，最佳的供水状况取决于灌溉方式。在大部分情况下，供水是通过明渠、漫灌和沟灌来实现的。这些方法的水利用效率是相当低的，一般有 1/3~1/2 的带有营养元素的灌溉水不能被作物利用。在加压灌溉系统中，水的利用率可达 70%~95%，这种灌溉系统可以很好地控制水分和养分的供应并使水的损失最小化。使用加压灌溉的主要制约因素是最初的资金投入、维护费用和使用该系统所必需的专业知识。滴灌可能是一种最有效的供水方法，它对根区进行局部供水。局部供水导致根系生长受限制，因此需要频繁补充养分满足生长所需。将养分加入灌溉水中则可满足这个需求。

应用灌溉施肥技术，可以方便地控制灌溉时间、肥料用量、养分浓度和营养元素间的比例。由于上述因素的合理控制，作物产量较利用单一施肥和灌溉方法显著提高。当然产量的提高不单是因为采用灌溉施肥技术，同时还由于其他农业技术及作物管理方式的改进。

灌溉施肥技术可以在任何一种灌溉形式下进行。然而在田间漫灌方式下施肥，养分的分配很不均衡。在加压灌溉系统下，特别是在微灌系统下，灌溉施肥技术被认为是作物养分管理的一个主要部分，因为在这些灌溉系统下会导致局部湿润土壤中黄果柑根系的密集生长，而灌溉施肥技术是确保黄果柑树体营养达到最佳状态的必要手段。

通过灌溉施肥技术将养分和水分的供应结合起来，可避免养分向黄果柑根系分布区以下土层淋失，从而减少对地下水的污染。此外，通过采用灌溉施肥技术，可以在贫瘠的、土层很薄的土壤和惰性介质中种植黄果柑并获得最大增产潜力。

在渗灌（即通过地表滴灌）系统中，灌溉施肥技术的优势更为明显。它可以减少水分蒸发，增加湿润土壤的体积和促进黄果柑树体根系向深层生长。此外，通过渗灌系统施肥还可将由硝酸盐产生的农业面源污染降到最低。

总而言之，灌溉施肥技术是农业灌溉系统，特别是微灌系统的一个必要组成部分，因为这些灌溉系统中根系生长会受水分供应的限制。在湿润的环境条件下，黄果柑根系在土壤中的分布范围较大，但此时利用灌溉施肥技术仍具有明显长处，因为灌溉施肥技术是使一些养分对环境污染达到最低限度的最好方法。

参考文献

淳长品，彭良志，凌丽俐，等. 2013. 撒施复合肥柑橘园土层剖面中氮磷钾分布特征. 果树学报, 30(3): 416-420.

樊卫国，葛会敏. 2015.不同形态及配比的氮肥对枳砧脐橙幼树生长及氮素吸收利用的影响. 中国农业科学, 48(13):2666-2675.

黄成能，卢晓鹏，李静，等. 2013. 柑橘氮素营养生理研究进展. 湖南农业科学, (15): 76-79.

黄建国. 2003.植物营养学.北京：中国林业出版社：140-163.

李宝珍,范晓荣,徐国华. 2009. 植物吸收利用铵态氮和硝态氮的分子调控. 植物生理学通讯, (1)：84.

李合生. 2002.现代植物生理学. 北京：高等教育出版社.

李建，施清，曾文献. 1998.福建柑橘园营养施肥状况及其施肥改进建议. 果树科学, 15(2):145-149.

李文庆,张民,束怀瑞. 2002.氮素在果树上的生理作用. 山东农业大学学报（自然科学版）, 33（1）：96-100.

李先信，黄国林，陈宏英，等. 2007. 不同形态氮素及其配比对脐橙生长和叶片矿质元素含量的影响.湖南农业大学学报：自然科学版, 33(5): 622-625.

李振轮，王成秋，王柱良,等. 2001.柑橘生长与土壤环境. 中国南方果树, 30(3):17-21.

梁成华，魏丽萍，罗磊. 2002.土壤固钾与释钾机制研究进展. 地球科学进展, 17(5):679-684.

廖炜,李先信,阳志慧,等. 2010. 氮磷肥对柑橘的影响研究进展. 湖南农业科学, (12): 34-35.

凌丽俐,彭良志,淳长品，等. 2012. 赣南脐橙叶片营养状况对果实品质的影响. 植物营养与肥料学报, 18(4): 947-954.

刘俊英,王文颖,陈开华,等. 2010. 土壤有机氮研究进展. 安徽农业科学, 38（8）：4148-4150,4155.

刘运武. 1995.温州蜜柑施磷效应研究. 中国柑橘, 24(3):3-6.

刘运武. 1998.温州蜜柑氮素营养特性的研究. 中国南方果树, 27(3): 16-17.

马文涛, 樊卫国. 2014. 纽荷尔脐橙叶片喷施氮磷钾肥的光合响应. 西南农业学报, 27(1):188-191.

史典义,刘忠香,金危危. 2009. 植物叶绿素合成分解代谢及信号调控. 遗传, 31(7)：698-704.

王建红, 王化新, 张仲良. 1996.不同施肥方式下温州蜜柑对磷素的利用特征. 核农学通报, 17(6):278-280.

王仁玑,庄伊美,陈丽旋, 等. 1992.甜橙叶片营养元素适宜含量的研究. 亚热带植物通讯, 21（1）：11-19.

王文颖,刘俊英. 2009.植物吸收利用有机氮营养研究进展. 应用生态学报, 20（5）：1223-1228.

王秀茹,薛进军,杨青芹，等. 2006.苹果不同施肥方式对铁的吸收运输与分配的影响. 园艺学报 33(3):597-600.

王振宙, 王改兰, 张亮，等. 2011.长期施肥土壤钾有效性与腐殖质组分相关性研究. 山西农业大学学报(自然科学版), 31(3):200-204.

肖家欣, 严翔, 彭抒昂, 等. 2007. 脐橙果实和叶片发育中磷硫动态的研究. 安徽师范大学学报, 30(1):60-83.

谢深喜. 2006.水分胁迫下柑橘超微结构及生理特性研究. 长沙：湖南农业大学硕士学位论文.

谢永红, 丁志祥, 欧毅, 等. 2005. 柑橘果实糖份积累与代谢研究进展. 西南园艺, 5(33): 46-48.

徐莉莉,姜卫兵,韩健，等. 2011.初夏叶面喷施 KH_2PO_4 和蔗糖对红叶桃叶片色素变化及净光合速率的影响. 林业科学, 47(3): 170-174.

徐立祥,唐雪东,刘晓嘉. 2010. 根外施钾对 K9 苹果树光合速率的影响研究. 北方园艺 (4): 23-26.

徐立祥,唐雪东,刘晓嘉. 2010. 叶面喷施磷钾肥对紫叶矮樱净光合速率的影响.北方园艺, (4): 23-26.

徐晓燕, 马毅杰, 张瑞平, 等. 2005. 外源钾对三种不同土壤钾转化影响的研究. 土壤通报, 36(1):58-61.

杨生权. 2008.土壤和叶片养分状况对柑橘产量和品质的影响. 重庆：西南大学硕士学位论文.

张超. 2010.腐植酸缓释钾肥对甘薯钾素吸收利用的影响.青岛：山东农业大学硕士学位论文.

张冬强, 唐子立, 杨勇, 等. 2012. 用于监测柑橘叶片冻害的叶绿素含量光谱反射模型研究.农业环境科学学报, 10：1891-1896.

赵智中,张上隆,刘拴桃，等. 2003. 高氮处理对温州蜜柑果实糖积累的影响. 核农学报, 17(2): 119-122.

庄伊美, 等. 1984.蕉柑叶片与土壤常量元素含量年周期变化的研究. 福建农学院学报, 13(1):15-21.

祖艳群, 林克惠. 2000.氮钾营养的交互作用及其对作物产量和品质的影响. 土壤肥料, (2):3-7.

Bataung M,Xian JZ,Guo ZY,et al. 2012.Review：nitrogen assimila tion in crop plants and its affecting factors. Plant Sci,(92)：399-405.

Bondada BR,Syvertsen JP. 2003.Leaf chlorophyll,net gas exchange and chloroplast ultrastructure in citrus leaves of different nitrogen status. Tree Physiol, 23（8）：553-559.

Doughts T, et al.1988. High bush blueberry Production in Washington and Orcgon. Wanshington PNE 215.

Gemma C,Miguel C,Eduardo PM,et al. 2009. Ammonium transport and CitAMT1 expression are regulated by N in citrus plants. Planta, 229：331-342.

Rosales EP,Iannone M,Groppa DM,et al. 2011. Nitric oxide inhibits nitrate reductase activity in wheat leaves. Plant Physiol Biochem, 49: 124-130.

Townsend LR. 1972. Effrect of N、P、K and Mg on the growth and productivity of the high bush blueberry. Can J PlantSei, 53:161-168.

Wang WH,Kohler B,Cao FQ,et al. 2008. Molecular and physiological aspects of urea transport in higher plants. Plant Sci, 175：467-477.

第 6 章　黄果柑树整形修剪

整形是指通过修剪及相应的栽培技术措施，形成合理的树体形状和树冠结构；修剪是指所有直接控制果树生长和结果的机械手法和类似措施。断根和化学调控也属于修剪的范畴。整形与修剪是相互依赖、不可分割的整体，整形主要通过修剪来实现，修剪必须根据整形的要求进行。但是，整形和修剪又有其独立性和灵活性。

6.1　整形修剪的生物学基础

黄果柑的生物学特性是整形修剪的重要依据，修剪应该符合其生长结果的特性，通过不同修剪方式间的配合及黄果柑修剪反应特点的充分利用，完成树体的整形修剪，使黄果柑的幼树提早结果，延长结果年限；盛果期的树，提高产量，克服大小年；冠内通风透光，减少病虫危害，提高果实品质；适应不良气候，增强抗逆能力，扩大栽培范围。

6.1.1　整形修剪的作用与原则

整形修剪可以调节柑橘树体与环境的关系，改善冠内光照、提高光能利用率，提高光合效率，增加环境适应性；调节树体的库源关系及营养均衡；调节柑橘营养生长与生殖生长的矛盾；调节树体的新陈代谢等生理活动（河北农业大学，1987；华中农业大学，1987）。

1. 整形修剪的作用

1）培养合理骨架，构成丰产树形

自然生长的黄果柑树枝条分布紊乱，树冠郁闭，枝条分布不均衡（图 6.1），经修剪的树结构合理，枝条分布均衡，负荷力强，能够形成良好的丰产，优质树形（图 6.2）。

2）调节果树树体与环境的关系，提高果实品质

整形修剪的重要目的就是提高黄果柑树体光能利用率，调节果树与光照、温度、水分、空气、土壤等环境因素之间的关系，使其能够更好地适应环境，更有利于黄果柑的生长发育。

根据不同栽培地区的实际环境条件和黄果柑的生物学特性，合理地选择树形和修剪方式，有利于黄果柑果树与环境的统一。在较干旱的地方，适当的重修剪控制花果数量，使其适应干旱的条件，有利于黄果柑的生产栽培。在水源、光照充足的地方，可以适当地扩大树冠，增加挂果量，从而实现增产。适当的整形修剪，能在一定程度上克服土壤、水分、温度等不利环境条件的影响。

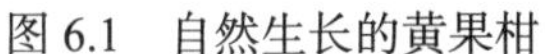

图 6.1　自然生长的黄果柑　　图 6.2　整形修剪的黄果柑

柑橘同其他绿色植物一样，构成根、茎、叶、花、果的干物质以上来自叶片的光合产物，柑橘器官的分化、发育、产量的形成与品质优劣都是以光合速率和净光合产物的积累为基础（李润唐，2006）。在调节黄果柑与环境的关系中，最重要的是改善光照条件，增加光合面积和光合时间。

果树产量的高低，最终决定于光合作用，而光合作用的效能主要决定于色素物质。杨再英等（2002）试验发现，朋娜和纽荷尔脐橙品种的春、秋梢营养枝上的叶片叶绿素含量四种树形都比放任自然生长的要高，表明通过整形修剪增加树冠通风透光，增大了光能利用率，防止树冠郁蔽。

表 6.1　不同整形修剪方法对脐橙叶片叶绿素含量的影响（mg/g）

品　种	采叶季节	Ⅰ	Ⅱ	Ⅲ	Ⅳ	CK
朋　娜	春叶	39.85	35.33	35.14	32.61	32.25
	夏叶	31.73	32.61	41.10	45.65	39.67
	秋叶	41.25	39.28	33.42	35.24	31.91
纽荷尔	春叶	34.42	35.51	33.69	28.26	20.28
	夏叶	32.36	34.74	45.65	46.01	40.83
	秋叶	41.35	42.38	37.21	38.25	35.13

注：Ⅰ为开心形，Ⅱ为自然开心形，Ⅲ为自然圆头形，Ⅳ为变则主干形，CK 为不整形

放任栽培的主要弊病就是树体结构不合理，内部和下部光照条件差，光照不足，导致结果部位外移，呈表面结果，产量降低，品质变差。整形修剪可以调整树冠、培养树形，从而起到调节黄果柑果树个体与群体的结构，改善光照条件，使树冠内部和下部都有适宜的光照，树体内外上下，呈立体结果状态。黄果柑的树形主要有开心形和自然圆头形（开天窗）。开心形相对光照好，自然圆头形就要控制树高和冠径，保持叶幕的厚度，通过开天窗，光能够直接照射到树冠内部，尽量减少光合作用无效区（即处在光补偿点及其以下的区域）。罗辉等（2012）试验证明(表 6.2)，修剪能够明显提高纽荷尔脐橙的产量；试

验证明，不同程度的修剪都可以提高黄果柑的果实品质（表 6.3）。

表 6.2 整形修剪后高接换种纽荷尔脐橙的外观形状及产量

项目	2009 年			2010 年			2011 年		
	未修剪	修剪	增长量	未修剪	修剪	增长量	未修剪	修剪	增长量
平均单果重/g	280	275	−5	290	300	10	300	310	10
果形指数	1.1	1.1	0	1.0	1.0	0	1.2	1.1	−0.1
果皮厚度/mm	5	5	0	4	6	2	6	7	1
种子数/颗	4	4	0	4	6	2	4	6	2
外观色泽	橙红	橙红	-	橙红	橙红	-	橙红	橙红	-
平均单株挂果数/个	57	73	16	58	93	45	83	129	46
平均单株产量/kg	16	20	4	17	28	11	25	40	15
平均产量/（kg/hm^2）	14 400	18 000	3 600	15 300	25 200	9 900	22 500	36 000	13 500

表 6.3 不同开张角度的内在果实品质

处理	TSS 含量/%	还原糖/（g/100ml）	转化糖/（g/100ml）	总酸（g/100ml）	VC/（g/100ml）
CK	9.5c	10.00c	1.81a	9.80b	1.58a
1	11.4a	11.70b	1.60b	10.30a	1.50b
2	10.7ab	15.60a	1.83a	6.90d	1.59ab
3	10.5bc	11.50b	1.90a	7.90c	1.57ab

注：同列数据后不同小写字母表示不同处理间差异达 5%显著水平。CK 为自然圆头形；处理 1.在自然开心形的基础上将主枝与中心干拉成 30°~40°角；处理 2.在自然开心形的基础上将主枝与中心干拉成 40°~50°角；处理 3.小开心形（开天窗）：在自然开心形的基础上将主枝与中心干拉成 50°~60°角

增加栽植密度，采用小树形，有利于提高光能利用率，表面受光量增大，叶幕厚度便于控制。如果密度过大，株行间都交接，同样也会在群体结构中形成无效区。此外，通过开张角度、注意疏剪、加强夏季修剪等，均可改善光照条件。

增加光合面积主要是提高有效的叶面积指数。幼树阶段，由于树冠覆盖率低和叶面积指数小，不利于充分利用光能，因此，适度密植，采用轻剪，开张角度，加强夏剪，扩大树冠，提高覆盖率和叶面积指数，充分利用光能，是幼树阶段整形修剪的主要任务之一。成年树则应维持适宜的叶面积指数。黄果柑果树产量在一定限度内与叶面积指数成正比关系。

光合时间是指每天和一年中光合时间的长短，通过合理的整形修剪，使树体各部分叶片在一天中有较长时间处于适宜的光照条件下。

研究黄果柑果树与环境之间的关系，除应重视宏观调控外，也应该重视整形修剪等措施对微生态环境的影响。如不同整形修剪对叶际、果际间的光照、温度和湿度等方面的影响，为提高叶片光合效能和改善果实品质提供依据。

3）调节树体各部分的均衡关系，克服大小年

果树植株是一个整体，树体各部分和器官之间经常保持相对平衡。修剪可以打破原有

的平衡，建立新的动态平衡，向着有利于人们需要的方向发展。

（1）利用地上部与地下部动态平衡的关系调节果树的整体生长。

果树地上部与地下部存在着相互依赖、相互制约的关系，任何一方的增强或削弱，都会影响另一方的强弱。地上部减掉部分枝条，地下部比例相对增加，对地上部的枝芽生长有促进作用；若断根较多，地上部比例相对增加，对其增长有抑制作用；地上部和地下部同时修剪，虽然能相对保持平衡，但对总体生长会有抑制作用。移栽时，必然会切断部分根系，为保持平衡，对地上部也要截疏部分枝条。

冬季修剪是在根系和枝干中贮藏养分较多时进行的。对于幼树和初结果树，由于修剪减少地上部枝芽总数，缩短与根系之间的运输距离，使留下的枝芽相对得到较多的水分和养分，因而对地上部生长表现出刺激作用，新梢生长量大，长梢多。但对于树整体生长则有抑制作用，因为修剪使其发枝总数、叶片数和总叶面积都减少，进而对地下部根系生长也有抑制作用。如罗辉等（2012）对纽荷尔脐橙连续三年的修剪与不修剪对比，树高略微下降，冠幅显著增大，并促进了春梢的生长（表 6.4）。

表 6.4　整形修剪后高接换种纽荷尔脐橙的营养生长状况

项　目	2009 年			2010 年			2011 年		
	未修剪	修剪	增长量	未修剪	修剪	增长量	未修剪	修剪	增长量
树高/m	2.15	1.88	−0.27	2.28	2.15	−0.13	2.47	2.36	−0.11
冠幅/m	2.37	4.19	1.82	2.48	4.57	2.09	2.69	5.24	2.55
树冠体积/m^3	1.2	1.2	0	1.4	1.3	−0.1	1.5	1.7	0.2
春梢/cm	15	20	5	17	25	8	19	25	6
夏梢/cm	28	30	2	28	28	0	30	29	−1
秋梢/cm	35	28	−7	40	35	−5	43	35	−8
穗粗/cm	5	5	0	7	5	−2	7	7	0

因此，为促进生长、扩大树冠、缓和树势、增加枝量、有利于花芽分化和开花坐果，对幼树和初结果树应当尽量轻剪，栽植密度越大，越要注意轻剪。

进入盛果期的树，由于每年大量开花结果，营养生长明显减弱，短枝增多，修剪的作用不完全与幼树相同。特别是在枝量大、花芽多、树势弱的情况下，由于剪掉部分花芽和无效枝叶，避免过量结果和无效消耗，适当降低树高和缩小冠径，可改善光照条件，也改变了地上部与地下部的比例关系，缩短了根与地上部物质交换的距离，促进枝梢生长，长梢比例增加，有利于加强两极交换，对养根、养干和维持树势都有积极作用。但是，修剪过重，同样对树体整体上有抑制生长和降低产量的作用。

夏季修剪是在树体内贮藏养分最少时期进行的，修剪越重，叶面积损失越大，根系生长受抑制越重，对树整体和局部生长都会产生抑制作用。

（2）调节营养器官和生殖器官之间的均衡。

生长和结果是黄果柑整个生命活动过程中的一对基本矛盾，生长是结果的基础，结果是生长的目的。从果树开始结果，生长和结果长期并存，两者相互制约，又可相互转化。修剪是调节营养器官和生殖器官之间均衡的重要手段，修剪过重可以促进营养生长，降低产量；过轻有利于结果而不利于营养生长。合理的修剪方法，既应有利于营养生长，同时也有利生殖生长，在果树的生命周期和年周期中，首先要保证适度的营养生长，在此基础上促进花芽形成、开花坐果和果实发育。

幼树以营养生长为主，在一定营养生长的基础上，适时转入结果是这一时期的主要矛盾。因此，对幼树的综合管理措施应当有利于促进营养生长，适时停长，壮而不旺。整形修剪可以通过开张角度、采用夏剪、促进分枝、抑制过旺新梢生长等措施，创造有利于向结果方面适时转化。为做到整形和结果的两不误，可利用枝条在树冠内的相对独立，使一部分枝条（骨干枝）担负扩大树冠的任务，另一部分枝条（辅养枝）转化为结果部位。密植果园能否适时以生殖生长控制营养生长，是控制树冠扩大过快的积极措施，如营养生长得不到有效控制，丰产先封行，密植等于失败。当然过早结果、过分抑制营养生长和树冠扩大，不能充分利用空间和光能，也不利丰产。

盛果期树花量大、结果多，树势衰弱和大小年结果是主要矛盾。通过修剪和疏花疏果等综合配套技术措施，可以有效地调节营养生长和生殖生长的矛盾，克服大小年结果，达到果树年年丰产，又保持适度的营养生长，维持优质丰产的树势。

（3）调节同类器官间均衡。

一株果树上同类器官之间也存在着矛盾。骨干枝之间会有强弱之分；一株树会有上强下弱或上弱下强；同一个骨干枝可能出现先端强后部弱或后部强先端弱等情况。修剪能调节各部分的均衡关系，如对强势部位适当重剪，疏除部分壮枝，开张角度，多留花果，必要时进行环剥或环切处理；弱势部位则反之，这样可逐步调至均衡。树冠内各类营养枝之间的比例也应保持相对平衡。长枝对树体营养有重要调节作用，短枝则对局部营养有较大的调节作用。长枝数量多比例大，有利营养生长；而短枝数量多比例大，有利生殖生长，两者之间也存在着平衡和竞争。长枝多时以疏、放修剪为主，以利增加短枝数量；短枝多时多用短剪和缩减，以利增加长枝数量。果枝与果枝、花果与花果之间也存在着养分竞争。通过细致修剪和疏花疏果，可以选优去劣，去密留稀，集中养分，保证剪留的果枝、花芽结果良好。

4）调节生理活动

修剪有多方面的调节作用，但最根本的是调节黄果柑的生理活动，使果树内在的营养、水分、酶和植物激素等的变化，有利果树的生长和结果。

（1）调节树体的营养和水分状况。许多试验表明，冬季修剪能明显改变树体内水分、养分状况。孙帅等（2013）不同修剪方法对“丽江雪桃”枝条养分的影响试验发现修剪后枝条的总糖含量、粗蛋白含量、粗脂肪含量均高于对照，但是含量增加不明显，说明修剪有利于果树枝条冬季积累更多的养分以供给次年果树的需求（表 6.5）。杜宗绪和李绍华（2004）对桃树进行长枝修剪和短枝修剪，发现长枝修剪更有利于淡粉的积累，说明长短剪有利于促进花芽形成和结果（表 6.6）。李明霞等（2012）试验发现，不同的修剪方式，对土壤水分有较大影响。生长季摘心也可以增加果树植株新梢的生理活性，增加营养积累（表 6.7）。

表 6.5　不同修剪处理对丽江雪桃枝条总糖、粗蛋白、粗脂肪的影响

处　理	长果枝修剪	中果枝修剪	短果枝修剪	对照
总糖含量/%	13.91	13.04	11.01	9.37
粗蛋白含量/%	8.23	7.02	6.17	4.54
粗脂肪含量/%	5.56	5.12	4.23	2.38

表 6.6　不同冬季修剪方法对桃树不同时期枝条淀粉含量的影响

品种	枝龄/年	处理	不同测定日期枝条淀粉含量/%				
			1995.01.10	1995.04.08	1995.05.01	1995.11.28	1996.02.28
庆丰	2	LP	20.43	31.20	11.02	22.50	9.17
	2	SP	17.91	27.23	8.35	18.54	5.65
	3	LP	14.01	19.04	12.23	23.85	12.27
	3	SP	11.86	15.50	9.54	20.21	8.66
燕红	2	LP	18.91	27.73	7.24	24.02	6.47
	2	SP	17.04	24.08	4.54	20.13	4.09
	3	LP	11.75	26.40	9.17	29.02	24.51
	3	SP	9.37	22.29	6.56	24.05	22.37

注：LP.长枝修剪;SP.短枝修剪

表 6.7　在不同的修剪方式下果园土壤的水层厚度

土层厚度/cm		月份									平均值
		3	4	5	6	7	8	9	10	11	
0～140	长放修剪	297.27	297.29	291.29	268.66	246.15	293.91	316.79	282.69	298.37	288.05
	更新修剪	335.09	330.81	321.15	287.07	276.62	305.32	360.78	330.08	340.33	320.81
	差值	−37.82	−33.52	−29.86	−18.41	−30.47	−11.41	−43.90	−47.39	−41.99	−32.76
140～240	长放修剪	179.21	179.11	181.76	180.95	176.25	181.49	169.83	168.65	168.09	176.15
	更新修剪	199.04	196.45	204.85	210.57	207.41	198.11	187.16	187.03	193.53	198.24
	差值	−19.83	−17.34	−23.09	−29.62	−31.16	−16.62	−17.33	−18.83	−25.44	−22.09
240～500	长放修剪	443.01	433.14	442.67	445.68	448.46	430.32	454.47	444.86	44.38	442.67
	更新修剪	427.34	422.63	443.85	434.85	444.18	425.72	438.08	432.31	425.22	432.62
	差值	15.67	10.51	−1.18	11.41	4.29	4.60	16.39	12.55	16.16	10.04
0～500	长放修剪	919.49	908.54	915.72	895.29	870.86	905.72	941.09	896.20	907.84	906.86
	更新修剪	961.47	949.89	969.85	931.91	928.20	929.15	986.02	949.42	959.08	951.67
	差值	−41.98	−40.35	−54.13	−36.62	−57.34	−23.43	−41.93	−52.22	−51.24	−41.80

（2）调节果树的代谢作用。酶在植物代谢中十分活跃，修剪对酶的活性有明显的影响。王浚明和李疆（1989）研究修剪对枣头发生与发展的效应，结果表明枣树对修剪的反应虽不敏感，但是无论轻剪还是重剪，冬剪还是夏剪，及无论对哪一年龄时期树的修剪，都能刺激枣头的发生和生长。在生理上表现为修剪提高了枣头叶片的 N、K 含量和 H_2O_2 酶活性，降低 C/N 值，使叶比重和净光合率增大。幼树定干和结果后期树的更新修剪，效果

尤为显著，能促使幼龄枣树发生分枝，增强结果后期树的营养生长。

（3）调节内源激素。内源激素对植物的生长发育、养分运输和分配起调节作用。不同器官合成的主要内源激素不同，通过修剪改变不同器官的数量、活力及其比例关系，从而为各种内源激素发生的数量及平衡关系起到调节作用。王雅倩（2012）研究了不同修剪方法对苹果芽和叶内源激素的影响，结果表明不同程度短截后，短截程度越重，芽内 IAA、GA、ZT 含量越高，ABA 含量越低；不同类型的枝条中短截后，枝条角度越大，枝条越长，芽内 IAA、GA、ZT 含量越低，ABA 含量越高。不同角度的枝条长放后对苹果芽和叶内源激素的影响不同，枝条的开张角度越大，芽内 IAA、GA、ZT 含量越低，ABA 含量越高。

2. 整形修剪的原则

1）以轻为主，轻重结合

黄果柑是常绿果树，在修剪量和程度上，总的要求是以轻剪为主。叶片是黄果柑进行光合作用、制造和贮藏有机养分的重要器官。叶片的数量、质量和寿命对树体的生长和产量、品质影响很大。如叶片损失在30%以上，对产量会有显著影响。因此，每年修剪的枝叶量应控制在20%以下。要因地制宜，运用“以轻剪为主，轻重结合”的原则进行修剪。

2）平衡树势，协调关系

通过修剪调节地上部分与地下部分，树冠上下、内外，骨干枝之间生长势相对平衡，强者缓和，弱者复壮，只有树势均衡，生长中庸，才能达到丰产、稳产。

3）主从分明，结构合理

各类枝的组成要主从分明，中心干的生长比各主枝强，主枝比侧枝强，而主枝间要求下强上弱，下大上小，保证下部的主枝逐级强于上部主枝，主侧枝又要强于辅养枝。一个枝组内的枝梢之间也有主从关系，为高产、稳产，延长丰产年限提供基础。

4）通风透光，立体结果

修剪还必须以有利于通风透光，达到立体结果为原则。骨架要牢，大枝要少，小枝要多，支柱间拉开间距。黄果柑较耐阴，只要绿叶层波浪起伏，树冠“小空大不空”，即俗话说树冠下能见到“花花太阳”，便可获得高产、稳产。

5）因势利导，灵活运用

修剪虽有比较统一的要求和基本一致的剪法，但具体到一个果园其树形、枝梢各式各样，同时基于砧木、树龄、土质、管理条件等不同，实际修剪时灵活性很大，应根据具体情况灵活运用。

6）配合其他措施，提高经济效益

修剪的调节作用有一定的局限性，它本身不能提供养分和水分，因而不能代替土、肥、水等栽培管理措施，修剪必须与其他措施紧密配合，在良好的土肥水管理和病虫害防治的基础上合理运用，才能达到预期效果，提高经济效益。

此外，任何一项栽培措施都必须考虑经济效益，若果整形修剪所投入的人力物力的成本大于其获得的收益，则没有必要进行修剪。因此，黄果柑修剪必须以提高果园经济效益为原则。通过修剪，最大限度地提高黄果柑产量和品质。

6.1.2　合理修剪量的评价

（1）合理的修剪量能够培养黄果柑骨架，树势中庸，形成良好的丰产树形。树体对修剪的反应合适，不会因修剪出现徒长枝或衰弱枝。

（2）合理的修剪量能够调节树体与环境之间的关系，提高黄果柑环境适应性，防止出现果园郁闭等情况，从而改善树体的光照条件，提高光合有效面积，进而提高果实品质。

（3）合理的修剪量能够调节树体生长与结果的关系，克服大小年的现象，从而实现黄果柑的稳产。

6.1.3　枝梢生长特性与修剪的关系

1. 枝梢的类别

各类枝梢由于营养基础、生长季节及外界环境条件等影响，造成形态和生理上的不同，修剪、控梢方式也各有差异。

1）按生长季节

可划分为春、夏、秋、冬梢，黄果柑一年中主要是春、夏、秋三次梢。春梢发生数量多，抽生整齐，生长量小，易形成花芽，修剪时多保留，培养健壮的春梢作结果母枝。夏梢多为徒长枝，生长势旺，易扰乱树形，且因夏梢抽生期和生理落果期相遇，其生长易与幼果争夺养分加剧生理落果，多在抽生时抹去。但幼年树可利用夏梢培养枝组，加速骨干枝的培养及树冠扩大、成形，促进提早结果；衰老树可利用部分夏梢更新衰弱枝条，达到复壮树体的目的。所以在生产栽培中，应针对实际情况加以利用和控制。秋梢生长势介于春梢与夏梢之间，早秋梢组织充实，栽培中常采用抹夏芽放秋梢措施，培育多而充实的早秋结果母枝，增加来年结果量，秋梢抽生数量多还可抑制冬梢的抽生。黄果柑一般不抽生冬梢，若有抽生应及时抹去。

2）按一年中新梢抽发的次数

可以划分为一次梢、二次梢、三次梢。柑橘抽生二次梢、三次梢的数量与树龄、树势、结果情况、栽培管理密切相关。幼树生长势旺，二次梢、三次梢抽生数量多，进入盛果期后，抽生数量则下降。在正常情况下，黄果柑营养枝的枝梢进入第三级分枝时便会转变为结果母枝，而在第四级枝开花结果。达到第七或第八级分枝时，就不再有发生一年二次梢的趋势。分枝级数越高，发梢次数越少，最后完全没有一年二次梢发生。到达第十级至第十二级分枝时，春梢也易于衰退枯死，在下部发生自然更新枝。适当调节分枝级数，可提早结果和延长盛果年限。如利用一年中多次发梢特点加强幼树肥水供应，结合抹芽摘心等措施加速枝条的分级和多发枝梢，达到早结丰产；而当分枝级数过高时，及早回缩更新能提高生长力，延长盛果年限。

3）依性质分为营养枝和结果枝

（1）营养枝。当年不开花结果的枝。营养枝可分为普通营养枝、徒长枝和纤弱枝三种。普通营养枝，较粗壮，长度大多在 10~30cm，组织充实，叶色浓绿，这种枝的数量是树势健壮的标志，此种枝第二年很可能转化为良好的结果母枝，应适当保留。大多数营养枝生长势旺，易形成徒长枝，一般会扰乱树形，影响树势，多数从基部疏去；如生长部位适合，可利用它来整形培养枝组或更新复壮用。纤弱枝生长细弱而短，多在衰弱树上或隐蔽处发生，修剪时应适当疏除。

（2）结果枝。

A. 花枝与成花母枝。当年抽生的新梢中，有花的称花枝，而抽生花枝的枝条称成花母枝。应保留健壮春梢为结果母枝，保留早秋梢为良好结果枝。

B. 落花落果枝。开花坐果到果实成熟的过程中，花枝上的花、果脱落的称落花落果枝。落花落果枝一般瘦小衰弱，这类枝的营养水平低，多数发育不良，不良坐果。对落花落果枝群应尽量疏删，比较粗大的落果枝，可以短截作为更新母枝。

C. 结果枝与结果母枝。着生有果实的称结果枝。着生结果枝的称结果母枝。一般情况下，黄果柑的结果枝大多是当年枝上抽生出来的，也有的发生在多年生枝上。

4）依树龄可分为一年生枝和多年生枝两类

（1）一年生枝：当年春、夏、秋、冬各季抽发梢（包括二次梢、三次梢）成为一年生枝。

（2）多年生枝：指往年抽发的枝。

总之，各种枝梢在其生长发育过程中各自表现的形态特征和作用不同。认识这些枝梢发生的数量、强弱及其形态生理特性对黄果柑整形修剪有极其重要的作用。

2. 枝组的分类

枝组是指枝和基枝上着生的各类枝的合成。依枝组的生长势可分为强旺枝组，中等枝组和衰弱枝组。

（1）强旺枝组。垂直或斜生状，枝组内新梢多，各类营养枝中以长枝为多，中短枝少。对此类枝组的修剪，剪去顶端，减弱顶端优势，应促进枝组分枝数增加，逐步减缓生长势，促使少数弱枝开花，后逐渐大量开花结果。幼、老树常保留这类枝组，在枝梢生长到 8 片叶时摘去嫩尖，促使顶芽附近其他多个芽的萌发，使生长势放缓，用于结果或扩大树冠。

（2）中等枝组。这种枝组多以斜生为主，生长势中庸、健壮，枝条长短适中，营养枝、成花母枝比例较协调，易于连续结果。枝组内部也能交替结果，轮换更新。在修剪时，应注意培养中等枝组。

（3）衰弱枝组。长势衰弱，枝短而细，开花多，坐果少。这类枝组生长量小，多着生在树冠内膛下部，常见的有扫帚枝组、披垂枝组。扫帚枝组在修剪时要疏删解散，短截回缩，及时更新。披垂枝组生长势弱，随枝叶重量增加或结果而下垂，在其弯曲转折处的隐芽因顶端优势得以发挥可以萌发骑马枝，在此处短截可迅速形成强壮枝组。

在同龄枝组中，开花、抽梢和坐果能力强弱是：强壮枝组＞中等枝组＞衰弱枝组。但是随着花量的减少，尤其是小年时，衰弱枝组的开花、坐果的比例便有明显的提高。总之，不同树龄、树势的不同类型枝组，其结果能力不一。在修剪时，要掌握各类枝组的特点进行合理的修剪。

3. 枝梢的顶端优势

顶端优势是指顶部分生组织对下部的腋芽或顶部枝条对侧枝生长的抑制现象，表现为上部的枝芽生长强度最大，直立性强，而其下枝、芽的生长强度依次减弱，枝条开张角度逐渐增大，基部的芽呈潜伏状态。通过适当的摘心或短截修剪来解除顶芽对侧芽的抑制，促使侧芽萌发分枝和控制生长与结果。

4. 分枝角度与新梢生长的关系

新抽生的分枝与基枝中心线的夹角称分枝角。主枝的分枝角越小，主枝生长直立，生长旺盛，负载重时易撕裂；分枝角大，主枝生长不良，随着分枝角增大，生长势减弱。姿态呈水平或下垂者，枝的生长受到抑制，负荷力也不强，必须有适宜的分枝角度。整形中可利用改变分枝角度平衡各主枝长势。

5. 母枝与新梢生长的关系

在相同条件下母枝粗的，养分充足，抽生新梢数量多，生长势强；母枝细的，抽生新梢数量少，生长势弱。在母枝粗细相当，短截部位不一，其抽生的枝条生长势也不一。

母枝留得太长，每个芽所得到的养分供应相对减少，抽生新梢生长弱而短。反之，留短的枝条由于芽数减少，新梢的生长势较强。促进生长适当重剪，促进结果应适当轻剪或长放不剪。

6.1.4　影响修剪效果的因素

1. 砧木特性

黄果柑砧木有枳壳、红橘和香橙，砧木不同，其生物学特性各有差异，在树势强弱、骨干枝的分枝角度、结果枝类型、花芽形成难易和坐果率高低等方面不尽相同。因此，修剪也各有侧重，要看不同砧木的特性及其表现，采取相应的整形修剪技术。

2. 不同生育期

根据黄果柑一生中生长、结果、衰老、死亡的变化规律，各个时期生长结果的表现不同，在修剪方法和程度上必须随之改变。才能符合生长发育的需要，获得较高的经济效益。

3. 树势

1）从树势可分为强旺树、中庸树和衰弱树

（1）强旺树：新梢多而长，营养枝多，结果枝少。

（2）中庸树：新梢分布均匀，充实健壮，徒长直立枝少，营养枝和结果枝比例正常。

（3）衰弱树：可根据衰老程度分为三种，即树势弱，但树干正常的初衰型；枝叶稀疏，枯枝多，主干受损的中衰型；枝叶甚少，主干严重受损，部分木质部已腐朽，树干皮部驳脱，接近死亡的重衰型。

2）从产量分为大年树、小年树和稳产树

（1）大年树：当年抽生的花枝数量很多，抽生营养枝少、生长量小，生长偏弱或中庸。

（2）小年树：当年抽生的花枝少，营养枝数量很多，生长量大，生长偏旺。

（3）稳产树：枝梢健壮，分布均匀，树势中庸，营养枝、结果枝比例适宜。

4. 自然条件

不同的自然条件对黄果柑树的生长和结果有很大的影响，必须因地制宜采取适当的整形修剪方法，才能达到预期的效果。

在土壤贫瘠的山地种植的黄果柑，因条件差生长发育较弱，生长势不强，宜采用小冠树形，修剪量偏重一些，宜多短截，少疏剪。

在土壤肥沃、地势比较平坦的地段上种植黄果柑，生长发育较强，枝多，冠大，主枝数宜少，层间距宜大，修剪量要轻；疏枝量相对较多，短截宜轻。所谓“看天、看地、看树”，就是根据自然条件和树势强弱的不同，确定适宜的修剪方法和程度。

5. 栽培管理水平

栽培管理水平和栽植形式，也与整形修剪密切相关。管理水平对黄果柑生长影响很大，管理水平高，植株生长旺盛，枝量多、树冠大，定干宜高。多疏删少短截，以果压树控制长势；相反，土壤贫瘠，肥水不足时，应尽量少疏枝，衰老枝适当短截更新复壮。

栽植密度不同，整形修剪也要相应地改变。密植树冠比稀植树冠要矮小，必须采用矮干，增加分枝级数和枝梢量，及早控制树冠的生长；而稀植黄果柑园为培养高大树体，要充分利用夏梢培养强大骨干枝，加大枝距，以形成高大的树冠。

此外，在具体修剪时还应根据每株树的实际情况出发，从新梢的数量、粗度、长度看树势强弱；从营养枝与结果枝比例看树体生长与结果的平衡；从大枝和结果枝组的分布看树体的结构等，综合应用各种修剪措施。

6.2 黄果柑主要树形及培养方法

6.2.1 黄果柑主要树形及其特点

树形是黄果柑优质丰产的基础，现在黄果柑大田生产中的树形主要有自然开心形、自然圆头形（辅以开天窗）。

1. 自然开心形

树冠具有树冠矮化，树体骨架健全，骨干枝级别分明且树体承载力强，通风透光性能好，丰产稳产等优点，有利于提高果品品质，具有操作简便、便于推广等特点。该树形优点是通风透光良好，骨架牢固，适于密植，主枝角较小，衰老较慢。适于生长势强的黄果柑。

2. 自然圆头形

主干在一定高度剪截后，任其自然分枝，疏除过多主枝，自然形成圆头，呈自然圆头形。此形修剪轻，树冠形成快，容易造形，但树冠中心容易郁闭，常在自然圆头形的基础上进行改进，开天窗，从而使得树冠下层通风透光，开天窗之后解决了普通自然圆头形树冠内部光照差的问题，提高了树冠内有效光合面积。

6.2.2　黄果柑丰产树形培养的方法

1. 自然开心形树形的培养

1）苗木定干

离地面 40~50cm 短截，抹除 25cm 以下的分枝和萌芽，保持主干高 25~35cm。第 1 年春梢抽生后选留剪口下第 1 个直立强枝作为主干延长枝，第 2 个强枝为第一主枝，留叶 8~10 片，20~30cm 短截，其他不短截的留为辅养枝。

2）第一年夏季

在主干延长枝夏梢中选留剪口下第 1 个直立强枝作为主干延长枝，第 2 个为第 2 主枝，留叶 8~10 片，20~30cm 短截。自然开心形第一副主枝离主干距离要求 40~50cm，第 1 主枝春梢生长量一般都达不到长度，要利用夏、秋梢完成。在第 1 主枝（春梢）所发夏梢留 2~3 个，一个为主枝延长枝，短截处理；一个为辅养侧枝，不短截。

3）第一年秋季

在主干延长枝中，选剪口下第 1 强枝作为第 3 主枝，与第 2 主枝间距 20~30cm，分生角 20°~30°，与第 1、第 2 主枝的水平角为 120°，留 8~10 叶短截，主干延长枝断顶开心。第 2 主枝为夏梢，如长度够 40~50cm，可在秋梢中选留第一副主枝和主枝延长枝。第 2 主枝如间距长度不够，需留 2~3 个秋梢继续培养，将第一个强枝留 8~10 叶短截，其他不短截留为辅养枝。

4）第二年春、夏

主枝、副主枝的选留和培育同自然圆头形，只是着生间距较大，40~60cm，分生角稍小，在 30°~40°。第二年秋梢仍其自然生长，主枝、副主枝延长枝也不短截，促使第三年挂果。

2. 自然圆头形树形培养

1）苗木定干

离地面 40~50cm 短截，留主干高 25~35cm，剪除主干以下小侧枝，保留上部侧枝。

2）第一年

春梢抽生后，在不同方位选留 3~4 个春梢，将剪口下第 1 个直立强梢作为中心干，20~30cm 短截。第 2 个强梢作为第 1 主枝，长 20~30cm 短截，留叶 8~10 片，其他为辅养枝，不短截。经短截处理的春梢，都会抽生 2~3 个夏梢，在中心主干上，选 1 个直立强梢作为中心干延长枝。再在离第 1 主枝 20~30cm 处，方位角 120°的位置，选留第 2 主枝，留 20~30cm 短截，其他为辅养枝。一次夏梢长度不足 30cm 的，不选留第 1 主枝副主枝，可短截继续培养二次夏梢或秋梢后再选留。秋梢抽生后继续选留第 3 主枝；在第一、二级主枝上离主干 30~40cm 处选留第一副主枝，各级延长枝秋梢均留 20~30cm，8~10 片叶短截至饱满芽段。其他作为辅养枝。

3）第二年

按以上方法继续培养第 4 主枝，选留副主枝，延长枝均留 20~30cm 短截。副主枝上

30~40cm 留 1 个侧枝，侧枝上再配置多个枝组结果。通过第 2 年的整形和培养，管理较好的自然圆头树形，已具有 4~5 个主枝，7~9 个副主枝。第 3 年可开始挂果。管理一般的或较差的，可继续培养，第 3 年或第 4 年完成整形。挂果后，边结果边长树，达到应有的树冠高度和冠幅。

6.3 黄果柑树整形修剪技术与时期

6.3.1 黄果柑的整形

（1）因树整形。在一般情况下，幼树整形顺应其自然生长的特性，可按照整形要求和步骤形成理想树形。但是由于苗木质量及栽培地土壤条件的差异，可表现不同的生长状态，不可强求一致，拘泥于一种形式。可根据具体情况，随树造形。

（2）幼树整形。必须配合肥水管理及病虫防治才能达到预期的目的。如达不到上述要求，特别是肥水条件差，土壤贫瘠的黄果柑果园，最好采取先乱后理的办法，先长树，后定形。

（3）在幼树定植后 2~3 年只抹除主干萌蘖，待定植 4~5 年枝组强弱分化清楚以后，再清理骨干枝，在强枝中选择角度适宜、分布均匀的 3~5 个枝作主枝，次强枝作副主枝，其余枝条以不影响骨干枝生长为原则尽量保留，增加早期产量。这样处理，能增加叶面积，促进根系生长和树冠形成，使幼树提早结果。

6.3.2 黄果柑的修剪措施

修剪方法大致可归纳为下列 3 种：

图 6.3 疏枝示意图

1. 疏枝

枝条从基部剪去称疏枝。一般是疏除干枯枝、病枝、无用的徒长枝、把门侧枝、衰弱下垂枝、密生交叉枝、外围发育枝和过多的辅养枝等，作用是改善树冠光照条件，提高叶片光合性能，有利于成花、坐果。但疏枝对全树起到削弱树势的作用，疏枝的削弱作用大小要看疏枝量和疏枝粗度而定，去强留弱削弱作用大（图 6.3）。

2. 剪截（包括短截和回缩）

剪去一年生枝条的一部分称短截；剪去多年生枝条的一部分称回缩或缩剪。夏季摘心也属于短截，是生长季节的短截。

剪截对枝条生长有局部的刺激作用，可以促进剪口以下侧芽的萌发，达到分枝、延长、更新、控制和提高坐果率，增大果个，降低结果部位，矮壮枝组等作用。

剪截程度不同，其反应也不一样。短截可以促进分枝生长，在一定范围内，短截越重，单枝生长量越大，但总生长量减少。短截减少了枝、芽，可改善树体营养状况，有利于生长，但剪的过重或弱芽当头，则抑制生长。剪截程度可分为轻、中、重、极重 4 种。

（1）轻短截：剪去一年生枝条的少部分枝梢，如没有秋梢的枝条，则剪去不超过 1/3 的春梢（春梢饱满芽以上部位）；有秋梢的枝条，在春秋梢交界处留轮痕剪截（戴死帽），或在秋梢基部留 1~2 个芽剪截（又称戴活帽），或破顶芽剪等都属轻短截（图 6.4）。

戴死帽适宜单独延伸的弱枝，能促进萌发中、短枝，有利于花芽形成，但枝条多集中在剪口附近，后部易光腿。戴活帽适宜于生长势较强的二年生或多年生枝，当年萌发 1~2 个较旺枝，分散营养，后部发出中、短枝，不至于冒条。

轻短截留下的枝段长，侧芽多，养分分散，能形成较多的中短枝，缓和树势，树体削弱作用小，易成花。

（2）中短截：在春梢中上部饱满芽处剪截，一般是在饱满芽带中部短截，剪掉春梢 1/3~1/2。截后分生中、长枝较多，成枝力强，母枝加粗生长较快，可以促进生长，一般用于延长枝，培养健壮的大枝组和衰弱枝的复壮。若春梢短，秋梢长，秋梢饱满芽短截效果与春梢饱满芽短截相似，所以也称中短截（图 6.5）。

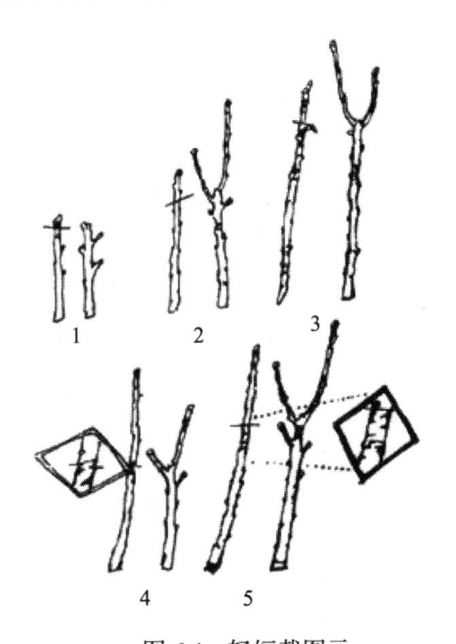

图 6.4　轻短截图示

1.破顶芽；2.剪去春梢上段一少部分；3.在秋梢上截剪；4.在春、秋梢交界处留轮痕（戴死帽）剪截；5.在春、秋梢交界处轮痕以上留 1～2 个半饱满芽（戴活帽）剪截

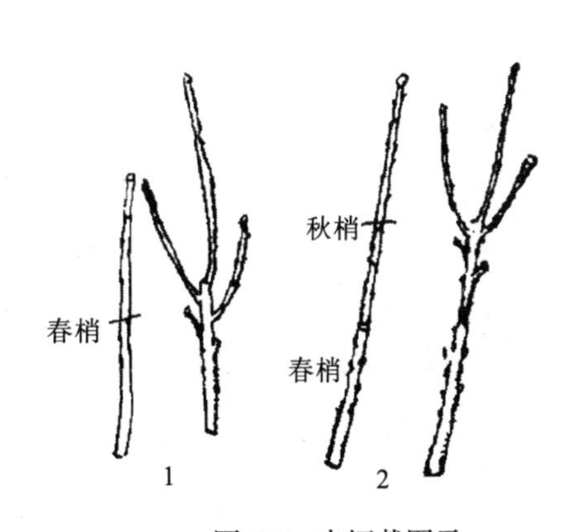

图 6.5　中短截图示

1.在春梢饱满芽带中部剪；2.在秋梢饱满芽带中部

（3）重短截：在春梢中下部留半饱满芽短截。修剪量大，对枝条削弱大，截后发枝少而强旺，用于培养枝组和发枝更新，一般剪口下抽生 1~2 个旺枝或中、长枝。虽总生长量较小，但可促发旺枝（图 6.6）。

在春梢下部半饱芽处短截。图为斜生枝反应，直立枝反应较差，剪口下只抽生 1 或 2 个长枝。

（4）极重短截（抬剪）：春梢基部留 1~2 瘪芽短截，截后一般发 1~2 个弱枝，可以降低部位，削弱与缓和枝势，在生长中庸的树上反应较好，强旺树上仍然会抽出强枝。极重短截修剪量过大，剪口大，对枝势削弱大，一般用于徒长枝、背上直立旺枝和竞争枝的处理，及旺枝组的调节等。不同程度的短截反应如图 6.7 所示。

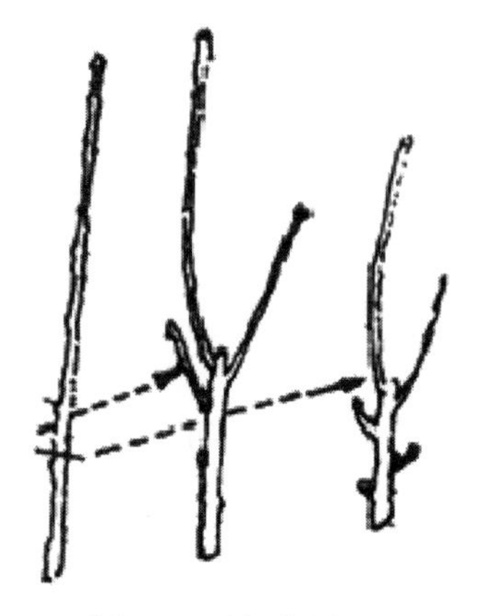

图 6.6 重短截图示

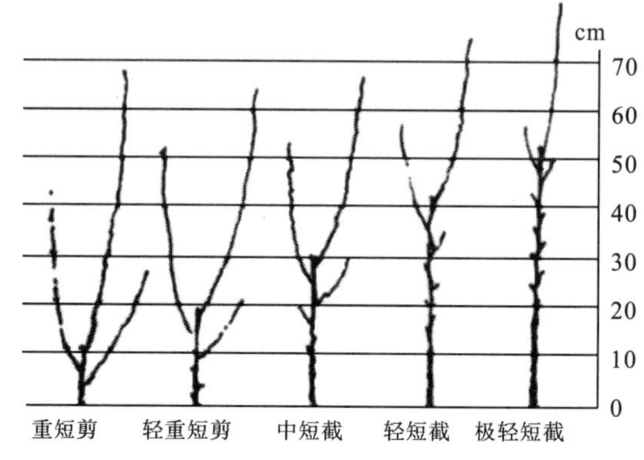

图 6.7 剪截程度与分枝多少、强弱图示

缩剪（回缩）是剪掉多年生枝条的一部分。按回缩程度可为轻回缩、中回缩和重回缩。轻回缩是在 2~3 年生枝段上剪截，中回缩在 4~5 年生枝段，重回缩则 6 年生以上枝段剪截。回缩具有改善光照、调整角度和方位、控制树冠或枝组的发展、复壮和更新枝组、充实内膛、延长结果年限、提高坐果率等作用。

缩剪反应与被剪、锯掉枝的粗细、强弱、姿势，及剪、锯口以下枝条粗细、强弱、姿势有关。回缩较粗的强旺枝，应先疏剪或先轻回缩，待枝势减弱以后，与剪，锯口下第 1 枝粗细相当或细于剪、锯口下第 1 枝的时候，再最后回缩。回缩对剪、锯口下的枝条有增强作用，有利于树势的恢复更新。利用背后枝换头开角，应对原头轻回缩（疏去一年生延长枝和旺枝，缓放中庸枝），待背后枝逐渐加粗，原头逐年回缩。

缩剪多用于骨干枝的换头，多年缓放枝枝组复壮，处理辅养枝等。在老树、弱树、弱枝上不是回缩越重越好，重回缩不但不能复壮，反而削弱生长势。幼、旺树回缩重会在伤口附近发生徒长现象。为抑前促后，在剪、锯口下应留短枝、弱枝。为复壮枝势，则剪、锯口下应留强枝、向上枝，其前后粗度差异不宜太大。

3. 长放（缓放、甩放）

枝条不剪称放；长枝不剪称甩，短枝不剪为缓，通称缓放。缓放的作用是利用枝条自然生长逐年减弱的规律，使其生长逐年放慢、以利营养物质的积累，使枝条充实、芽籽饱满、形成花芽、提早结果。在幼、旺树上多采用此法，避免因修剪而引起的徒长。长枝甩放后，增粗效果显著，特别是背枝，极性显著，越缓越旺，出现树上树；一般缓放一年生中庸枝易抽中、短枝，有利于成花结果；缓放长枝时结合拉、曲、扭、拿枝和环剥（割）等措施削弱枝势（图 6.8~图 6.12），可促进花芽形成；幼旺树上利用先放后缩的办法，对培养枝组效果好。

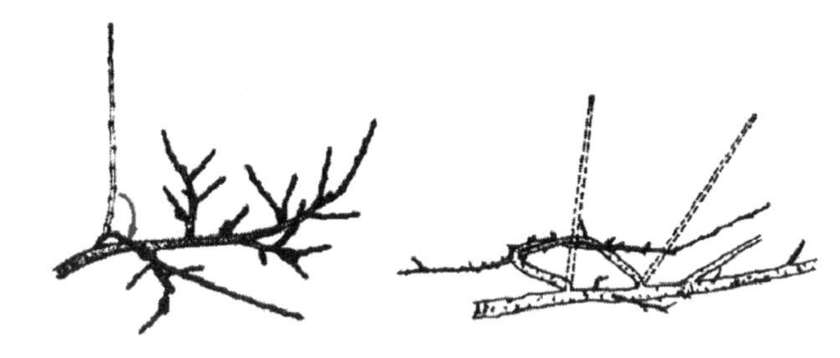

图 6.8　曲枝示意图

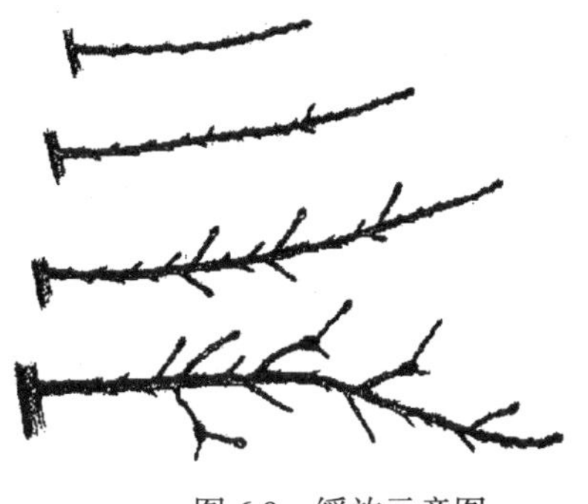

图 6.9　缓放示意图

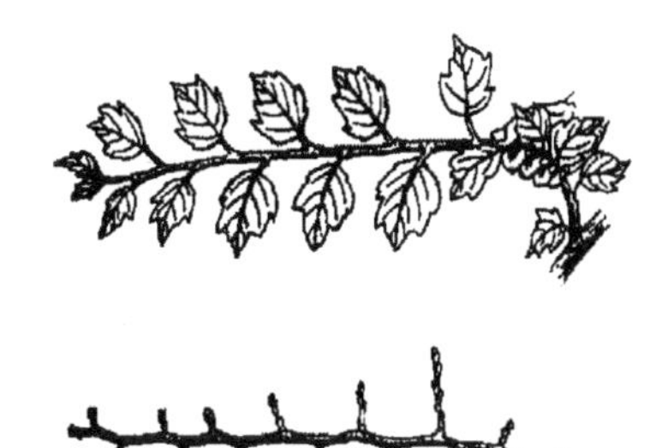

图 6.10　拿枝示意图

图 6.11　环剥示意图

图 6.12　扭梢示意图

6.3.3　修剪的作用

1. 调节枝梢

修剪具有调节枝条生长、枝条角度、枝条疏密等作用。如冬重夏轻、提早冬剪，可促进生长；冬轻夏重、延迟冬剪，可抑制生长；减少枝干（低干、小冠、近骨干枝结果，减少密生枝干——群体的合理间隔、冠内枝条合理间隔），去弱留强（去弱枝、弱芽，留强枝、强芽），去平留直，少留果枝，顶端不留果枝，可加强生长势；反之，则减弱生长势；枝轴直线延伸，抬高芽位（将枝扶直或不加修剪，使芽在冠中的位置提高），增强极性，减少损伤，可促进生长；反之，则抑制生长。选留培养角度开张的枝芽，利用枝梢下部的芽所抽枝梢换头，利用芽的异质性（一次枝基角小，二次枝基角大），进行撑、拉坠、扭，利用果树枝叶果本身的重量自行拉坠等都可增大枝条角度；选向上枝芽作为剪口枝芽，撑、拉使枝芽向上，短缩修剪、枝顶不留或少留果枝，以直立代替原头换头等，都可缩小枝条角度。尽量保留已抽生的枝梢、利用竞争枝和徒长枝、控上促下延迟修剪、摘心、骨干枝弯曲上升、芽上换割、刻伤或扭曲等增加分枝、短剪增加枝梢密度、利用整形素、化学摘心剂、代剪灵等促分枝等，可增加枝梢密度；疏枝和长放、加大分枝角度等，可减少枝梢密度（图 6.13）。

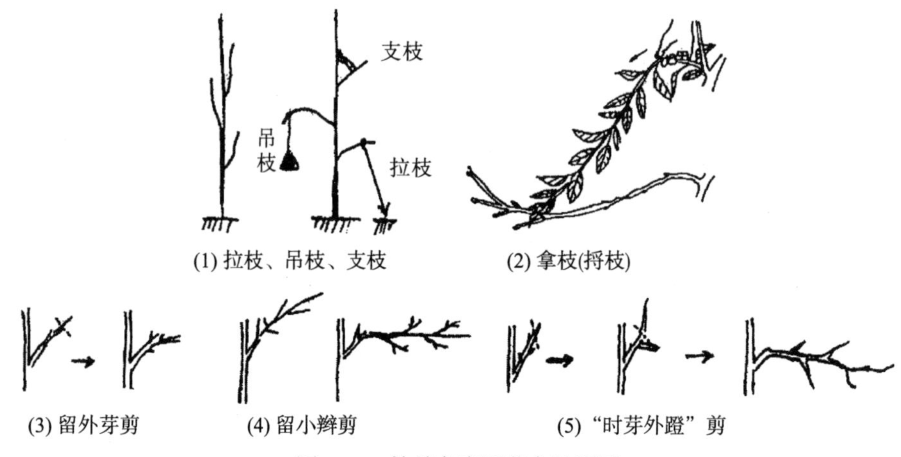

图 6.13 枝梢角度调节方法图示

2. 调节花和果实

修剪对花果具有调节作用。如对于过密的树，在花芽分化前疏去过密枝、开张大枝角度，从而改善光照、增加营养，可促进花芽分化，增加花量；对于幼树，在壮旺生长和必要枝、叶量的基础上，轻剪、长放、疏剪、拉梢、扭梢，及应用植物生长抑制剂缓和树势、及时停长，可促进花芽分化，增加花量；对结果多的树，多留叶芽，增加有机养分，可促进花芽分化，增加花量。重剪、短截，冬重夏轻，从而加强树势，促进枝梢生长，可抑制花芽分化；直接疏剪花芽，可减少花芽量。按丰产指标保持各器官合理的数量比例；调节枝梢的生长长度，有利于花果的营养供应；改善光照条件；选优淘劣，保留壮枝、壮花芽等，都可促进保花保果。

3. 枝组的培养和更新

主要方法有：先放后缩；先截、后放、再缩；改造辅养枝；枝条环割；及短枝型修剪法等。短枝型修剪是通过几年时间，将枝条培养成小型枝组。具体做法是：冬季，将一年生枝条重短截，第二年开春，抽枝如仍过旺，则再重短截，如此反复，经过 3~4 年时间便可形成小型结果枝组。

6.3.4 冬季修剪

冬季是黄果柑的相对休眠期，地上部分生长基本停止，生理活动减弱，是修剪的主要时期。如树体结构的调整，大枝回缩更新，大小年平衡，密植郁闭园的改造，大树的移栽等，因伤口大，养分损失多，都只能在冬季进行。此时修剪有较长的恢复期，利于建立起地上与地下的生理平衡。在冬季严寒的年份，要等气温回升后进行。冬季修剪主要有短截、短剪、疏剪、缩剪等。

1. 病、虫、枯枝的修剪

这类枝条通常从基部剪除，剪除后清除出园并烧毁，以减少病虫源。个别尚有利用价值的病虫枝，可将病虫为害部分剪除，保留未受害的健壮部分。

2. 密生枝、荫蔽枝的修剪

密生枝按“三去一，五去二”的原则剪弱留强。对密生的丛生枝，因其生长纤细衰弱，常从基部剪除。荫蔽枝因光照条件差，一般生长都较弱，可行剪除。

3. 交叉枝、重叠枝的修剪

常依据“去弱留强，去密留稀，抑上促下”的修剪方法处理。

4. 徒长枝、骑马枝的修剪

徒长枝，除对发生在树冠空缺处的留 30cm 左右长短剪，促其形成分枝丰满的树冠外，其余的一律剪除；骑马枝，即大枝空膛处的直立枝，可进行短截，促其分枝，这样有利于其结果和降低结果部位。

5.下垂枝的修剪

对长势健壮的采取分年回缩，回缩部位以结果果实不下垂碰到地面为度，待结果后视情况再行回缩；长势较弱的从弯曲处短截；长势弱或过密的从基部剪除。

6. 结果母枝、结果枝的修剪

结果母枝通常保留健壮有叶的。但为防止出现大小年现象，对结果母枝可短剪一部分，使其抽生营养枝，成为下一年的结果母枝。若不易出现大小年，也可对结果母枝去弱留强。结果枝一般均作保留，但在结果过多的情况下，常按“疏果不如疏花，疏花不如疏枝”的原则将过多的结果枝疏除。对结果后的果蒂枝，若是有 4~5 片叶的较强健壮枝，其腋芽能转变为混合芽，则可作为结果母枝保留，且不短剪；至于较弱和弱的果蒂枝则一律剪除。

6.3.5　生长期修剪

生长期修剪是从春梢萌动后至采果前，包括全年生长期进行的所有修剪工作，又称为夏季修剪。这段时期树体生长旺盛，生长量大，生理活跃，对修剪的反应敏感，一般修剪宜轻。主要修剪工作是抹梢、疏梢、摘心、疏果、弯枝、拉枝等。

1. 疏春梢

春梢如抽发过多，就会与花果争夺养分而加剧落花落果，因此应将树上过多的春梢疏除一部分，以利于保花保果，剩下的留作下年的结果母枝。疏春梢量：花枝上的春梢全部疏去，无花枝上的春梢按“三去一，五去二”的原则疏除，通常使新老叶之比保持在 1:1.5，遇干旱或气温较高时新老叶之比以 1∶2 为宜，以减轻异常落果。

2. 抹夏梢

夏梢抽生正值果实膨大期，此时梢果矛盾突出，所以必须采取及时抹除夏梢的方法，以保果稳果。尤其是初结果树，开始结果的同时常抽生夏梢，若未能及时、不断地抹除夏梢，则常造成落果严重，甚至无果。抹夏梢的时间和方法：通常从 5 月中下旬开始随夏梢的陆续发生，每隔 3~5d 抹除 1 次，直到 7 月底。

3. 放秋梢

秋梢是成年结果树的良好结果母枝。通常在立秋前后放秋梢，8 月中旬前后放齐秋梢。配合放秋梢在 7 月下旬施肥攻梢，使之抽发整齐。放梢后当其生长至 10~15cm 长时，也按“三去一，五去二”的原则留强去弱，使留下的秋梢生长健壮、分布均匀，从而成为良好的结果母枝。

6.4 黄果柑不同树龄及特殊时期的整形修剪

6.4.1 幼龄树的整形修剪

黄果柑幼树生长势强，生长旺盛，一年多次抽梢，树冠扩大快。幼树的修剪宜轻，要按照树形要求培养骨干枝，预留辅养枝，增加梢叶量，尽快进入投产期。修剪时间以生长期为主。

黄果柑定植后的 1~2 年，夏、秋梢要去零留整，集中放梢。每次放梢前，对先发的零星芽，在芽长 1~3cm 时，抹除 1~2 次，待全园发梢达到要求时，停止抹芽，统一放梢。放梢后，展叶转绿前进行疏梢，树冠上部留强去弱，中下部除弱留强。

幼树生长旺，尤其是夏秋梢。在展叶后，对生长过长的梢进行摘心。留叶 8~12 片以促使加快老熟，组织充实。但结果前一年秋梢不摘心，有利形成优良结果母枝。按整形要求培养的主枝、副主枝和侧枝的延长枝，要在每次放梢前短剪 1/3~1/2，使剪口下的 2~3 个芽正是枝梢中部的健壮芽。随着树冠不断扩大，叶幕层增厚，树冠中下部主干、主枝上生长的辅养小枝要逐步疏除。视其利用价值分次疏剪，不要一次剪光。

幼树树冠增大以后，先端下垂枝接触地面，要及时剪除。在骑马枝处剪，并分次进行，逐步抬高枝位。

幼树主干和主枝上的潜伏芽易萌发徒长枝，扰乱树形，一般应及时剪除。在主干过低、弯曲或主枝分布不合理树冠出现空缺时，可利用潜伏芽徒长枝换主干（或主枝），这种徒长枝要及时摘心，促发分枝，加速树冠成形。

投产前每年春梢萌发后，花蕾绿豆大时开始摘除花蕾。花蕾未摘到的，坐果后还要继续摘除幼果，以节约树体养分。

6.4.2　初果期的整形修剪

树冠中上部位生长强旺的外围营养枝疏除。从坐果后至 7 月中旬，要严格控制夏梢的生长，以减少生理落果。在夏梢展叶时抹除或也可留 1~2 叶摘心，也可带基枝剪除。选择气候适宜和潜叶蛾发生低峰期放秋梢。不能正常老熟的晚秋梢全部抹除。

旺长不开花的幼年树，在花芽生理分化集中期（9 月上旬至 10 月下旬），在树冠滴水线内开条状或环状沟进行断根修剪，断根粗度要求达到 0.5~1.5cm。并晾根 30~60d，叶片出现微卷时填土。填土时结合深施有机肥。

放秋梢前 10~15d，8 月上中旬将树冠中上部外围大顶果摘除或带萼片剪除放秋梢，以果换梢。

黄果柑坐果率高，落花落果也严重，特别花量大的树落花落果枝更多。这些落花落果枝，按常规是到冬季修剪。为节省养分，最好采取夏剪，于 7 月下旬至 8 月上旬放秋梢前进行短截或回缩促发秋梢，可培养成优良结果母枝。

秋梢发生数量多时，要对全树 1/3 秋梢进行重短截或回缩，并疏去弱梢，以减少翌年花量。夏梢控制不完全的，即末级枝为夏梢的同秋梢处理。

6.4.3　盛果期的整形修剪

进入盛果期后树冠上部生长旺，易出现上强下弱，顶部密生，内膛荫蔽枯枝，必须疏剪大枝打开光路。树势强疏剪强枝，长势相同的疏剪直立枝；树势弱的疏剪弱枝。要培养内外能结果的凹凸树冠。

盛果期结果枝组容易衰退，每年需选择 1/3 的衰弱枝组进行更新，从基枝短截，促发春梢。这种更新枝组，可留少量夏梢，通过摘心和抹芽放梢，使之尽可能多抽生秋梢结果母枝。每年轮换更新 1/3 枝组，稳定树势。

进入盛果期，结果母枝由秋梢为主转向以春梢为主，春梢结果母枝的培养有两种主要方法：一是采取枝组更新促发优质春梢；二是回缩短截夏、秋梢营养枝促发春梢。生长强壮的夏、秋梢可短截至春梢基枝，促发优质春梢。

黄果柑盛果期花量大，落花落果严重，谢花后至 7 月上旬，对落花落果枝组进行回缩修剪，可以促发健壮早秋梢。剪除枯枝、病虫枝、果柄枝；疏剪内膛过密的、纤细衰弱的枝条，10~20cm 保留一个健壮枝；疏剪直立旺长枝，保留侧生短壮枝。抬高下垂枝，尤其是枝条先端易衰老，要逐次修剪上抬，恢复长势以形成结果能力。

由主枝、大侧枝潜伏芽萌发的直立枝，这种枝长势弱于徒长枝，经摘心促发分枝，可改造成结果枝组。

6.4.4　衰老期的整形修剪

1. 局部更新

局部更新又称轮换更新（图 6.14），是分年对主枝、副主枝和侧枝轮流重剪回缩或疏删，保留树体主枝和长势较强的枝组，尽量多保留大枝上有健康叶片的小枝，每年春季更新修剪一次，分2~3年完成。

2. 露骨更新

露骨更新又称中度更新（图6.15），当树势衰退比较严重时，将全部侧枝和大枝组重截回缩，疏删多余的主枝、副主枝、重叠枝、交叉枝，保留主枝上部分健康小枝。这种更新要注意加强管理，保护枝干，2~3年可恢复结果。

3. 主枝更新

主枝更新又称重更新（图6.16），是在树势严重衰退、遭遇严重病虫害危害时，对主要骨干枝尚好的树，将距主干100cm以上的4~5级副主枝、侧枝全部锯去，仅保留大主枝下端部分，疏去细弱、弯曲、交叉的枝条。这种更新方法可2~3年恢复树势和产量。

图6.14 局部更新

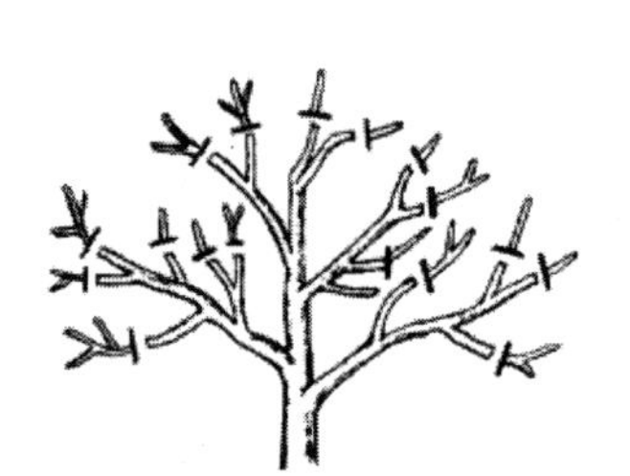

图6.15 露骨更新

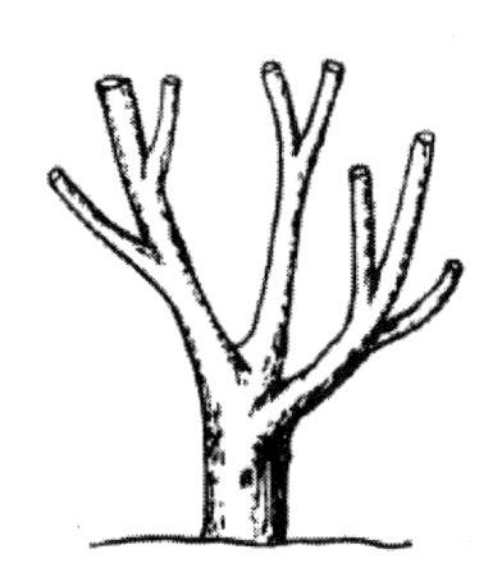

图6.16 主枝更新

更新修剪通常在春季萌芽前。衰老树的更新必须与根系更新同步进行，头年秋季先断根改土，翌年春季更新树冠效果才更好。更新修剪后，即使用薄膜或接蜡保护锯口、剪口，用石灰水刷白树干，防止枯桩和日灼。并要加强新梢管理，通过摘心、疏梢和病虫防治等促进树体生长，尽快恢复树冠。

6.4.5 强旺树的整形修剪

1. 轻疏少截

修剪上要采取轻度疏删、少短截的方法，以抑制树势，逐步达到梢、果平衡，丰产、稳产。疏剪强旺侧枝和直立枝组要逐年进行，力求改善内部光照，切不可一次疏剪过重，以免抽发更多强枝。

2. 深耕断根

萌芽前（2月下旬至3月采果后）进行1次深耕，行、株间深挖20~30cm，切断部分根系，削弱营养生长，以利坐果。花芽分化初期（9~10月）深耕1次，有利花芽分化。采取深沟断根的方法，也可以起到同样的效果。

3. 拉斜大枝

春季萌芽前或谢花期将直立大枝拉成 45°~60°的斜生枝，以削弱其旺盛的营养生长，促进坐果。9~10 月将直立大枝拉斜，可起到促花效果。生产上也可采取撑、吊的方法加大角度，使枝条开张。

6.4.6　大小年的整形修剪

1. 黄果柑大年树的修剪

小年采果后要对树体进行一次大的调整和更新。疏剪顶部大枝开天窗，从根本上改善内膛光照；通过枝组更新解决局部结果与生长的矛盾，大年花量多、结果多，在早春修剪时，将枯枝、密生枝、病虫枝、细弱枝等一律从分枝处疏除，以减少养分消耗。

大年能结果的母枝多，修剪时对强旺的部分夏、秋梢结果母枝采取短截，促发春梢营养枝。在大年稳果后，疏除病虫果、小果和过多的果，保持正常的叶果比，维持树势。大年落花落果枝多，谢花后至放梢前回缩修剪落花落果枝，剪除衰弱部分，留下健壮和有营养枝的部分。

7 月上中旬放秋梢前，短截、回缩树冠中上部外围部分结果枝组，留桩长 10~15cm，促发秋梢，培养翌年结果母枝。

2. 黄果柑小年树的修剪

大年采果后树势衰弱，优良的结果母枝少，花量偏少，小年树的修剪量较大大年时轻，修剪时期宜迟，弱枝尽可能保留，以春季见花修剪较好。

小年结果母枝少，优良母枝更少，只要能开花的结果母枝小年要一律保留让其开花结果。萌芽前对大年结果后衰退的结果枝组进行短截、疏剪、回缩更新，特别是短截疏剪树冠外围的衰弱结果枝组。

回缩夏、秋梢结果母枝，强健的回缩至夏梢，衰弱的回缩至春梢，过密且衰退的从分枝处疏剪。小年衰弱的结果母枝坐果率较差，开花后要及时疏除落花落果枝，保持树冠内膛通风透光。小年挂果少，夏梢发生多，展叶前抹除，以减少生理落果。

6.4.7　高接换种树的整形修剪

1. 除萌

当萌芽不超过 5cm 时，在砧树上每隔 5~10cm 留下一些萌梢进行摘心处理，使萌梢在嫁接口 10cm 以上覆满树干。其优点就是防止高接换种不成活时为夏季或下一年嫁接做准备和防止发生日灼病，同时利用萌梢作辅养枝，制造部分光合产物供应给接穗，达到逐步“断奶”的目的。接穗萌芽后抽生的各次梢，在嫩梢长到 5cm 左右时要间密排匀，每个基枝保留 2~3 条新梢。

2. 摘心造形

通过摘心，促发分枝，提早形成树冠，当春梢长 20~30cm 时，留 5~6 叶摘心，每个春梢可促发夏梢 3~4 枝，8 月上中旬将夏梢留 6~8 叶再次摘心促发秋梢。晚秋梢一律抹去。

3. 修剪与造形

高接换种后的前两年树体以轻剪为主，多留枝，多长放，适度疏枝，培养自然圆头形树形。嫁接当年新梢长 30~40cm 时，将其拉成开张角度约 80°，促发短枝。第二年夏季对背上直立枝和辅养枝进行扭梢、拉枝，对生长过旺枝进行适度短截，促进花芽形成，挂果后的枝组适度回缩，保持结果枝组的健壮。

6.4.8 遭受气象灾害后的整形修剪

黄果柑树受冻后要及时剪除因冻害造成的干枯枝，大枝待春季抽梢后剪（锯）至生长旺盛处。

参 考 文 献

杜宗绪,李绍华. 2004.长枝修剪对桃树营养状况的影响.河北果树，(4)：4-5.

河北农业大学. 1987.果树栽培学总论.北京:农业出版社.

华中农业大学. 1987.果树研究法.北京:农业出版社.

李明霞,杜社妮,白岗栓,等. 2012.苹果树更新修剪对土壤水分及树体生长的影响. 浙江大学学报（农业与生命科学版），38 (4)：467-476.

李润唐. 2006.湖南柑橘资源的遗传多样性及营养光合特性研究.长沙：中南林业科技大学硕士学位论文.

罗辉,杜凌,殷建强,等. 2012.整形修剪对高接换种纽荷尔脐橙生长和产量的影响. 农技服务，29 (6): 683-684, 686.

孙帅,李进,姜勤,等. 2013.不同修剪方法对“丽江雪桃”枝条养分的影响.北方园艺，(13)：39-40.

王浚明, 李疆. 1989. 修剪对枣头发生与发展的效应. 河南农业大学学报， 3:209-217.

王雅倩. 2012. 不同修剪方法对苹果芽和叶内源激素的影响. 杨凌: 西北农林科技大学硕士学位论文.

杨再英,黄静,管雪梅,等. 2002.不同整形修剪对脐橙叶片叶绿素含量及产量品质的影响.广西园艺，1:5-6.

第7章　黄果柑病害及防控

7.1　黄果柑真菌病害

真菌病害是黄果柑病害中数量最多、分布最广、危害最严重的一类病害。此类病害可发生于黄果柑植株的各个部位，各物候期。本章将介绍黄果柑真菌病害的症状特点、病原、发生规律及防治方法。

7.1.1　疮痂病

柑橘疮痂病又称“癞头疤”、“疥疙疤”，是柑橘重要的真菌型病害之一，在中国的柑橘种植区普遍发生，黄果柑上发病较多。冷凉绵雨的春季容易发病，防治不及时会使黄果柑商品性严重下降。

1. 症状特征

主要为害黄果柑幼叶、新梢和幼果。花器受害后，花瓣将很快脱落。

（1）叶片症状。受害叶片初生油渍状、半透明、黄褐色的圆形小斑点，后病斑逐渐扩大，呈蜡黄色至黄褐色，后变灰白色至灰褐色并木栓化隆起。在叶片全部展开后，病斑多向叶面凹陷，叶背突起呈圆锥状或漏斗状。叶片受害严重时，其表面粗糙、扭曲畸形。新梢受害症状与叶片基本相同，但其木栓化突起不明显，枝梢短小、扭曲、表面粗糙，新梢生长停滞。潮湿时，叶片和新梢病部表面产生灰色粉状物或细绒状物。

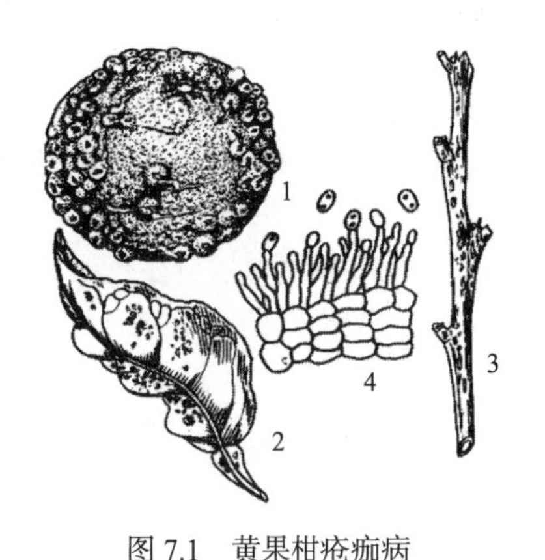

图 7.1　黄果柑疮痂病

1.被害果；2.被害叶；3.被害枝；4.病原菌

（2）果实症状。受害果表面粗糙，果小皮厚，味酸汁少，呈畸形，初有水渍状褐色小斑，后逐渐扩大为黄褐色圆锥形木栓化的疣状突起。其病斑散生或群生于果皮之上，后期呈褐色或灰白色。若果实后期发病，果皮病部组织将大块坏死，表现为癣皮状脱落，下部的组织木栓化，皮层变薄，久晴骤雨易发生开裂。潮湿时，果实病部表面产生灰色粉状物或细绒状物（图 7.1）。

2. 病原

Elsinoe fawcettii Bitancourt and Jenkins（无性态 *Sphaceloma fawcettii* Jenkins）（侯欣，

2013），为害的真菌为柑橘痂圆孢菌，属于半知菌亚门痂囊菌属。其分生孢子盘初散生或多个聚生于寄主表皮下，盘状或垫状，近圆形，后突破表皮外露；分生孢子梗密生，圆筒形，顶端尖或钝圆，一般无隔膜，偶生 0~2 个隔膜，无色或淡褐色；分生孢子着生在分生孢子梗顶端，单生，长椭圆形或卵圆形，无色，两端各有一个油球。子囊座呈圆形至椭圆形，暗褐色，每个子囊腔内含有 1 个子囊；子囊呈球形至卵形；子囊孢子无色，呈长椭圆形，有 1~3 个横隔，分隔处稍缢缩（图 7.2）。

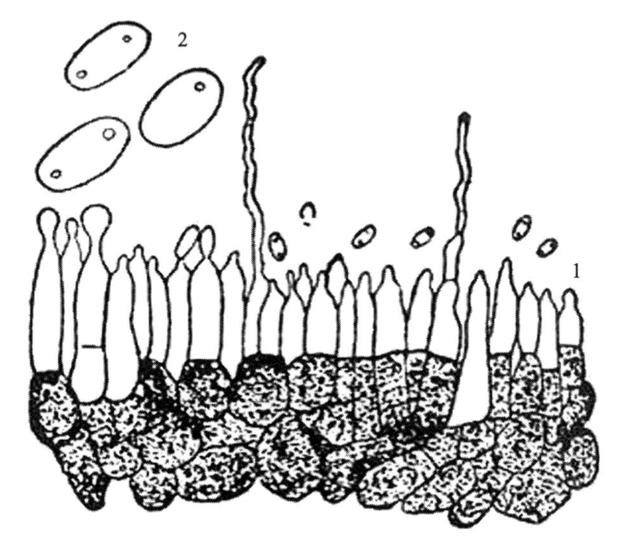

图 7.2 柑橘疮痂病病原

1．分生孢子盘；2．分生孢子

果柑的疮痂病主要由病原物分泌的痂囊腔菌素 A 所引起。

3. 发生规律

病菌主要以菌丝体在病叶、病枝等组织内越冬。翌年春，当阴雨多湿，气温回升至 15℃以上时，老病斑上的菌丝体开始活动，产生出分生孢子，借由风、雨、昆虫传播至春梢嫩叶、花和幼果等幼嫩的组织内部，萌发产生芽管，从表皮直接侵入寄主体内，经 3~10d 的潜育期后发病。以分生孢子进行再侵染，辗转危害夏梢、秋梢的幼嫩部位。借由带病苗木、接穗或果实的调运进行远距离传播。

温湿度对疮痂病的发生和流行有重要影响，湿度影响最大。本病的发病温度为 15~24℃，最适温度为 20~21℃，当温度高于 25℃时，病菌生长将受到抑制，超过 28℃则停止发病。因而，疮痂病在春梢和幼果期发生较为严重。在春梢和晚秋梢抽发期，如遇连绵阴雨或清晨露重雾大，利于病菌孢子萌发侵入，则会加重病情。

苗木和幼年树因为抽梢次数多、梢期长，所以受侵染的机会大，发病较重。通常在新梢幼叶尚未展开时最易感病，落花后不久的幼果期也最易感病。幼果果实长到核桃大小时，具有一定的抵抗力，组织完全老熟后，则不再感病。

4. 防治方法

合理修剪、整枝，增强通透性，降低湿度；控制肥水，促使新梢抽发整齐；结合修剪和清园，彻底剪除树上残枝，残叶，并清除园内落叶，集中烧毁。

对外来苗木实行严格检疫，将新苗木用 50%苯菌灵可湿性粉剂 800 倍液、50%多菌灵可湿性粉剂 800 倍液浸泡 30min 进行消毒处理。

在抽梢开始及幼果期要重点喷药保护，一般在春梢与幼果期各喷药 1 次即可。第 1 次在春芽萌动至新梢长 1~2mm 时，第 2 次是在落花 2/3 时。常用药剂有：75%百菌清可湿性粉剂 800 倍液、80%代森锰锌可湿性粉剂 300~500 倍液、77%氢氧化铜可湿性粉剂 800 倍液、14%络氨铜水剂 200~300 倍液和 50%福美双可湿性粉剂 800 倍液等药剂。

7.1.2 黑腐病

1. 症状特征

（1）黑心型。病菌在幼果期自果蒂部伤口侵入果心，沿果心蔓延，引起心腐，病果外表无明显症状，但内部果心及果肉则变墨绿色腐烂，在果心空隙处长有大量深绿墨色绒毛状霉。

（2）黑腐型。病菌从伤口或脐部侵入，果皮先发病，外表症状明显，初呈褐色或黑褐色圆形病斑，扩大后稍凹陷，边缘不整齐，中部常呈黑色，病部果肉变为黑褐色腐烂，干燥时病部果皮柔韧，革质状，高温下，病部长出绒毛状霉，开始呈白色，后转变为墨绿色，果心空隙处亦长有大量墨绿色霉。

（3）蒂腐型。病菌从果蒂部伤口侵入，症状与黑心型类似，但在果蒂部形成圆形的褐色软腐症斑，大小不一，直径通常 1cm 左右。

（4）干疤型。病菌从果皮和果蒂部伤口侵入，常形成深褐色圆形病斑，病、健交界处明显，直径多为 1.5cm 左右，呈革质干腐状，病部极少见到绒毛状霉，易与炭疽病干疤症状混淆。

2. 病原

Alternaria citri Ell. et Pierce，属于半知菌亚门交链孢属真菌。

病部长出的墨绿色绒毛状霉是病菌的分生孢子梗和分生孢子。分生孢子梗成簇生长，暗褐色，通常不分枝，弯曲，有 1~7 个横隔；分生孢子 2~7 个串生，呈纺锤形、长椭圆形或倒棍棒形，褐色或暗橄榄色，有 1~6 个横隔和 0~5 个纵隔，分隔处略缢缩，大小为（1.4~5.88）μm×（8.4~15.4）μm。

3. 发生规律

病菌主要以分生孢子在病果上越冬，或以菌丝体潜伏在枝、叶、果实的组织内越冬。第二年产生分生孢子靠风雨传播进行田间初次侵染，发病产生的分生孢子则是再侵染的主要来源；采收前果实表面黏带的分生孢子或潜伏感染的菌丝体是贮藏期间果实发病的主要初次侵染来源。病菌靠接触传播，从落蒂果的蒂部及其他伤口侵入危害。

4. 防治方法

1）农业防治

（1）防止果实受伤，采收时要轻采轻放，避免果实遭受机械损伤。

（2）库房及用具消毒。果实进库前 10~15d，对库房或地窖进行消毒，每立方米容积用 5~10g 硫磺粉进行烟熏，或喷布甲醛 1∶40 倍液，每立方米 30~50ml，消毒时关闭门窗 3~4d，然后通气 2~3d。

（3）控制库房中的相对湿度在 80%~85%，注意通风换气。

2）化学防治

（1）果实采前喷药。果实采收前 7~10d 内用 45%施保克 2000 倍液、25%咪鲜胺 1000 倍液或 70%甲基托布津 1500~2000 倍液喷施。

（2）果实防腐处理。果实采收后 24h 内用药剂浸果 1min，药剂选用 5000 倍的 2,4-D 加 45%施保克 2000 倍或 25%咪鲜胺 1000 倍液。

7.1.3 黑色蒂腐病

黑色蒂腐病也称焦腐病，与褐色蒂腐病的初期症状难以区别，一般都从果蒂周围开始发病而引起腐烂，故统称蒂腐病。

1. 症状特征

黑色蒂腐病病部扩展速度较褐色蒂腐病快，色较深，有时病斑随囊瓣排列纵向蔓延，在果面出现从蒂部直达脐部的深褐色带纹。潮湿时病部可长出污灰色绒毛状菌丝，后变为黑色，并散生黑色小点粒（分生孢子器）。一般先烂果皮，后烂果心。全果腐烂时，果心部淡灰褐色，果肉呈红褐色并与中心柱脱离，种子则黏附在中心柱上。黑色蒂腐病除危害果实外，在田间还可侵害枝梢，引起枝枯。此病与褐色蒂腐病的主要症状区别见表 7.1。

表 7.1 褐色蒂腐病和黑色蒂腐病的区别

症　状	褐色蒂腐病	黑色蒂腐病
病斑颜色	黄褐色至深褐色	黑褐色或暗紫色
病斑形状	病部继续扩展时，边缘呈波纹状	病部沿囊瓣纵向扩展时，果面呈现深褐色带纹
果心腐烂	果心部腐烂速度比果皮快，先形成穿心烂	果皮腐烂速度比果心部快，一般先烂果皮后烂果心
菌丝体	潮湿时果心部或果皮部长出白色絮状菌丝体	潮湿时病果表面长出污灰色至黑色绒毛状菌丝体

2. 病原

Diploclia natalensis Evans，属于半知菌亚门色二孢属真菌。

分生孢子器梨形至扁球形，黑色、革质，有孔口。分生孢子未成熟时无色，单胞，近球形、卵圆形或长椭圆形，易萌发；成熟的分生孢子为长椭圆形，双胞，分隔处略缢缩，暗褐色，不易萌发。高温和低温环境都不利于该菌的生长。25~30℃为该菌的适宜生长温度，在 30℃下，菌丝生长最快，当温度低于 15℃或高于 32℃时，菌丝生长缓慢，当温度低于 10℃时病原菌虽仍有生活力但生长极为缓慢，其致死温度约为 75℃。

3. 发生规律

病菌主要以菌丝体和分生孢子器在枯死的病枝上越冬，在温度适宜的降雨天气分生孢子器散出分生孢子，靠雨水传播至果实上，采前果实带菌是贮藏期发病的主要初侵染来源。分生孢子萌发后，主要通过伤口、果蒂剪口或表皮侵入发病。

4. 防治方法

1）农业防治

（1）防止果实受伤，采收时要防止果实遭受机械损伤。

（2）库房及用具消毒。果实进库前 10~15d，对库房或地窖进行消毒，按每立方米容积用 5~10g 硫磺粉进行烟熏，或用甲醛 1∶40 倍液喷射，每立方米 30~50ml，消毒时关闭门窗 3~4d，然后通气 2~3d。

（3）控制库房中的相对湿度在 80%~85%，注意通风换气。

2）化学防治

（1）果实采前喷药，果实采收前 7~10d 内喷药，可用 50%甲基托布津 1500~2000 倍液或 50%多菌灵可湿性粉剂 2000 倍液。

（2）果实防腐处理，果实采收后 1~3d 内用药剂处理，可用 0.02%的 2,4-D 加 0.1%托布津，0.02%的 2，4-D 加 0.05%多菌灵，用上述混合药剂浸果 1~2min。

7.1.4　黑星病

黑星病又称黑斑病，各黄果柑产区均有发生。果实被害后，不但品质会严重下降，而且在贮运时病斑还会发展，造成腐烂，损失严重。

1. 症状特征

主要为害果实，症状分黑星型和黑斑型两类。黑星型：病斑圆形，红褐色，后期病斑边缘略隆起，呈红褐色至黑色，中部略凹陷，为灰褐色，常长出黑色粒状的分生孢子器。果上病斑达数十个时，可引起落果。黑斑型：初期斑点为淡黄色或橙黄色，后扩大形成不规则的黑色大病斑，中央部分有许多黑色小粒点。病害严重的果实，表面大部分可以被许多互相连接的病斑所覆盖。

2. 病原

Phoma citricarpa（柑果茎点菌），属半知菌亚门真菌。分生孢子器球形至扁球形，黑褐色，分生孢子卵形至椭圆形，单胞无色。有性世代 *Guignardia citricarpa*（柑果黑腐菌），属子囊菌亚门真菌（图 7.3）。

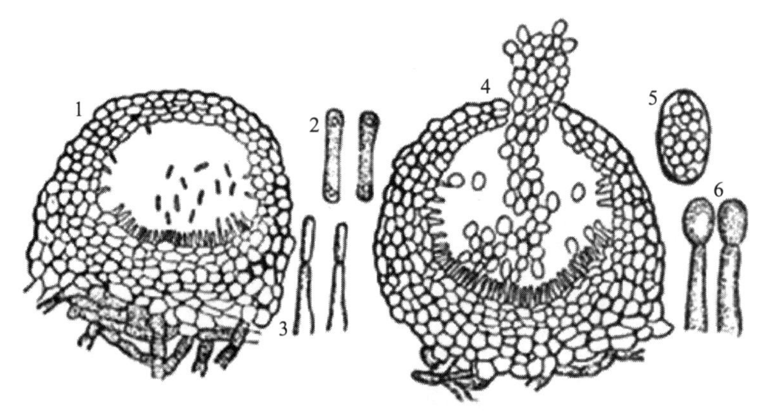

图 7.3 柑橘黑星病病原

1、4.分生孢自器；2、3、6.分生孢子梗；5 分生孢子

3. 发生规律

病菌以菌丝体或分生孢子器在病果或病叶上越冬，翌年春天条件适宜时散出分生孢子，借风雨或昆虫传播，芽管萌发后进行初侵染。病菌侵入后不马上表现症状，只有当果实近成熟时才现病斑，并可产生分生孢子进行再侵染。春季温暖高湿发病重；树势衰弱，树冠郁密，低洼积水地，通风透光差的橘园发病重。不同柑橘种类和品种间抗病性存在差异，柑类和橙类较抗病，橘类抗病性差。

4.防治方法

加强橘园栽培管理。采用配方施肥技术，调节氮、磷、钾比例；低洼积水地注意排水；修剪时，去除过密枝叶，增强树体通透性，提高抗病力；秋末冬初结合修剪，剪除病枝、病叶，并清除地上落叶、落果，集中销毁，同时喷洒 1~2 波美度石硫合剂，铲除初侵染源。

黄果柑落花后，开始喷洒 50%多菌灵可湿性粉剂 1000 倍液、80%代森锰锌可湿性粉剂 500~800 倍液、40%多·硫悬浮剂 600 倍液、50%多霉灵（多菌灵·乙霉威）可湿性粉剂 1500 倍液、50%甲基硫菌灵可湿性粉剂 500 倍液、30%氧氯化铜悬浮液 700 倍液、50%苯菌灵可湿性粉剂 1500 倍液，间隔 15d 喷 1 次，连喷 3~4 次。

7.1.5 黄斑病

柑橘黄斑病在管理水平低、树势弱的黄果柑果园发病重，受害严重时引起大量落叶。

1. 症状特征

常见有两种症状，一种是黄斑型：发病初期在叶背生 1 个或数个油浸状小黄斑，随叶片长大，病斑逐渐变成黄褐色或暗褐色，形成疮痂状黄色斑块。另一种是褐色小圆斑型（图 7.4）：初期在叶面产生赤褐色略凸起小病斑，稍后扩大，中部略凹陷，变为灰褐色圆形至椭圆形斑，后期病部中央变成灰白色，边缘黑褐色略凸起，在灰白色病斑上可见密生的黑色小粒点，即病原菌的子实体。

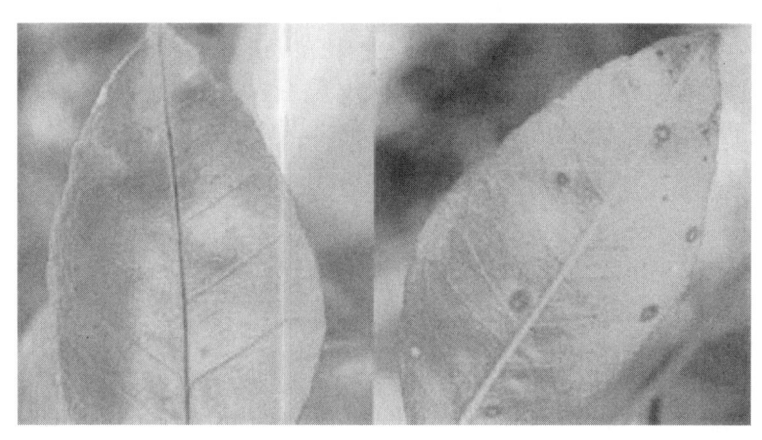

图 7.4　黄斑病为害黄果柑叶片状（褐色小圆斑型）

2. 病原

Mycosphaerella citri 柑橘球腔菌，属子囊菌亚门真菌。子囊座近球形、丛生，黑褐色，有孔口。子囊倒棍棒形，成束状着生在子囊座上。子囊孢子在子囊内排列成两行，无色，长卵形。

3. 发生规律

病菌以菌丝体或分生孢子在落叶的病斑或树上的病叶中越冬，翌年春天遇有适宜温湿度时开始产生孢子，通过风雨传播，黏附在黄果柑的新叶上，孢子发芽后侵入叶片，致新梢上叶片染病。5 月上旬始发，6 月中下旬进入盛期，9 月后停滞或病叶脱落。一般春梢叶片发病重于夏秋梢，老树、弱树易发病。

4. 防治方法

（1）农业防治：加强果园管理，增施有机肥，及时松土、排水，增强树势，提高抗病力。及时清除地面的落叶，集中深埋或烧毁。

（2）化学防治：黄斑病侵染时间在 5~6 月，症状表现要 2 个多月以后才明显。因此，把握时期，选好药剂是防治关键。第 1 次喷药可结合疮痂病防治，在落花后，喷施 50%多菌灵可湿性粉剂 600~800 倍液、80%代森锰锌可湿性粉剂 600 倍液、70%甲基硫菌灵可湿性粉剂 800~1000 倍液、77%氢氧化铜可湿性粉剂 800 倍液等药剂，间隔 15~20d 喷 1 次，连喷 2~3 次。

7.1.6　脚腐病

脚腐病又称裙腐病（树干）、褐腐病（果实）。

1. 症状特征

多在树体的根颈部位的树皮开始发病，病斑逐步扩大，纵向扩展速度大于横向扩展速度，向上可蔓延至主干离地 60～70cm，向下可蔓延至主根、侧根，甚至须根；横向则最终导致根颈部呈环割状（图 7.5）。发病部位的树皮变褐腐烂，常有酒糟味，在干燥气候中病部组织开裂变硬，潮湿的条件则病部出现流胶。病部和健部交界明显，在发病初期仅为害表皮，后扩展至形成层乃至木质部。外界条件适宜时，常会多次侵染，受害植株在发病的相应方向，出现“黄叶秃枝”现象，造成大量落花落果、果小味酸和早黄，甚至脱落腐烂，严重者引起整株死亡（曹涤环，2015）。

图 7.5 黄果柑脚腐病为害根颈部症状

2. 病原

Phytophthora parasitica 寄生疫霉，属鞭毛菌亚门真菌。孢囊梗长，孢子囊顶生、间生或侧生，卵圆形或球形；厚垣孢子球形；藏卵器间生或侧生，卵孢子球形，蜜黄色。

3. 发生规律

病菌以菌丝体和厚垣孢子在病株上和土壤里的病残体中越冬。翌年气温升高，雨量增多时，借雨水飞溅传播，病菌萌发产生芽管，侵入寄主为害，后病部菌丝产生孢子囊及游动孢子，进行再侵染，也可随雨水溅到近地面的果实上，使果实发病。高温多雨季节发病严重；地势低洼，排水不良，树冠郁闭、通风透光差的果园，发病严重。

4. 防治措施

1）农业防治

（1）选用抗病砧木。选择抗病砧木是防治黄果柑脚腐病切实可行的措施，选用抗病的枳、枳橙、香橙等作砧木，嫁接部位应高于地面 15cm，减少土壤病原感染伤口的机会。如土壤 pH 较大时，采用香橙酸柚等抗黄化砧木，pH 较小时，选择用枳、枳橙等作砧木。

（2）加强栽培管理，增强树势。

A. 行间开好排水沟，低洼积水地注意排水。

B. 合理修剪，增强通透性，果园操作时避免损伤主干。

C. 不偏施氮肥，增施有机肥，避免间作高秆作物，及时防治树干病虫害，保护根颈部树皮及主干，环剥环割部位应高过树体主干分枝部，环剥宜轻，只针对少花旺树、旺枝，全树不应超过 2/3 主枝环剥，并注意保护好伤口，限量使用生长调节剂和喷施营养液，配合疏花疏果控制载果量，防止大小年发生，可以减轻病害发生。

D. 果实转色期在地面铺草，防治土壤中的病菌随雨水溅到枝叶及果实上；或用竹竿等将近地面的树枝撑起，使其距地面 1m 以上，以减少果实与病菌接触的机会，起到保护树冠下部果实的作用。

2）化学防治

（1）初夏前后，将黄果柑树的根颈部土壤扒开，发现病斑时将腐烂的皮层、已变色的木质部刮除干净，并刮掉病部周围健全组织 0.5~1cm，然后于切口处涂抹药剂防治，常用药剂有 1∶1∶20（石灰∶硫酸铜∶水）波尔多液或 1∶10 铜锰合剂，500ml/L 多效霉素或

70%甲基托布津 50 倍液，或用大蒜、腐植酸钠、碘酒等涂抹治疗，或采用火焰灼烧之后再涂药，均能达到良好的防治效果。

（2）如果土壤病菌孢子较高，可在晚春和早秋对轻微受害树进行灌根处理，使用药剂有杀毒矾、大生 M-45 等，对受害轻的病树经治疗后再进行靠接换砧（选用抗病砧木）。

（3）预防果实受害。果实着色初期，树冠喷施 1~2 次大生 M-45，可杀得等保护性药剂。

7.1.7　柑橘煤烟病

1. 症状特征

黄果柑各产区普遍发生的病害，发病初期，在叶片、果实和枝条的表面出现暗褐色霉斑，逐渐扩大形成绒毛状的黑色或暗褐霉层，霉层上散布黑色小点或毛发状突起物，用手将霉层剥落枝叶仍为绿色（图 7.6）。发病重的黄果柑园，霉层覆盖大量枝叶，影响光合作用，并分泌毒素，使植株组织中毒，造成树势衰退，叶片卷缩褪色或脱落，花少果小，幼果腐烂（图 7.7）。

图 7.6　黄果柑煤烟病病叶

图 7.7　黄果柑煤烟病病树

2. 病原

Capnodium citr（柑橘煤炱）、*Meliola butleri*（巴特勒小煤炱）、*Chaetothyrium spinigerum*（刺盾炱）等，均属子囊菌亚门真菌(图 7.8)。其中常以柑橘煤炱为主，菌丝丝状、暗褐色，具分枝。子囊壳球形，子囊长卵形，内生子囊孢子 8 个，子囊孢子长椭圆形，具纵横隔膜，砖格状。分生孢子器筒形，生于菌丝丛中，暗褐色，分生孢子长圆形，单胞无色。

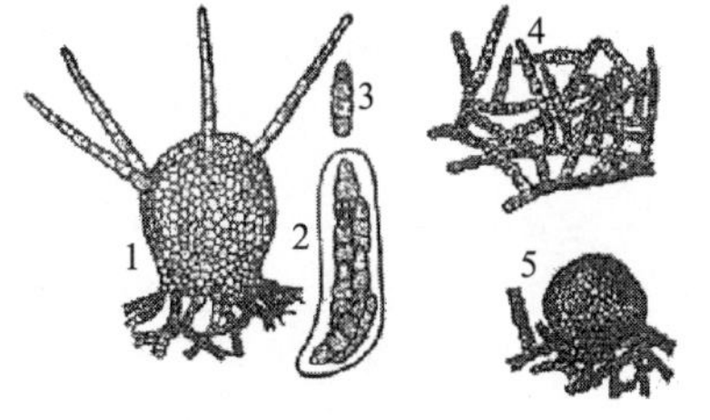

图 7.8　柑橘煤烟病病菌

1.子囊壳；2.子囊；3.子囊孢子；4.菌丝；5.分生孢子器

3. 发生规律

病菌以菌丝体子囊壳和分子孢子在病部越冬，翌年春季繁殖出的孢子借风雨传播，繁殖，重复为害。煤烟病全年都可发生，以 5～9 月发病最为严重。种植密度大的黄果柑果园，荫蔽透光差，湿度大，发病重。且煤烟病大部分种类病菌以蚜虫、蚧类、黑刺粉虱等刺吸式口器的分泌物为营养，进行生长繁殖，辗转为害，并随之消长（杨明霞，2009）。

4. 防治方法

（1）农业防治：加强管理，合理修剪，果园降湿、树冠通风透光，改善光照。

（2）化学防治：冬季用100~150倍液的99%矿物油乳剂清园，春季发芽前用150倍液矿物油预防一次，同时适时防治蚜虫、蚧类等刺吸式口器害虫；已经发生煤烟病的地块，可使用99%矿物油150~200倍+甲级托布津800倍液进行防治，7d后重复一次。

7.1.8 青霉病和绿霉病

青霉病和绿霉病分布普遍，是黄果柑贮运期间最严重的病害。

1. 症状特征

青霉病（图7.9）和绿霉病（图7.10）的症状相似，初期都产生水渍状淡褐色圆形病斑，病部果皮软腐、略凹陷，病部继续扩展后，长出白霉状菌丝层，并在白霉层中部很快出现青色（青霉病）或绿色（绿霉病）的粉状霉层，即病菌的分生孢子和分生孢子梗，外围呈一圈白色霉带。在适宜发病条件下，病部迅速扩展至全果腐烂。两病症状主要区别见表7.2。

图7.9 黄果柑青霉病病果

图7.10 黄果柑绿霉病病果

表7.2 柑橘青霉病和绿霉病的症状比较

症状	青霉病	绿霉病
分生孢子丛	青绿色，可发生在果皮上和果内空隙处，发生较快	绿色，只发生在果皮上，发生较慢
白色菌丝环	呈粉状，较窄，仅1～3mm	略带黏性，微有皱纹，较宽，为8～15mm
病部边缘	水渍状，明显而整齐	水渍状，不整齐，不明显
黏着性	腐烂时病果表面不黏结包装纸及其他接触物	腐烂时病果表面黏结包装纸及其他接触物
气　味	有霉臭味	带芳香味
腐烂速度	较慢，在21～27℃时发病至全果腐烂需14～15d	较快，温度相同条件下，发病至全果腐烂只需6～7d

2. 病原

青霉病菌 *Penicillium italicum* Wehmer、绿霉病菌 *P. digitatum* Sacc.，均属半知菌亚门青霉属的真菌。菌丝和分生孢子梗均有隔、无色，分生孢子梗分枝呈帚状或叉状，分生孢子串生于分生孢子梗的瓶状小梗顶部，单胞，无色。青霉病菌的菌落产孢处淡灰绿色，分生孢子梗集结成束，无色，具隔膜，先端数回分枝呈帚状；分生孢子初呈圆筒形，后期多近球形、椭圆形或卵形，较小；绿霉病菌的菌落暗黄绿色，后变橄灰色；分生孢子无色、单胞，多为卵圆形至圆柱形，较大（图 7.11）。青霉病菌的生长适温为 15~30℃，最适温度约 20℃；绿霉病菌的生长适温为 18~30℃，最适温度为 28℃。

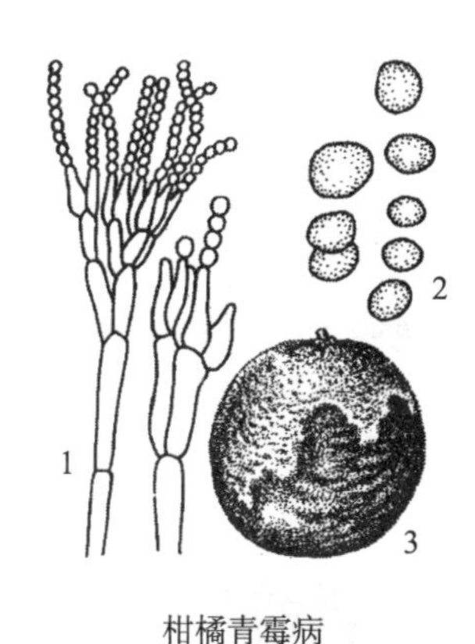

柑橘青霉病

1、2. 分生孢子梗及发生孢子；3.为害状

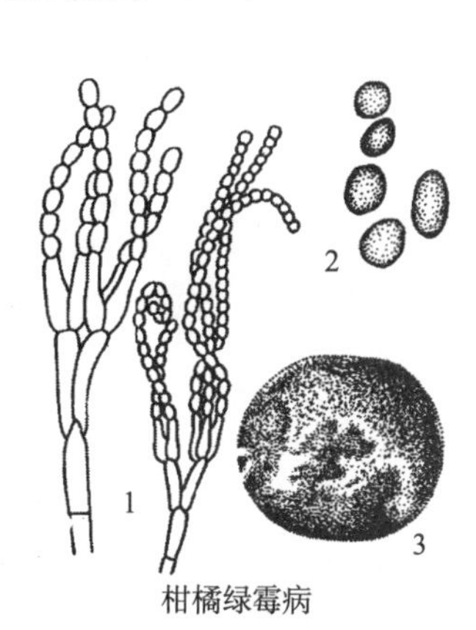

柑橘绿霉病

1、2. 分生孢子梗及分生孢子；3. 为害状

图 7.11　柑橘青霉病和绿霉病病原

3. 发生规律

青霉病菌和绿霉病菌都是典型的腐生菌，可在各种有机物质上营腐生生活，产生大量分生孢子靠气流或接触传播，从果实的各种伤口或果蒂剪口侵入，引起果腐。果实贮藏初期多发生青霉病；贮藏后期多发生绿霉病。相对湿度 95%~98%时利于发病；采收时果面湿度大，果皮含水多发病重。条件适宜时，又产生大量分生孢子进行重复侵染，病害发展蔓延非常迅速。

4. 防治方法

1）农业防治

采收、包装和运输中尽量减少机械伤口的发生；不宜在雨后、重雾或露水未干时采收；注意橘果采收时的卫生。贮藏库及其用具消毒。贮藏库可用 10g/m^3 硫磺密闭熏蒸 24h；或与果篮、果箱、运输车箱一起用 70%甲基硫菌灵可湿性粉剂 200~400 倍液或 50%多菌灵可湿性粉剂 200~400 倍液消毒。

2）化学防治

（1）采收前 7d，喷洒 70%甲基硫菌灵可湿性粉剂 1000 倍液、50%苯菌灵可湿性粉剂 1500 倍液、50%多菌灵可湿性粉剂 2000 倍液。

（2）采后 3d 内，用 50%甲基硫菌灵可湿性粉剂 500~1000 倍液、50%硫菌灵可湿性粉剂 500~1000 倍液、25%咪鲜胺乳油 2000~2500 倍液、40%双胍辛胺可湿性粉剂 2000 倍液、

50%咪鲜胺锰盐可湿性粉剂 1000~2000 倍液、45%噻菌灵悬浮剂 3000~4000 倍液浸果，预防效果显著。

7.1.9 树脂病

树脂病的病原菌寄生性不强，植株生长衰弱，只有在有伤口和受冻害时才能侵入为害。树脂病是柑橘上一种比较常见的病害，枝、叶、果均可为害，在长势弱的黄果柑树上时有发生，其症状随为害部位的不同而不同。

图 7.12 黄果柑树脂病枝干流胶症状

1. 症状特征

1）枝干症状

枝干受害后，初期呈现出暗褐色油浸状病斑，此后病部皮层坏死，进而为害木质部，并流出半透明的黄褐色树胶，俗称树脂病，病斑表面或表皮下密生黑色小粒点（即分生孢子器）为其特征（图 7.12）。

2）叶片及果实症状

叶片受害后失去光泽，叶面上病斑深褐色，小而密集，隆起，手摸其表面粗糙凹凸不平，似砂纸之感。果实在田间受害后症状与叶片相同，均称沙皮病，而在储藏期间多自蒂部开始发病，病斑褐色，称褐色蒂腐病，由于病菌在囊瓣之间扩展较快，当病斑扩展至果皮的 1/3~1/2 时，果心已完全腐烂，种子脱出囊瓣，聚集在果柱上，所以又称“穿心病”，病部表面有时散生黑色小点，为分生孢子器（图 7.13）。

图 7.13 黄果柑树脂病病果

2. 病原

Diaporthe medusaea（柑橘间座壳），属子囊菌亚门真菌。无性世代为 *Phomogsis cytosporella*（柑橘拟茎点霉），属半知菌亚门真菌（图 7.14）。子囊壳球形，单生或簇生、多埋藏于韧皮部黑色子座中；子囊长棍棒状，无柄，无色。子囊孢子梭形，无色，双胞。分生孢子器球形至不规则形，具孔口，分生孢子具二型：I 型为卵形，单胞无色，内含 1~4 个油球；II 型孢子丝状或钩状，无色单胞。

3. 发生规律

以菌丝或分生孢子器在枝干上病部越冬，气温在 10℃左右分生孢子萌发，气温 20℃左右最适合病原菌的生长繁殖。对于分生孢子的传播和侵染，湿度是关键因素，因此在 4~6 月雨量多时发病严重。红蜘蛛、蚧壳虫为害重的植株，易发病，冻害、涝害或肥料不足致树势衰弱也容易发病。

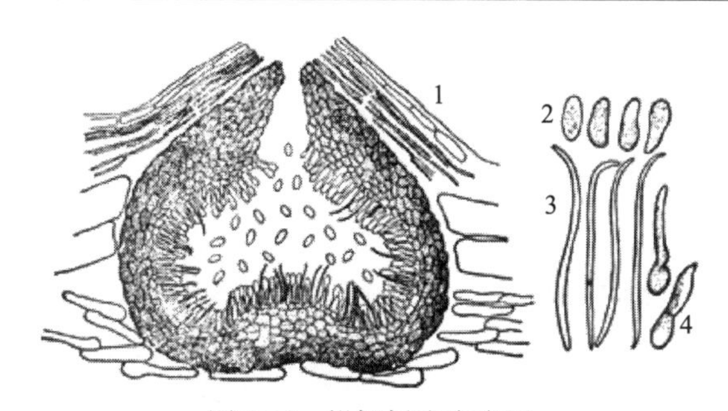

图 7.14　柑橘树脂病病原

1.分生孢子器；2.圆形分生孢子；3.丝状分生孢子；4.孢子萌发

4. 防治方法

1）农业防治

（1）对积水地区，开深沟排水。

（2）加强肥水管理，尽量多施生物有机肥，少施氮肥，多施磷钾肥。

（3）结合修剪，去除病虫枝、枯枝及徒长枝，集中烧毁或深埋，使黄果柑树通风透光良好，减轻发病和传播。修剪后及时涂抹“愈伤防腐膜”，封闭伤口，使修剪口健康愈合。

（4）冬季在气温下降前要做好防寒工作。树干刷白、冬季培土，在黄果柑采收后施一次有机肥，有保暖防寒的作用。

（5）感病后可使用火焰灼烧法进行治疗，可迅速杀死病菌蔓延。

2）化学防治

（1）发现流胶的，先将病部的粗皮刮去（青色为宜），再纵切裂口数条深达木质部，然后涂波尔多液+甲基托布津，杀菌消毒，使病斑迅速脱落，伤口愈合。

（2）流胶严重的涂灌一起上，用波尔多液 1000 倍或自配 0.6%等量式波尔多液灌根，水量依树龄大小而定。

（3）叶面用药预防为主，最好在发病前用。药剂有：50%苯菌灵可湿性粉剂 1500 倍液、50%混杀硫悬浮剂 500 倍液、70%甲基硫菌灵可湿性粉剂 1000 倍液或 60%多菌灵盐酸盐可湿性粉剂 800 倍液。

7.1.10　炭疽病

柑橘炭疽病是另一种重要的真菌性病害，各黄果柑产区均普遍发生，常引起大量落叶、落果、枝梢枯死和树皮爆裂，严重时可致整株死亡，果实贮运期也会感病，引起大量腐烂，严重影响果实品质（图 7.15）。

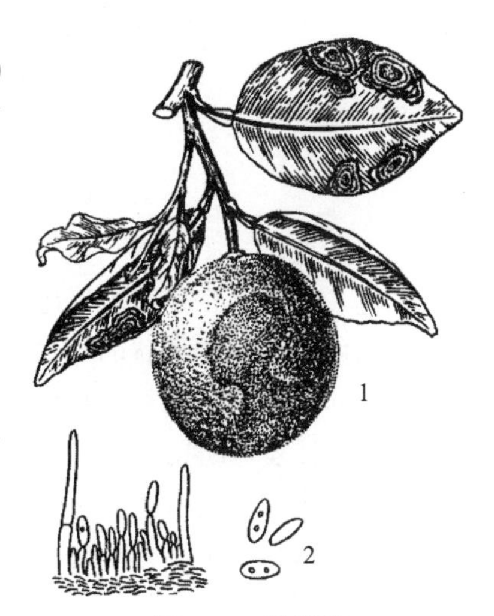

图 7.15　炭疽病

1. 被害果实、夏梢秋梢叶片和新梢被害状；
2. 病原菌分生孢子盘、分生孢子及刚毛

1. 症状特征

（1）叶片。慢性型病斑多出现于叶缘或叶尖，呈圆形或不规则形，浅灰褐色，边缘褐色，病健部分界清晰，病斑上有同心轮纹排列的黑色小点。急性型病斑多从叶尖开始并迅速向下扩展，初如开水烫伤状，淡青色或暗褐色，呈深浅交替的波纹状，边缘界线模糊，病斑正背两面产生众多的肉红色黏质小点，后期颜色变深暗，病叶易脱落（图 7.16）。

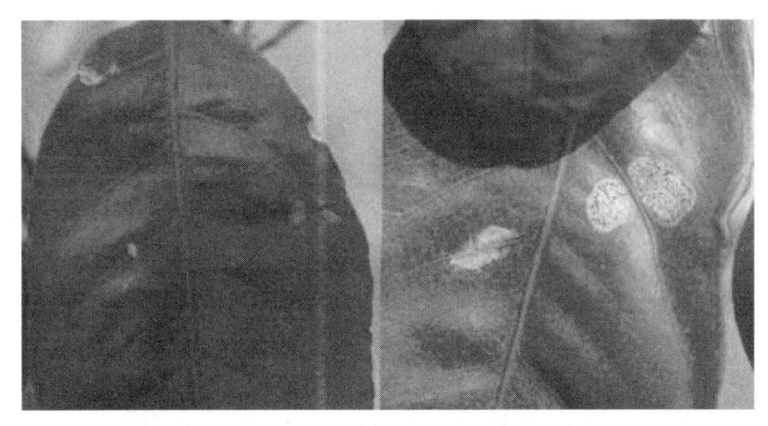

叶斑型

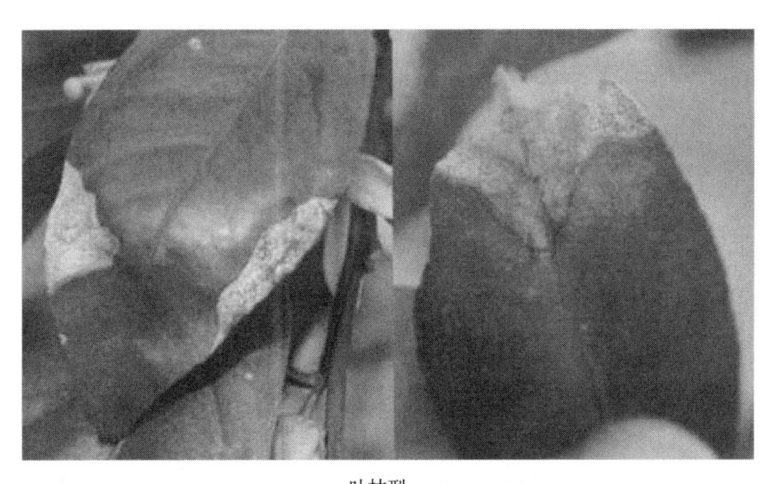

叶枯型

图 7.16 黄果柑炭疽病为害叶片

（2）枝梢。多自叶柄基部的腋芽处开始，病斑初为淡褐色，椭圆形，后扩大为棱形，灰白色，病健交界处有褐色边缘，其上有黑色小粒点，严重时病梢枯死。有时也会突然出现暗绿色的开水烫伤状的急性型症状，3~5d 后凋萎变黑，上有朱红色小粒点。

（3）花朵。雌蕊柱头被侵染后，常出现褐色腐烂而落花。

（4）果实。幼果发病，初期为暗绿色不规则病斑，病部凹陷，其上有白色霉状物或朱红色小液点，后成黑色僵果。大果受害，有干疤型、泪痕型和软腐型 3 种症状。干疤型为黄褐色或褐色的近圆形病斑，革质微下陷；泪痕型是在果皮表面有一条条如眼泪一样的，由许多红褐色小凸点组成的病斑；软腐型在贮藏期发生，一般从果蒂部开始，初期为淡褐色，以后变为褐色后腐烂。

（5）果梗。果梗受害，初期褪绿，呈淡黄色，其后变为褐色，干枯。

（6）苗木症状。常从嫩梢顶端第 1、第 2 片叶开始发生烫伤状症状，以后逐渐向下蔓延，严重时整个嫩梢枯死。有时也会从嫁接口处开始发病，病斑深褐色，其小散生小黑点。

2. 病原

Colletotrichum gloeosporioides 盘长孢状刺盘孢，属半知菌亚门真菌（图 7.17）。分生孢子盘埋生在寄主表皮下，后外露，湿度大时，涌出朱红色分生孢子团，分生孢子盘一般不产生刚毛，分生孢子梗不分隔呈栅栏状排列，无色，圆柱形。分生孢子圆筒形，稍弯，无色，单胞。

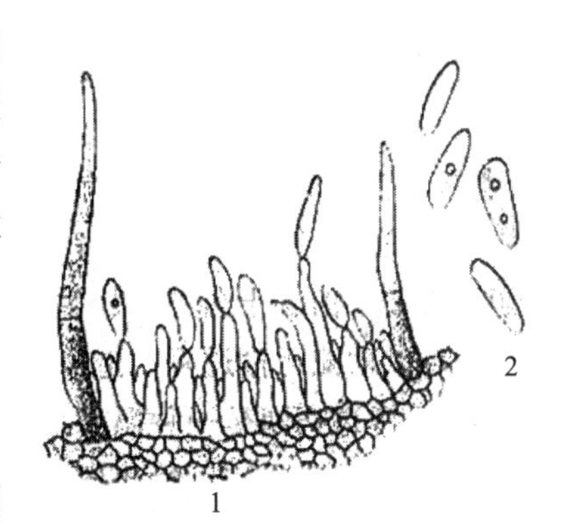

图 7.17　柑橘炭疽病病菌

3. 发生规律

主要以菌丝体和分生孢子在病部组织内越冬。果园的初浸染源主要来自于枯死枝梢和病果梗，少数来自带病叶片。第二年春，分生孢子经风雨及昆虫传播，孢子萌发形成芽管和附着胞，直接侵入寄主组织，或通过气孔和伤口侵入。通过分生孢子多次再浸染导致病害流行。炭疽病菌具有潜伏浸染特征，病菌在嫩叶、幼果期即可侵入，侵入后有的病菌处于潜伏状态，在寄主抗性下降时诱发病害。若病菌从冻伤、虫伤、机械伤等伤口侵入，则一般无潜伏现象。

高温高湿多雨是炭疽病发生和流行的主要条件。炭疽病菌在 26℃时，5h 即可完成浸染过程。在 30℃时，病斑扩展速度最快，3~4d 即可产生分生孢子；在 15~20℃时，病斑上产生分生孢子的时间将延迟；在 10℃时，病斑停止扩展。炭疽病菌分生孢子的外围有水溶性的胶质，干燥时黏集成团，经雨水冲散才能传播。分生孢子萌发要求相对湿度在 95%以上。持续阴雨常引起炭疽病的流行，因而此病最易发生在高温多雨的季节，一般在春梢生长期开始发病，夏、秋梢期发病较多。

4. 防治方法

（1）农业防治：做好肥水管理和防虫、防冻、防日灼等工作，重视深翻改土，增施有机肥，防止偏施氮肥，适当增施磷、钾肥，雨后排水。并避免造成树体机械损伤，保持健壮的树势。剪除病虫枝和徒长枝，清除地面落叶，集中烧毁，以减少菌源。修剪后在伤口处涂上 1∶1∶10 的波尔多浆，或 70%甲基托布津（或 50%多菌灵）可湿性粉剂 100~200 倍液。冬季清园时喷 1 次 0.8~1 波美度的石硫合剂，同时可兼治其他病害。

（2）化学防治：衰弱和树体损伤时，应及时喷药保护。一般可在每次抽梢期喷药 1 次，幼果期喷药 2 次。有急性型病斑出现时，更应立即进行防治。有效的药剂有：0.3 波美度的石硫合剂、咪鲜胺和 20%苯醚甲环唑 4000 倍液、25%凯润可湿性粉剂 2000 倍液、10%世高可湿性粉剂 1500 倍液、80%炭疽福美可湿性粉剂 800 倍液、80%代森锰锌可湿性粉剂 600 倍液等。

7.1.11 白粉病

1. 症状特征

白粉病主要为害黄果柑新梢、嫩叶及幼果，被害部常覆盖一层白粉（病菌的菌丝及分生孢子），严重时引起枝叶扭曲发黄，造成大量落叶、落果乃致枝条干枯，影响植株生长发育，降低产量。发病初期，在嫩叶一面或双面出现不正圆形的白色霉斑，外观疏松。继而霉斑向四周扩展，不规则地覆盖叶面并从叶柄蔓延到嫩茎。病斑下面叶片组织初呈水渍状，后渐失绿变黄。严重时叶片发黄枯萎，脱落或扭曲畸形。干燥气候下病部白色霉层转为灰褐色。嫩梢发病，茎组织不变黄，白色霉层横缠整个嫩枝(图 7.18)。幼果初期病斑与幼嫩枝叶相似，但寄主组织无明显黄斑表现；后期病斑连成一片，白粉覆盖整个嫩枝和幼果，易引起落果。

图 7.18 黄果柑白粉病为害新梢症状

2. 病原

柑橘白粉病菌（*Oidium tingitaninum*）属半知菌亚门真菌，其无性态为 *Oidium heveae* Steinmann，寄生性病原菌。分生孢子梗大小为(60~120)μm×12μm，直立，简单不分枝，无色，圆柱形。分生孢子 4~8 个，串生，无色，圆筒形，端部略圆，大小为(20~28)μm×(10~15)μm，见图 7.19 所示。分生孢子梗分生孢子侧面萌发，芽管末端产生裂片状或直筒状附着胞。未发现有闭囊壳。

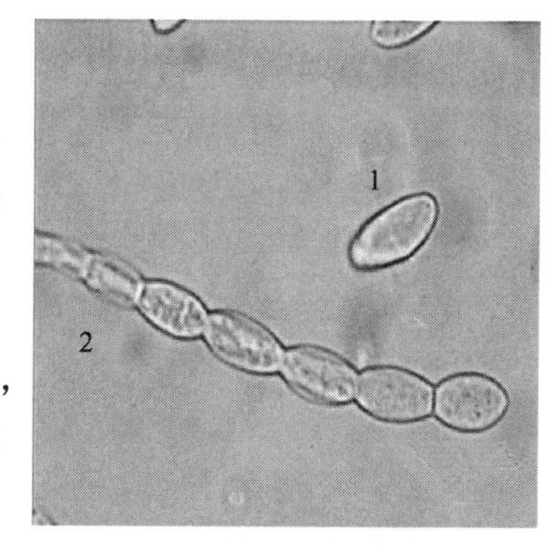

图 7.19 白粉病病原菌形态特征

1.分生孢子；2.分生孢子梗

3. 发生规律

病原体以菌丝体在病部越冬，翌年 4~5 月在春梢上产生分生孢子，并借风雨飞溅传播，在水滴中萌发侵染。菌丝侵入寄主表层细胞，外菌丝扩展为害并产生分生孢子进行再次侵染。雨季或温暖潮湿气候利于该病大量发生和流行，发病的适宜温度为 18~23℃。果园阴湿，树冠荫蔽的植株往往发病重，下部及内部枝梢最易染病。

4.防治方法

（1）农业防治：加强果园管理，增施磷、钾肥和有机肥，提高植株抗病能力。结合修剪，剪除病枝和过密的枝条，及时抹除夏梢，连同病叶、病果一起烧毁，减少菌源量。密植园应及时间伐，保持果园通风透光，合理灌水。

（2）化学防治：冬季清园时，喷 0.5 波美度石硫合剂或 50%硫悬浮剂 200 倍液进行预防；嫩梢长到 3~7cm 时，喷施 0.5 波美度石硫合剂、50%甲基托布津可湿性粉剂 800 倍液、

60%梨园丁可湿性粉剂 1000 倍液或 12.5%禾果利可湿性粉剂 2000 倍液等药剂进行预防，连续喷施 1~2 次，10d 一次。5 月中下旬至 6 月上旬、10 月上旬各喷 1 次 0.5 波美度石硫合剂、硫悬浮剂 400 倍液或甲基托布津可湿性粉剂 1000 倍液进行预防，在初发病期可喷施 25%粉锈宁可湿性粉剂 2000~3000 倍液。

7.2　黄果柑细菌性病害

7.2.1　溃疡病

溃疡病是柑橘的重要病害之一，为国内外植物检疫的重要检疫对象。主要为害黄果柑的叶片、新梢与果实。以苗木、幼树受害最为严重。受害后，叶片、果易脱落，病果品质下降，苗木生长严重受影响，甚至枯死。

1. 症状特征

主要为害叶片、枝梢和果实。叶片受害时，先在叶片背面出现针头大的淡黄色或暗绿色油渍状斑点，逐渐扩大成灰褐色近圆形病斑，同时叶片正、反两面逐渐隆起，且叶背隆起比叶面明显。随后，叶片表皮破裂，木栓化，中央灰白色凹陷呈火山状开裂，周围有黄褐色油渍状晕圈。嫩梢受害以夏梢最多。枝梢染病，初生圆形水渍状小点，暗绿色，后扩大灰褐色，木栓化，形成大而深的裂口，最后数个病斑融合形成黄褐色不规则形大斑，与叶片相似，隆起比叶片更突出。果实受害的症状也与叶片相似，但病斑更大，隆起更显著，中央火山状开裂更明显，病斑只限于在果皮上，发生严重时会引起早期落果（图 7.20～图 7.22）。

图 7.20　柑橘溃疡病

1.被害夏梢叶片；2.被害枝叶；3.被害果实；4.病组织切面图及病原图

图 7.21　柑桔溃疡病为害叶片、果实症状

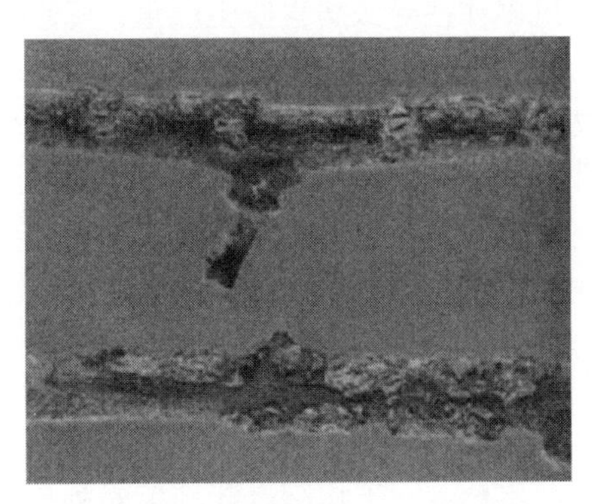
图 7.22　柑桔溃疡病为害枝干症状

2. 病原

Xanthomonas axonopodis pv.*citri*（黄单胞属地毯草黄单胞菌柑橘致病变种）。菌体短杆状，两端圆，有荚膜，无芽孢，极生单鞭毛，革兰染色为阴性反应，好气性（图 7.23）。病菌生长温度为 5~36℃，最适温度为 25~30℃，致死温度为 55~65℃。病菌生长 pH 为 6.1~8.8，最适 pH 为 6.6。在结冰 24h 的情况下，病菌生活力不受影响，在日光 2h 下即可死亡。病菌不耐高温高湿，在 30℃饱和湿度下，24h 后全部死亡。自然条件下，病菌可在病叶组织中存活 180d 以上，枝干上的病菌可长期保持活力。该病菌可分为寄生型和腐生型两种。

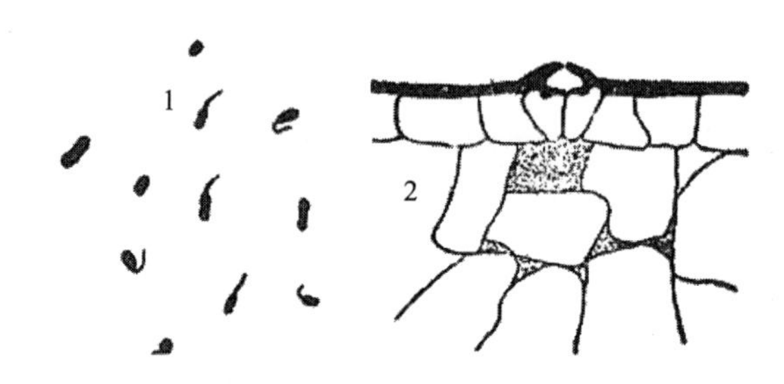

图 7.23　柑橘溃疡病病原

1.病原细菌；2.被害组织内的病原物

3. 发生规律

病菌在病叶、病枝或病果内越冬，翌春遇水从病部溢出，通过雨水、昆虫、苗木、接穗和果实进行传播，从寄主气孔、皮孔或伤口侵入，生长季节潜育期 3~10d。从 3 月下旬至 12 月病害均可发生，一年可发生 3 个高峰期。春梢发病高峰期在 5 月上旬，夏梢发病高峰期在 6 月下旬，秋梢发病高峰期在 9 月下旬，其中以 6 月、7 月夏梢和晚夏梢受害最重。溃疡病菌潜伏在带病组织中越冬（病叶、病梢、病果），秋梢上的病斑是主要病源。翌年春季多雨条件下从病斑中溢出菌脓，借助风、雨、昆虫和枝叶间的接触传播至嫩梢、嫩叶和幼果上，从气孔、皮孔或伤口侵入幼嫩组织，在温度较高时可以在柑橘体内迅速繁殖，潜育期的长短取决于柑橘的品种、组织老熟程度和温度。总体上与以下几个因素相关：①高温多雨易发病严重。②栽培管理措施不当，滥用含氮叶面肥、偏施氮肥使该病加剧；夏梢抽发过多往往导致病害发生严重；其他病虫害防治不及时也可导致该病发生。③阳光充足的丘陵山地，越是清耕除草，病害越严重。④溃疡病易感染柑橘的幼嫩组织，如新梢、嫩叶和幼果等，而老熟组织都不侵染或很少侵染。在柑橘新梢幼叶达正常叶片大小的 2/3 时（萌芽后 30~45d）开始发病，至新梢停止生长时（萌芽后 50~60d）染病率最高，其后染病率逐渐下降；叶片革质化后，发病基本停止。幼果在横径 9~58mm 时（落花后 90~120d）均可发病，尤以幼果横径 28~32mm 时（落花后 60~80d）发病最多；果实转色后即不发病。

4. 防治方法

1）农业防治

（1）严格检疫。无病区、新植区对外引入的苗木和接穗等繁殖材料应从无病区调运，严禁从疫区引入繁殖材料。

（2）培育和使用无病苗木。无病苗圃应设在距离无病区或远离果园 2~3km 及以上的地方。在无病区设置苗圃，所用苗木、接穗进行消毒，可用 72%农用链霉素可溶性粉剂 1000 倍液加 1%乙醇浸 30~60min，或用 0.3%硫酸亚铁浸泡 10min。

（3）合理采用农业措施，培育健壮树体。冬季清园，将落叶、落果及修剪下的病虫枝集中烧毁，病虫枝结合冬季修剪予以剪除。修剪可用快速修剪法，开小天窗或开心形修剪，确保树冠通风透光；成年树应抹除全部的夏梢；一定要做好秋梢的潜叶蛾防治工作。平时不偏施氮肥和过分施用含氮叶面肥，促进叶片及时老熟。风口上的果园应设置防护林带。

2）化学防治

（1）喷药时间。新梢萌芽时不用药，成年树在叶片已张开时用药；幼树可提早在新梢抽出 3cm 以上时开始用药；结果树以保果为主，应在谢花后的 10d、30d、50d 各喷药 1 次。

（2）常用的药剂。波尔多液[春、夏、秋季使用 0.5∶(0.5~0.8)∶100 的浓度，冬季使用 1∶(1~1.5)∶100 的浓度]、20%噻菌铜胶悬剂 300~500 倍液、20%乙酸铜水分散粒剂 800~1200 倍液、30%氧氯化铜悬浮剂 800 倍液、77%氢氧化铜可湿性粉剂 400~500 倍液、56%氧化亚铜悬浮剂 500 倍液、14%络氨铜水剂 200 倍液、3%中生菌素可湿性粉剂 1000 倍液、12%松酯酸铜悬浮剂 500 倍液、50%加瑞农可湿性粉剂 600~800 倍液、15%络氨铜 260~300 倍液、50%代森铵水剂 600~800 倍液、铜皂液（硫酸铜 0.5kg，固体松脂合剂 2.0kg、水 200kg）、3%中生菌素 1000~1500 倍液或 12%绿乳铜 600~800 倍液进行保护。

7.3　黄果柑病毒性病害

7.3.1　裂皮病

1. 症状特征

病株树冠矮化，新梢少而弱，叶片较小。有的叶片叶脉附近的叶肉变黄，类似缺锌症状。病树开花较多，但落花、落果严重，产量降低。砧木部分树皮纵向开裂，翘起延至根部，皮层剥落，木质部外露呈黑色。有些病树只表现出裂果症状而树冠并不显著矮化，或只表现树冠矮化而并无明显裂皮症状。若被该病毒的弱病毒系感染时，仅砧木植株矮化，无裂皮症状（图 7.24）。

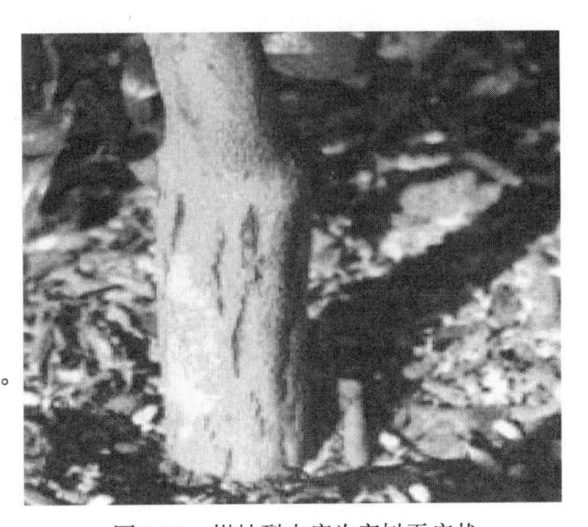

图 7.24　柑桔裂皮病为害树干症状

2. 病原

柑橘裂皮类病毒（*Citrus exocortis viroid*，CEVd），其为继马铃薯纺锤块莲类病毒（*Potato spindle tuber viroid*，PSTVd）之后，世界上发现的第 2 个类病毒。属马铃薯纺锤块莲类病毒科（Pospiviroidae）马铃薯纺锤块莲类病毒属（*Pospiviroid*）。病原物无蛋白质外壳，仅为有侵染性的环状单链 RNA。柑橘裂皮类病毒对化学和物理因素具有高度稳定性，其钝化温度高达 140℃左右。

3. 发生规律

柑橘裂皮类病毒主要通过嫁接及修剪工具进行传播，寄生性种子植物菟丝子也能传毒。病株和隐症带毒的植株是病害的主要初侵染源。该病远距离传播除了通过苗木和接穗外，还可通过植株种子进行传播。此外，亦可以通过受病源污染的工具和人的手与健康植株韧皮部的接触而传播，沾染在嫁接刀及整枝剪上的病汁液能保持侵染性达几个月。柑橘裂皮病在以枳和枳橙作砧木的黄果柑树上严重发病，而用红橘作砧木的黄果柑树在侵染后不显症，成为隐症寄主。

4. 防治方法

（1）农业防治：利用茎尖嫁接脱毒法，培育无病苗木。严格实行检疫，防止病害传播蔓延。新建橘园应注意远离有病的老园，严防该病传播蔓延。

（2）化学防治：操作前后用 5%~20%漂白粉或 25%甲醛溶液加 5%~12%氢氧化钠液或 5%次氯酸钠浸洗 1~2s，消毒嫁接刀、枝剪、果剪等工具和手，以防接触传染。

7.3.2 衰退病

1. 症状特征

速衰（DI）型衰退病，主要发生在春季，能够产生类似病毒诱导的接穗下方韧皮部细胞的坏死，使得碳水化合物等营养物质无法运输到根部，而造成树势急剧衰退甚至迅速死亡。茎陷点（SP）型衰退病，病株的木质部表面出现棱形、黄褐色大小不等的陷点，叶片扭曲畸形、枝条极易折断、植株矮化、树势减弱、果实变小。苗黄（SY）型衰退病，使得植株严重矮缩和黄化。

2. 病原

柑橘衰退病病毒（*Citrus tristeza* virus，CTV），属于长线病毒科长线病毒属（*Closterovirus*）。病毒粒体杆状。有速衰株系（decline inducing，DI）、茎陷点株系（stem pitting，SP）和苗黄株系（seeding yellow，SY）。

3. 发生规律

柑橘衰退病可以通过嫁接传播，在田间还可以通过橘蚜、棉蚜、绣线橘蚜和橘二叉蚜传播。一般情况下，橘蚜为柑橘衰退病的最有效传播介体，传播方式为非循环型半持久方式。而柑橘类常见蚜虫绣线橘蚜和橘二叉蚜不是有效传播介体。橘蚜能够传播柑橘衰退病的各种株系，对强毒株系的传播效率高于弱毒株系，并且能够传播潜伏侵染的强毒株系。不同发育虫态、毒源植物、接毒植物和环境条件，特别是毒源植物和温度条件对橘蚜的传播效率有明显影响（林尤剑和谢联辉，2001）。还可以通过两种菟丝子（*Cuscuta subinclusa*

和 *C. americana*）进行传播。

4. 防治方法

（1）农业防治：应用弱毒株系交叉保护技术进行预先接种弱毒株疫苗和栽培抗（耐）病柑橘品种是目前相对有效的措施。同时，应加强田间综合管理，特别是肥水管理，增强树势。剪除带病枝条，并将中心病株进行连根挖除、集中烧毁，防止病情蔓延。

（2）化学防治：剪除病枝，伤口及时涂抹 50 倍的宁南霉素+病毒清；对烧毁病枝、病株的地方，用生石灰进行消毒处理，同时使用药剂喷施。并用苦参碱、除虫菊、啶虫脒、吡虫啉、毒死蜱、印楝素+高氯甲维盐等药剂对黄果柑种植区的蚜虫、木虱等刺吸式口器害虫进行统防统治，防止病原传播。

7.3.3　碎叶病

1. 症状特征

枳砧或枳橙砧黄果柑树感病后，在砧穗接合处出现黄色环状缢缩，嫁接口附近的接穗部肿大，叶脉黄化，类似环状剥皮引起的黄化和植株矮化，病株数年后常黄化枯死。如受外力推动，砧穗结合处易断裂，裂面光滑。枳橙实生苗感病后，新叶出现黄斑，叶缘缺损或破碎，扭曲畸形，茎干上有“之”字形黄色条斑，植株矮化。

2. 病原

碎叶病为病毒性病害，由柑橘碎叶病毒引起。

3. 发生规律

碎叶病除了嫁接传染外，还可通过受污染的刀剪传播及菟丝子传播。至今还未发现昆虫传病。

4. 防治方法

（1）通过指示植物鉴定选择无病母本，找出带毒母树。在腊斯克（Rusk）枳橙和特洛亚枳橙的实生苗上则表现为新叶出现黄斑，叶片扭曲畸形，叶缘残缺不齐，茎干上有退绿黄斑，有时会出现“之”字形弯曲，植株矮化。发现病株，要妥善处理，病株率 20%以下的，一律挖除，并进行土壤消毒或更换新土，过 6~12 个月再补种无病毒黄果柑苗；病株率 20%以上的，靠接香橙砧 2~3 条，1 年后黄化树势可恢复。或者根颈垒营养土，促使嫁接口以上萌发新根。

（2）在室内人工控制温度和光照条件下（白天：有光照 16h、温度 40℃。黑夜：无光照 8h、温度 30℃）对盆栽植株进行处理，30 多天后取枝条嫁接可获得无毒母树，培育无病苗木。

（3）用上述温度处理植株，待发芽采下做茎尖嫁接，也可获得无毒茎尖苗。

（4）对来源不同的黄果柑植株进行修剪时，应在剪完一批母树后将枝剪刀消毒（用 1%次氯酸钠擦洗刀刃后用清水冲洗）之后再用，以免人为造成汁液携带病毒传播。

（5）采用抗病、耐病砧木。碎叶病毒主要为害枳砧黄果柑，在病区要避免用枳作砧木，可用香橙、红橘等作砧木。

7.4 黄果柑生理性病害

7.4.1 寒害

1. 导致寒害的因素

1）树体情况与寒害关系

砧木种类和繁殖方法不同，树体耐寒力有差异，枳砧、枳橙砧、香橙砧比酸橙砧、甜橙砧耐寒。树体营养状况与受寒与否有密切关系：凡当年结果特多，生长减弱，寒害较重；营养生长过旺，停止生长迟，也易受寒害。幼龄树，由于营养生长期长，耐寒力较弱，进入结果期后耐寒力逐步提高，以壮龄树最强，以后随树龄增长而降低。同一树体因季节不同，耐寒力也有差异（图 7.25，图 7.26）。

图 7.25 黄果柑寒害叶片受害状

图 7.26 黄果柑寒害果实受害状

2）低温程度和持续时间的影响

在临界低温以下，当其他条件基本相同时，温度越低，寒害越重。短时间的临界低温，一般对黄果柑影响不大，但长时间的低温，即使温度不很低，寒害也较为严重。另外，黄果柑的寒害又与温度的变化有关，寒前的温度如果逐渐降低，树体经过低温锻炼，提高抗寒力；反之，寒前温度一直较高，抗寒力弱，突遇严寒，其受寒的临界期温度较高，寒害较重。此外，低温过后，温度骤然回升过快，也会加重寒害。

3）其他因素的影响

（1）干旱。长期干旱，引起不正常落叶，树势减弱，遇上大寒，根系吸收困难也易受寒。此外，冬季干寒也加重寒害。

（2）风。在危险性低温出现前吹弱风，使植株部分脱水，减少自由水，从而较难在器官内形成寒害。但如刮相当强烈的大风，会使植株产生许多裂口而成为冷寒入侵的进口。低温期间刮风使树体和土壤降温加快，加速蒸发，植株生理失水加重，及在干冷情况下刮风都会加重寒害。

（3）地形、地势。北坡阳光投射角度小，日照短，温度低，尤当北风，地面散热快，寒害重；南坡风小温度高，寒害轻。但如果干旱缺水，日照长，蒸发大，昼夜温差大，此时南坡比北坡寒害重。东西坡的小气候大体介于南北坡之间，不过还决定于严寒时主导风的方向。此外，山坡逆温层寒害轻，谷地及盆地冷空气下沉，寒害重。

（4）园地环境。黄果柑果园有防护林带或北面有山丘等屏障，及大水体旁的果园，受寒往往较轻。

2. 寒害防治措施

根据黄果柑发生寒害的原因，预防寒害措施，可采用下列方法：

（1）选择耐寒砧木，高接抗寒。

（2）选择背风地形建园，实行合理密植，发挥群体保护作用，增强抗寒力。

（3）加强栽培管理。首先加强土壤管理，深翻改土，增施有机肥和适量追肥，任何营养元素的缺乏，尤其是镁和铜都会减弱树体的抗寒力；其次，树冠喷布蒸腾抑制剂，减少树叶失水；最后，在霜寒来临之前熏烟，产生烟雾，抑制辐射逆流，防止霜寒，但要在无风情况下使用。此外也可以通过对树体搭棚防寒；树干涂白；培土护根；寒前灌水；叶面喷营养液，提高细胞液浓度；清晨喷水洗霜；在树冠滴水线覆盖农膜、稻草或其他杂草等措施。

（4）当树体受寒后要及时进行抢救，及时剪除因寒害造成不落叶的枯枝、枯叶、大枝，待春季抽梢后剪（锯）至生长旺盛处；树冠喷稀薄的营养液，加速树势的恢复；注意及时防病治虫。

7.4.2 缺素

1. 缺氮

（1）症状：新梢抽发不正常，枝叶稀少而细小。叶薄发黄，呈淡绿色至黄色，以致全株叶片均黄化，提前脱落。花少果小，果皮苍白光滑，常早熟。严重缺氮时出现枯梢，树势衰退，树冠光秃。

（2）产生原因：降雨量大，土壤保肥力差，使氮素大量流失；氮肥施用不足；多雨季节，果园积水，土壤硝化作用不良；钾肥施用过多，影响氮的吸收利用；大量施用未腐熟的有机肥料，土壤微生物在其分解过程中消耗了土壤中原有的氮素，发生暂时性缺氮；柑橘在生长旺季需氮量较高，根系吸收的氮素不足以供应整个树体对氮肥的需求。

（3）防治方法：制定合理的施肥方案，做到平衡施肥，不要偏施钾肥；砂壤土要多施腐熟有机肥，改造土壤；做好果园的排灌，防止果园积水；当柑橘生长较旺盛消耗氮素过多造成缺氮时，也可以喷施叶面肥，补充氮素。

2. 缺磷

（1）症状：通常在花芽分化期和果实形成期开始出现症状。幼树生长缓慢，枝条细弱，变为淡绿色至暗绿色或青铜色，失去光泽，有的叶片上有不定形枯斑，下部叶片趋向紫色，病叶早落。落叶后抽生的新梢上有小而窄的稀疏叶片，有的病树枝条枯死，开花很少或花而不实。成年树长期缺磷会导致树体生长极度衰弱矮小，叶片狭小密生，果皮厚而粗糙，未成熟即变软脱落，未落果畸形，味酸。

（2）产生原因：土壤中的磷含量少，发生缺磷症。过酸的红、黄壤土，或施用硫酸铵过多提高土壤酸度，磷被活性铁、铝离子固定为磷酸铁、磷酸铝，缺乏有效磷，易发生缺磷症。土壤含钙量多或施用石灰过多，使磷固定为磷酸钙，缺乏有效磷，易发生缺磷症。氮肥施用过多或镁肥不足，影响磷的吸收利用，易诱发缺磷症。土壤干旱，磷不易被吸收，疏松的砂质土壤磷易流失，均会诱发缺磷症。

（3）防治方法：①根据土壤情况制定合理的施肥方案，施用磷肥，防止偏施氮肥。山坡地、耕层浅、沙壤土施肥以少量多次为宜，防止雨水淋失养分，造成缺磷；酸性土壤施用石灰时要适量。②干旱季节要加强水分管理，防止土壤干旱，避免柑橘缺磷。③黄果柑出现缺磷症状后，叶面喷施 9-45-15 等高磷水溶性复合肥。

3. 缺钾

（1）症状：老叶的叶尖和上部叶缘部分首先变黄，逐渐向下部扩展变为黄褐色至褐色焦枯，叶缘向上卷曲，叶片呈畸形，叶尖枯落；树冠顶部生长衰弱，新梢纤细，叶片较小；严重缺钾时在开花期即大量落叶，枝梢枯死；果小皮薄且光滑，易腐烂脱落；根系生长差，全树长势衰退。

（2）产生原因：轻砂质和酸性土壤中钾易流失，发生缺钾症。有机质少的土壤中，可给性钾含量少，易发生缺钾症。砂质土壤中过多施用石灰，降低钾的可给性，诱发缺钾症。过多施用氮、磷、钙、镁肥，影响钾的吸收利用，均易诱发缺钾症；或在轻度缺钾的土壤中施用氮肥，刺激黄果柑生长，增加钾的需要量，更易表现缺钾症。

（3）防治方法：①改良土壤，增施腐熟有机肥；砂质土壤适量施用石灰，避免施用过多，引起缺钾。②制定合理的施肥方案，做到平衡施肥，防止偏施氮、磷、钙、镁肥，造成缺钾。③植株出现缺钾症状后叶面喷施 15-10-30 等高钾水溶肥料，如果是氮肥过多引起的缺钾，可以喷施 7-10-35 高钾水溶肥。

4. 缺钙

（1）症状：春梢嫩叶叶缘处首先呈黄色或黄白色；主、侧脉间及叶缘附近黄化，主、侧脉及其附近叶肉仍为绿色；以后黄化部分扩大，叶面大块黄化，并产生枯斑，病叶窄而小、不久脱落。

（2）产生原因：酸性土壤含钙量低，易发生缺钙症。酸性土壤或大量施用酸性化肥的黄果柑果园，在温暖多雨的地区，由于淋溶作用，代换性盐基钙离子多流失，特别是在坡地果园更易流失，常发生缺钙症。氨态氮肥施用过多，或土壤中的钾、镁、锌、硼含量多，及土壤干旱，均会影响钙的吸收利用，诱发缺钙病。

（3）防治方法：①制定合理的施肥方案，做到平衡施肥，防止偏施铵态氮、钾、镁、锌和硼肥。②砂性土壤增施有机肥，酸性土壤施用石灰调节酸度至 pH 6.5 左右，都能够减轻缺钙症发生概率。③可以叶面喷施高钙镁肥或者 EDTA-Ca 钙肥，预防黄果柑缺钙症的发生；黄果柑发生缺钙症状后喷施以上两种钙肥也能够治疗缺钙症。

5. 缺镁

（1）症状：老叶和果实附近叶片先发病，症状表现亦最明显。病叶沿中脉两侧生不规则黄斑，逐渐向叶缘扩展，使侧脉向叶肉呈肋骨状黄白色带，后则黄斑相互联合，叶片大部分黄化，仅中脉及其基部或叶尖处残留三角形或倒“V”形绿色部分。严重缺镁时病叶全部黄化，遇不良环境很易脱落。

（2）产生原因：酸性土壤和轻砂质土壤中镁极易流失，常易发生缺镁症。强碱性土壤中镁会变为不可给态，不能被吸收利用而发生缺镁症。过多施用磷、钾、锌、硼和锰肥，或土壤中含量过多，影响镁的被吸收利用，易诱发缺镁。

（3）防治方法：①改良酸性土壤、强碱性土壤和砂质土壤。②制定合理的施肥方案，做到平衡施肥，防止磷、钾、锌、硼和锰肥施用过量，造成缺镁症。③加强含镁肥料的施用，可以定期喷施含镁叶面肥防止镁肥的缺失。

6. 缺铁

（1）症状：一般表现为新梢嫩叶发病变薄黄化，叶肉淡绿色至黄白色，叶脉呈明显绿色网纹状，以小枝顶端嫩叶更为明显，但病树老叶仍保持绿色。严重缺铁时除主脉近叶柄处为绿色外，全叶变为黄色至黄白色，失去光泽，叶缘变褐色和破裂，并可使全株叶片均变为黄色至白色。病树枝梢纤弱，幼枝上叶片很易脱落，常仅存基部几片叶，全树出现许多无叶光秃枝，并相继出现大量枯枝。小枝叶片脱落后，下部较大枝上长出正常枝叶，但顶端叶片陆续枯死。幼苗缺铁时，老叶绿色，新梢叶片黄化，愈近顶端叶片愈变黄白色，顶端叶片甚至白色。

（2）产生原因：pH 7.5 以上的碱性、盐碱性或含钙质多的土壤中，大量可溶性的二价铁被转化为不溶性的三价铁盐而沉淀，可溶性铁的含量极大的降低，很容易发生缺铁症。枳砧最不抗碱，在碱性土壤中的枳砧苗易发生缺铁症。冬、春低温干旱季节，地下水分蒸发，表土含盐量增加，可溶性铁含量降低，并影响根的吸收，常比夏季发生缺铁症重。灌水过多的黄果柑园，土壤中的可溶性铁易流失，造成缺铁症。磷肥施用过多，或土壤中铜、锰、锌等元素含量过高或吸收过剩，影响铁的可溶性而不能被吸收，或吸收后在树体内移动困难而失去活性，常会诱发缺铁症。土壤中缺铁有时亦伴随缺锌、缺锰和缺镁，使黄果柑表现多种缺素症状。

（3）防治方法：①改良碱性土壤黄果柑园，增施腐熟有机肥，施用生理酸性肥料，改善土壤酸碱性。②合理施肥，防止过多施用磷、铜、锰和锌肥。③加强水分管理，做到涝能排、旱能浇，防止由于水分问题引起的缺铁症状。④选用耐碱砧木进行嫁接或靠接。⑤如果缺铁症状已经出现，可以喷施 EDTA-Fe，一般稀释 2000~3000 倍，3~4d 喷施 1 次，直至缺铁症消失。土壤 pH 较高的碱性土壤可以用 60mg/kg 螯合铁（EDTA-Fe）水溶液喷施于土壤，一般同基肥一起施用，亩用量 0.2~1kg，视土壤具体缺铁情况而定。

7. 缺锰

（1）症状：幼叶上表现明显症状，病叶变为黄绿色，主、侧脉及附近叶肉绿色至深绿色。轻度缺锰的叶片在成长后可恢复正常，严重或继续缺锰时侧脉间黄化部分逐渐扩大，最后仅主脉及部分侧脉保持绿色，病叶变薄。缺锰症的病叶大小，形状基本正常，黄化部分颜色较绿。缺锰症不同于缺锌症和缺铁症，缺锌症嫩叶小而尖，黄化部分颜色较黄；缺铁症的病叶黄化部分呈显著的黄白色。

（2）产生原因：碱性土壤中锰易成为不溶解状态，有效态锰含量少，易发生缺锰症。碱性土壤中铁和锌的有效性亦低，因此，常伴随发生缺铁症和缺锌症。有机质多的酸性土壤中，代换性或有效态锰含量虽高，但锰易流失，易发生缺锰症。过多施用氮肥或土壤中铜、锌、硼过多，影响锰的吸收利用，诱发缺锰症。冷湿土壤中锰易变为无效态，而在温度较高、土壤较干旱情况下则锰易变为有效态，使还原态锰增加，形成锰过剩症。

（3）防治方法：①改良过酸或过碱性土壤，调节 pH 到 5.5～6.5。②制定合理的施肥方案，做到平衡施肥，防止偏施氮、铜、锌和硼肥造成的柑橘缺锰。③碱性土壤橘园，在5～6 月柑橘生长旺盛季节嫩梢稍长 10cm 左右或嫩叶未转绿前，喷施 EDTA-Mn 肥，一般稀释 2000~3000 倍，也可以在柑橘出现缺锰症后喷施，治疗缺锰症。

8. 缺铜

（1）症状：幼嫩枝叶先表现明显症状。幼枝长而软弱，上部扭曲下垂或呈“S”形，以后顶端枯死。嫩叶变大而呈深绿色，叶面凹凸不平，叶脉弯曲呈弓形；以后老叶亦表现大而深绿色，略呈畸形严重缺铜时，从病枝一处能长出许多柔嫩细枝，形成丛枝，长至数厘米时从顶端向下枯死。果实常晚于枝条表现症状，轻度缺铜时只在果面产生大小不一的褐色斑点，并逐渐变为黑色。严重缺铜时不结果，或结的果小，呈畸形，淡黄色。果皮增厚且光滑，幼果常纵裂或横裂而脱落，其果皮和中轴及嫩枝有流胶现象。

（2）产生原因：酸性和砂质土壤中可溶性铜易流失，发生缺铜症。过多施用氮肥和磷肥，或土壤中含有过多的镁、锌、锰，影响铜的吸收利用，易诱发缺铜。石灰施用过多，使铜变为不溶性，不能被吸收，也易诱发缺铜。

（3）防治方法：①改良砂质土壤，增强土壤的保水肥能力；碱性土壤要多施用生理酸性肥料，降低土壤 pH。②合理平衡施肥，防止偏施氮肥、磷、镁、锌和锰肥。③可以叶面喷施 EDTA-Cu 防止缺铜症的发生。

9. 缺锌

（1）症状：一般新梢成熟的新叶叶肉先黄化，呈黄绿色至黄色，主、侧脉及其附近叶肉仍为正常绿色。老叶的主、侧脉具有不规则绿色带，其余部分呈淡绿色、淡黄色或橙黄色。有的叶片仅在绿色主、侧脉间呈现黄色和淡黄色小斑块。严重缺锌时病叶显著直立、窄小，新梢缩短，枝叶呈丛生状，随后小枝枯死，但在主枝或树干上长出的新梢叶片接近正常。

（2）产生原因：酸性（pH 4.0~5.5）红、黄壤土中，有效锌含量低，易流失，特别是在酸性砂质土壤中更易流失，易发生缺锌。弱酸性至碱性（pH 6.0~8.5）的紫色和盐碱性土壤中，锌盐常变为难溶解状态，不易被吸收而发生缺锌。种植时间长的老果园，土壤中所含的有效锌被吸收殆尽，易缺锌。氮肥施用过多，影响锌的吸收，减少叶片中锌的含量；pH 5.5 以上的土壤过量施用磷肥，易形成难溶解的磷肥，易形成难溶解的磷酸锌，均易诱发缺锌症。土壤中缺乏有机质，使锌盐不易转化为有效锌，加剧发生缺锌症。土壤中缺乏镁、铜等微量元素，会导致根系腐烂，影响对锌的吸收，也会发生缺锌症。春夏季雨水多，有效性锌易流失，秋季干旱降低锌的有效性，也易发生缺锌症。

（3）防治方法：①改良过酸或过碱性土壤，调节 pH 到 5.5~6.5。②制定合理的施肥方案，做到平衡施肥，防止偏施氮、磷肥，造成柑橘缺锌。③早春发芽前每隔 7~10d 叶面喷施 EDTA-Zn 肥 1 次可以防治黄果柑缺锌症，一般稀释 2000~3000 倍。

10. 缺硼

（1）症状：嫩叶上初生水渍状细小黄斑，叶片扭曲，随着叶片长大，黄斑扩大成黄白色半透明或透明状，叶脉也会变黄，主、侧脉肿大木栓化，最后开裂，病叶提早脱落，之后抽出的新芽丛生。严重时全树黄叶脱落，枯梢上老叶的主、侧脉肿大，木栓化、开裂，有暗褐色斑点，斑点多时全叶呈暗褐色，无光泽，叶肉较厚，病叶向背面卷曲呈畸形。病树幼果果皮生乳白色微突起小斑，严重时出现下陷的黑斑，并引起大量落果。残留树上的果实小，畸形，皮厚而硬，果面有褐色木栓化瘤状突起。果实内果皮和中心柱有褐色胶状物，汁少渣多，不堪食用。果实症状以春旱时最为明显。

（2）产生原因：瘠薄红、黄壤土，有机质含量少，使硼处于难溶解状态，有效硼含量低；砂质土壤中有效硼易流失，又易缺水干旱，造成有效硼含量过低，均易发生缺硼症。石灰性的碱性土壤或过量施用石灰，硼易被钙固定而难于溶解，不能被吸收利用，易现缺硼症。普遍施用氮素化肥，很少施用有机肥，使硼得不到补给，且影响其被吸收；过多施用氮肥会加速黄果柑生长，增加对硼的需要量，易引起供应失调；钾肥施用过多，影响硼的吸收利用，均易诱发缺硼症。干旱季节土壤干裂，根系对有效硼难以吸收及不利于硼在植株体内转运，特别是在雨季过后接着干旱，常会出现突发性缺硼症。

（3）防治方法：①改良土壤，增施腐熟有机肥料，提高土壤肥力，提高土壤的保水保肥能力。②合理平衡施肥，避免过多施用氮肥、钾肥和钙肥，酸性土壤也不宜过多施用石灰；砂质土壤施肥要做到多次少施。③加强水分管理，做到涝能排，旱能浇。④在春季发芽前和花落 2/3 时，各喷施硼肥 1 次，缺硼严重时还应在幼果期及果实生长中期增施 1~2 次，一般稀释 800~1200 倍。

7.4.3　裂果

（1）症状：在果实近顶端处开裂，一般从脐部开始，后果皮纵裂开口，瓤瓣亦相应破裂，露出汁胞。有的横裂或不规则开裂。随果实不断长大，裂果增多。裂果失水干枯最后脱落或次生真菌侵染变色霉烂。黄果柑在石棉主要表现为早春干旱，7~9 月阴雨较多时发病加重。

（2）防治方法：一般采取多次灌水的措施，壮果期均匀地供应水分和养分，防日灼，在高温期用 1%~2%的石灰水加少量食盐喷树冠，注意氮、磷、钾肥混合施用，适当增加钾肥施用量；用 2%~3%草木灰浸出液加 0.2%尿素和 0.1%硼砂作叶面追肥 2~3 次，及时防治病虫害，减少病菌从脐部侵入，抓好病虫害日常防治工作；加强栽培管理，增强树势，生草栽培，地表覆盖杂草绿肥，防止土壤水分蒸发，及时摘除裂果，可减少裂果的继续发生。

7.4.4 地衣和苔藓危害

国内外学者对柑橘病害相关问题进行了大量的研究，但对柑橘叶片苔藓的报道不多，有学者将其称为绿斑病（王大平，2006），根据相关文献推测该病疑似由一种寄生藻所引起的病害。黄果柑植株上发生的青苔，常见有苔藓和地衣。发病植株叶片光合作用降低，果实品质下降，影响了黄果柑产业的整体发展。

1. 田间症状

主要发生在黄果柑叶片表面，多从树冠基部的叶片、枝干开始发生，然后向整株果树的上部蔓延，最严重的时候可使整株果树都发病。黄果柑叶片苔藓发病初期，黄果柑叶片表面出现绿色的小点，通常从叶片的中脉、叶尖及边缘处发生，之后逐渐向四周扩散，形成不规则的绿色斑块并相互愈合，覆盖全叶，并形成癞屑状，发病期间如遇大雨，部分瘢屑状病斑可被雨水冲刷而自然脱落；受害严重的叶片容易早衰，叶片颜色较深，呈深绿色，而黄果柑叶片苔藓几乎不出现在黄果柑叶片的背面（图 7.27）。苔藓的配子体为叶茎状。有性繁殖时，茎状体顶端产生颈卵器及藏精器，雌雄受精后，发育成具有柄和蒴的配子囊。蒴有蒴囊、蒴盖和蒴帽。孢子生在蒴囊内，其中的孢子成熟后，蒴盖随即脱落，孢子散出，随风飞散传播，遇适宜寄主和环境条件时，即萌发长成新的叶状配子体。配子体时期在生命周期中占优势，而孢子体时期则很短。

图 7.27 苔藓危害黄果柑叶片状症状片

2. 病原

苔藓是一种绿色植物，由构造简单的假根、假叶和假茎组成，春季雨后能不断产生新枝，迅速繁殖；其有性繁殖则是通过孢子成熟后散出，随风传播。地衣是真菌和具叶绿素的藻类的共生体，一般以分裂碎片方式繁殖，通过风雨传播。温湿度对其发生流行影响最大，在温暖潮湿的季节蔓延最快。一般在 10℃左右开始发生，晚春和初夏间较盛，夏季发展迟缓，秋季继续生长，冬季逐渐停止。橘园管理粗放、通风透光不良均有利于其发生蔓延。

3. 发生规律

苔藓以营养体在寄主的枝干上越冬，环境条件适宜时产生成熟的孢子，随风飞散传播，遇适宜的寄主产生配子体进行繁殖，温暖潮湿的环境有利于繁殖蔓延。果园管理粗放，通风透光不良，土壤黏重，杂草丛生，树龄老化，树势衰弱，阴山和平地易遭洪水冲刷的地方，均有利于苔藓的发生。

黄果柑叶片苔藓在石棉境内从 8 月底 9 月初开始发病，9～10 月叶片苔藓的发病率迅速上升，使果园受害范围达到 50%以上，10~11 月上升速度有所下降，使果园的受害范围达到 80%以上，11 月达到病害的高峰期（严巧巧，2013）。温度、总雨日、降雨量一定的时候，空气相对湿度对黄果柑叶片苔藓的发生发展起主要作用，高温高湿的外界环境极利于黄果柑叶片苔藓的发生；黄果柑叶片苔藓在树冠和枝叶密集、过度荫蔽、通风透光不良且土壤排水性差和管理水平差的果园更易发生。黄果柑叶片苔藓在老叶上的发病率和病情指数都比在新叶高。

感染叶片苔藓的黄果柑叶片的叶绿素、叶绿素、类胡萝卜素含量均有所下降，随着感病程度的加重，各含量下降得越多，这可能是叶片苔藓的寄生，改变了外界的微环境，影响了叶绿素合成酶或者是叶绿素分解酶的活性，从而阻碍了叶绿素的合成或者加速了叶绿素的分解；叶片苔藓感染黄果柑之后，黄果柑叶片细胞质膜透性随着感病程度的增加而增加，黄果柑叶片丙二醛含量也随着感病程度的增加而增加，且细胞质膜透性和丙二酸含量的变化趋势一致，这可能是由于叶片苔藓寄生在黄果柑叶片之后，使黄果柑叶片不能适应外界环境的改变，而使体内膜功能发生紊乱。叶片苔藓感染黄果柑之后，黄果柑果实的外在品质无明显变化，果实的可滴定酸含量也无明显改变，当感病程度为重度时，果实的可溶性固形物、总糖、维生素含量与正常植株的果实之间存在差异显著性。叶片苔藓的寄生对黄果柑果实外在品质无明显影响。

黄果柑叶片苔藓可导致黄果柑叶片的光合作用下降，随着感染叶片苔藓程度的增加，叶片净光合速率（*Pn*）、气孔导度（*Gs*）和蒸腾速率（*Tr*）不断降低，叶片胞间 CO_2 浓度（*Ci*）不断升高，均与健康叶片存在差异显著性；黄果柑叶片苔藓可使黄果柑叶片叶绿素、类胡萝卜素含量降低，随着感病程度的增加，叶绿素含量和类胡萝卜素含量下降得越多，且叶绿素 b 比叶绿素 a 下降的幅度大；黄果柑叶片苔藓可破坏叶片活性氧代谢，随着感病程度的增加，黄果柑叶片细胞质膜相对透性、丙二醛含量都显著增大，叶片 SOD、POD、CAT 活性不断降低，使叶片体内清除活性氧能力明显降低，导致膜脂过氧化程度加重而损坏细胞膜的功能。

叶片苔藓可破坏黄果柑叶片活性氧代谢，SOD、POD、CAT 活性随着感病程度的增加而不断下降，叶片体内清除活性氧能力降低，叶片细胞膜相对透性显著增大，丙二醛含量也随着感病程度的增加而不断增加，膜脂过氧化作用更强烈。

叶片苔藓对黄果柑果实大小和果形无明显影响，叶片感病程度为轻度、中度和重度的黄果柑果实的单果重较健康植株的果实略有下降，分别下降了 1.07%、1.52%和 1.52%，但差异都不明显，果实的纵横经无明显的变化趋势；叶片苔藓对黄果柑果实的内在品质有一定影响，当感病程度为轻度、中度时，可溶性固形物含量、总糖含量、维生素 C 含量无显著性变化，当感病程度为重度时，可溶性固形物含量、总糖含量和维生素 C 含量与对照相比分别下降了 15.2%、33.6%和 11.7%，且差异显著，但是叶片苔藓对可滴定酸含量无明显影响。

4. 防治方法

1）农业防治

（1）选择土壤通透性好，排灌条件良好，前茬未种植黄果柑的地块建园。合理密植，适时定植。因地制宜，选用抗病、抗逆品种和砧木，种植防护林，合理使用间作和生草等栽培技术，提高树体自身抗病能力。

（2）加强果园管理。及时中耕除草；合理修剪，改善树体通风透光条件，可减少病原物的寄生；及时疏花疏果，合理负载，保证树体生长健壮，可提高抗病能力。

（3）施肥应以有机肥为主，化肥为辅，保持或增加土壤肥力及土壤微生物活性，且科学合理地施肥。叶面施肥在果实采收前20d停用。

2）化学防治

（1）在早春清园时或苔藓发生蔓延时喷布松碱合剂（清园时用8~10倍，生长期用12~15倍）或0.8%~1%的等量式波尔多液或1%~1.5%的硫酸亚铁溶液。也可在患部涂上3~5波美度的石硫合剂或10%的波尔多浆或10%~15%的石灰乳。

（2）田间药效试验表明，防效达60%以上且无药害产生的有45%代森铵800倍液，可杀得叁仟1000倍液、1500倍液、2000倍液；防治效果最好的是可杀得叁仟1500倍液，防效为85.62%。

7.4.5 汁胞粒化

汁胞粒化是柑橘类果树常见的一种生理病害，几乎在所有的柑橘种类中都有发生，以果心处长形汁胞最为严重，发生粒化的果实几乎不能食用，严重地影响了其商品价值。对于柑橘汁胞粒化现象，国内外已有报道，但其发生的机制仍不明确，也没有根本的解决办法。

1. 症状特征

柑橘果实粒化一般自囊瓣近蒂端的汁胞异常膨大、变硬、木质化、汁味变淡，后渐向果心发展。粒化果实的果皮外表面较粗糙，果皮内表面也变得疏松。电镜观察结果表明：粒化柑橘果皮油胞层细胞增大，细胞质含量下降，并且零星分散在细胞内，电子密度较正常果低，细胞内原生质体逐渐解体、液泡化，核着色较正常果变浅。

2. 病因

目前还没有关于粒化产生原因的结论性报道，气候和地区差异对柑橘汁胞粒化的发生有影响，春季盛行的高温容易导致粒化症状的发生，生长在潮湿气候下的柑橘粒化发生率要高于干燥地区，沿海地区的柑橘粒化症状也比内陆地区更为严重。

针对于黄果柑的粒化现象，在石棉县黄果柑种植区进行试验，发现汁胞粒化现象可能的机制是果皮细胞壁物质的再造，促进果胶、可溶性果胶、木质素、纤维素等内含物的积累；抗氧化酶（CAT、SOD、POD）等内部代谢平衡的调节，呼吸代谢加快，果肉中总糖、维生素C等营养物质消耗，从而导致汁胞粒化。此外发现叶片缺钙，利于果实粒化现象的发生，因为叶片细胞钙离子通道形成受阻，影响矿质元素和其他营养元素的运输，光合作用减弱，碳水化合物合成减少（熊博等，2014）。

3. 发生规律

田间调查发现，黄果柑成熟后10d左右（4月初），果实开始出现粒化现象，随着时间的推移果实粒化程度越来越严重；并且幼龄黄果柑果树所结果实更容易出现粒化现象。果园生态环境对黄果柑果实粒化有影响，温度和湿度是主要影响因素，春季高温容易导致黄果柑果实粒化症状的发生，潮湿果园下的果实粒化发生率要高于干燥果园。

4. 防治方法

采前的栽培条件和管理水平对黄果柑采后贮藏过程中粒化的发生有一定影响。高温干燥时要注意及时灌溉抗旱，并对树冠喷水以降低树冠的温度，增加湿度；同时要控制土壤含水量，保持土壤适当干燥，因为果实成熟期间的高温高湿都会促进采后粒化的发生；注意钙元素的合理补充；慎用生长调节剂。

在黄果柑果实膨大期和转色期进行叶面和果面喷施 1.0g/L 氯化钙溶液、0.5g/L 的亚精胺溶液、含硼溶液，可以有效预防黄果柑果实粒化。此外，采果前 30d 内喷施 10~20mg/kg GA_3 或 1000mg/kg 维生素 B_9 溶液，对抑制柑橘粒化的发生也有显著的效果。适当提前采收，一般在 8～9 成熟时采收，也可以减少贮藏过程中汁胞粒化现象的发生。

参 考 文 献

曹涤环.2015.多法并举防治柑橘脚腐病.果农之友,3:63.

侯欣.2013.中国柑橘疮痂病菌的种类和变异研究.杭州：浙江大学博士学位论文.

林尤剑,谢联辉. 2001.橘蚜传播柑橘衰退病毒的研究进展.福建农业大学学报，30(1):59-66.

王大平.2006.夏橙绿斑病发生、为害和病原遗传多样性研究.重庆：西南大学博士学位论文.

熊博,汪志辉,石冬冬，等.2014.黄果柑果实粒化与细胞壁物质及多胺的关系. 华北农学报, 21:239-242.

严巧巧.2013.石棉黄果柑叶片苔藓发生规律及防治技术研究.雅安：四川农业大学硕士学位论文.

杨明霞.2009.柑橘煤烟病发生规律及防治措施.果农之友，6:47.

第 8 章　黄果柑虫害及防控

我国柑橘害虫种类繁多，已发现造成为害的就达 50 多种。不同种类的害虫，其为害对象和取食方式各不相同，主要原因在其取食器官——口器的外形和构造上的差异所致。本章重点介绍了黄果柑的主要虫害类型，包括咀嚼式口器类、刺吸式口器类、食心虫类、钻蛀类等。

8.1　咀嚼式口器类

咀嚼式口器类害虫倾向取食固体类食物，一般为害黄果柑新发的嫩梢，如潜叶蛾。具有咀嚼式口器的害虫，一般取食量较大，对黄果柑树体造成明显的机械损伤，爆发严重时会降低树势，减弱树体的光合作用。

8.1.1　柑橘潜叶蛾

柑橘潜叶蛾属鳞翅目潜叶潜蛾科，亦名鬼画符、绣花虫，主要分布在四川、浙江、海南、广东、湖南、贵州、四川、重庆等地区，其寄主植物主要为柑橘、枳壳等，是华南柑橘的一种重要害虫，同时也是柑橘嫩梢时期最为重要的害虫之一（钱开胜，2013）。

图 8.1　潜叶蛾为害叶片状

1. 为害症状

幼虫孵化后，便由卵的下面潜入叶表皮下，在里面取食叶肉，并逐渐形成弯曲虫道（程晓东，2009）。成熟时，大多蛀至叶缘处，虫体在其中吐丝结薄茧化蛹，常造成叶片边缘卷起（图 8.1）。尤其幼龄树，由于抽梢多而不整齐，适合成虫产卵和幼虫为害，常比成年树受害严重。

2. 形态特征

（1）卵：扁圆形，长 0.3~0.4mm，白色，透明（图 8.2）。

（2）蛹：蛹扁平纺锤形，长 3mm 左右，初为淡黄色，后变深褐色。腹部可见 7 节，第 1 节前缘的两侧及第 2～6 节两侧中央各有 1 瘤状突起，上生 1 长刚毛；末节后缘两侧各有 1 明显肉刺。蛹外有薄茧，茧金黄色。

（3）幼虫：体扁平，纺锤形，淡黄色，头部尖，足退化，腹部末端尖细，具有 1 对细长的尾状物。

（4）成虫：体长仅有 2mm，翅展 5.3mm 左右，触角丝状。体翅全部白色，前翅尖叶形，有较长的缘毛，基部有黑色纵纹 2 条，中部有“Y”字形黑纹，近端部有一明显黑点；后翅针叶形，缘毛极长。足银白色，跗节 5 节，第 1 节最长。

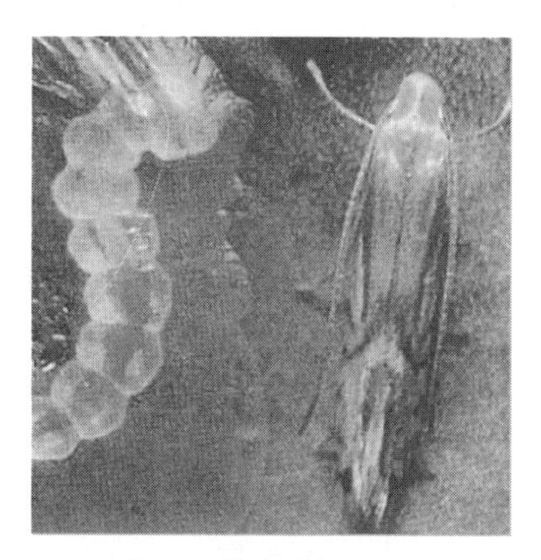

图 8.2　潜叶蛾卵和成虫

3. 发生规律

在黄果柑种植区域内，柑橘潜叶蛾发生繁殖的最适温度为 24~28℃，相对湿度为 80%左右。一年可发生 10 代左右，以蛹和幼虫在被害叶片上越冬。每年 4 月下旬至 5 月上旬，幼虫开始为害，7~9 月是发生盛期，为害也严重。10 月以后发生减少。完成一代需 20 多天。成虫大多在清晨羽化，白天栖息在叶背及杂草中，夜晚活动，趋光性强。交尾后于第 2～3 天傍晚产卵，卵多产在嫩叶背面中脉附近，每叶可产数粒。每头雌虫可产卵 40~90 粒，平均 60 粒左右。

4. 防治方法

（1）农业防治：加强肥水管理，进行抹芽控梢，增强树势；将已经被为害的嫩梢、枝叶集中处理，统一销毁；对在树上、树干缝隙中越冬的幼虫及蛹采取人工捕杀；对在杂草落叶堆中的幼虫及蛹，采取清除杂草、翻耕土壤等方法防治；此外，在成虫盛发期，可以利用其趋性，采取灯光诱杀、性诱剂诱杀或者配制糖醋液等诱杀。

（2）化学防治：成虫羽化期和低龄幼虫期是防治关键时期，防治成虫可在傍晚进行，防治幼虫，宜在晴天午后用药。可喷施 10%二氯苯醚菊酯 2000~3000 倍液、20%杀灭菊酯 800 倍液、25%杀虫双水剂 400~600 倍液或 5%吡虫啉乳油 1500 倍液（钱开胜，2013）。每隔 7~10d 喷 1 次，连续喷 3~4 次。

（3）生物防治：在自然界中，潜叶蛾幼虫和蛹的天敌达 10 多种，其中以橘潜蛾姬小蜂为优势种，对潜叶蛾有明显的控制作用。

8.1.2　柑橘凤蝶

柑橘凤蝶又名橘黑黄凤蝶、橘凤蝶、黄菠萝凤蝶等，属鳞翅目凤蝶科，中国各柑橘产区均有分布。在所有凤蝶中，柑橘凤蝶最为特殊，因它是唯一与食草同名的蝴蝶。

1. 为害症状

幼虫取食黄果柑嫩梢嫩叶，将嫩叶吃成缺刻状，严重时会将嫩梢、嫩叶吃光，尤其对苗木和刚定植的幼树危害最大。

2. 形态特征

（1）卵：近球形，直径 1.2~1.5mm，初黄色后变深黄色，孵化前紫灰色至黑色。

（2）蛹：体长 29~32mm，鲜绿色，有褐点，体色常随环境而变化。中胸背突起较长而尖锐，头顶角状突起中间凹入较深（华春等，2007）。

（3）幼虫：体长 45mm 左右，黄绿色，后胸背两侧有眼斑，后胸和第 1 腹节间有蓝黑色带状斑。腹部 4 节和 5 节两侧各有 1 条黑色斜纹分别延伸至 5 节和 6 节背面相交。各体节气门下线处各有 1 白斑臭腺角橙黄色。1 龄幼虫黑色，刺毛多；2~4 龄幼虫黑褐色，有白色斜带纹，虫体似鸟粪，体上肉状突起较多(图 8.3)。

（4)成虫：有春型和夏型两种。春型体长 21~24mm，翅展 69~75mm；夏型体长 27~30mm，翅展 91~105mm。雌虫略大于雄虫，色彩不如雄虫艳丽，两型翅上斑纹相似，体淡黄绿色至暗黄色，体背中间有黑色纵带，两侧黄白色。前翅黑色近三角形，近外缘有 8 个黄色月牙斑，翅中央从前缘至后缘有 8 个由小渐大的黄斑，中室基半部有 4 条放射状黄色纵纹，端半部有 2 个黄色新月斑；后翅黑色，近外缘有 6 个新月形黄斑，基部有 8 个黄斑。臀角处有 1 橙黄色圆斑，斑中心为 1 黑点，有尾突（图 8.4）。

图 8.3　柑橘凤蝶大龄幼虫

图 8.4　柑橘凤蝶成虫

3. 发生规律

柑橘凤蝶在石棉、汉源地区 1 年发生 3 代，以蛹越冬。越冬代成虫于 5 月、6 月出现，第 1 代 7 月、8 月出现，第 2 代 9 月、10 月出现，但羽化时不够整齐。成虫飞集花间，采蜜交尾。卵产在嫩芽嫩叶背面，粒粒产出。孵化后幼虫即在芽叶上取食，有时也取食主脉，被害芽叶呈锯齿状。白天伏于主脉上，夜间取食为害，遭遇危险时从第 1 节前侧伸出臭丫腺，放出臭气，借以拒敌。蛹斜立枝干上，一端固定，另一端悬空，有丝缠于枝干上。成虫主要发生期为 3~11 月，卵期 6~8d，幼虫期约 21d，蛹期约 15d，越冬蛹约 3 个月。成虫产卵在寄主植物的幼株上，老熟幼虫化蛹后，越冬蛹黄褐色，非越冬蛹为绿色。成虫常出现于空旷地或林木稀疏林中，经常在湿地吸水或花间采蜜。

4. 防治方法

（1）农业防治：数量不多时人工捕杀幼虫和蛹。

（2)化学防治：可在幼虫龄期喷洒 40%敌·马乳油 1500 倍液、40%菊·杀乳油 1000~1500 倍液、90%敌百虫晶体 800~1000 倍液、45%马拉硫磷乳油 1000~1500 倍液等。

（3）生物防治：保护和利用天敌，可将蛹放在纱笼里置于园内，寄主蜂羽化后飞出再行寄生。

8.1.3　柑橘卷叶蛾

柑橘卷叶蛾属鳞翅目卷叶蛾科。

1.为害症状

对黄果柑新梢、嫩叶、花蕾、花、幼果及成熟果等均能为害，幼虫常将叶片缀在一起躲在其中取食，幼果被害后，大量脱落；成熟果被害后，腐烂脱落，对产量和品质影响较大。

2.形态特征

（1）卵：一般数 10～100 粒产在一起，卵块呈鱼鳞状。
（2）蛹：长约 11mm，咖啡色。
（3）幼虫：体长 20mm 左右，头及前胸背板黑褐色（图 8.5）。
（4）成虫：雌体长约 10mm，棕色；雄蛾略小，深褐色（图 8.6）。

图 8.5　柑橘卷叶蛾幼虫

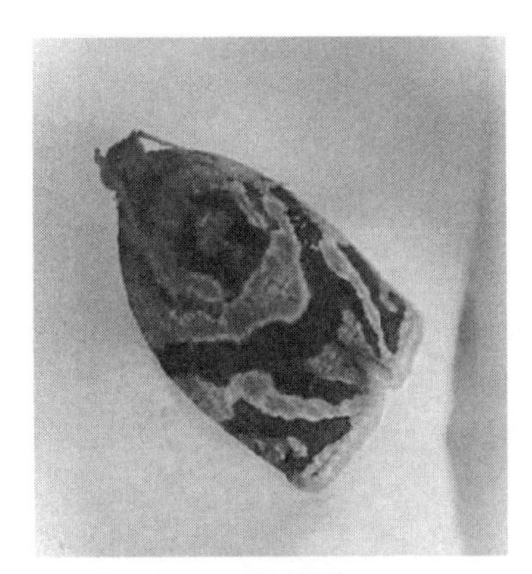
图 8.6　柑橘卷叶蛾成虫

3. 发生规律

柑橘卷叶蛾在石棉、汉源地区每年发生 4 代，以幼虫过冬。各代成虫活动时间为：第 1 代 5 月下旬；第 2 代 7 月上旬；第 3 代 8 月上旬；第 4 代 9 月中旬，具有显著的趋光性。每年 4~6 月，幼虫蛀害幼果严重，引起大量落果；6 月以后直至 9 月下旬，多数幼虫转而为害嫩叶，吐丝缀合 3~5 个叶片藏身其中；11 月果实开始成熟时，又转移蛀果为害，引致第 2 次落果，幼虫受惊后吐丝下坠逃逸。老熟幼虫在卷叶中化蛹、成虫晚上活动，产卵于叶片上。

4. 防治方法

（1）农业防治：冬季清园，修剪虫害枝条，清除落果，集中处理，焚毁或深埋，减少越冬幼虫；春夏摘除卵块，捕杀幼虫。

（2）化学防治：在黄果柑谢花期、幼果期或新梢生长期，卵孵化 50%左右时，用 2.5%

图 8.7 频振式杀虫灯

溴氰菊酯乳油 2000~3000 倍液、或 50%辛硫磷乳油 1000~1500 倍液、或 48%毒死蜱乳油 1000~1500 倍液进行喷杀，注意各种药剂应轮换使用（段志坤，2012）。

（3）生物防治：保护和利用天敌，如发现卵粒全部变黑，幼虫行动迟钝，蛹僵直不动均为天敌寄生的表现，不要捏杀，予以保护。同时，在 4~6 月用频振式杀虫灯（图 8.7）或性外激素诱杀成虫。

8.2 刺吸式口器类

刺吸式口器类主要是以口针刺入植物组织内吸取汁液，造成植物病理或生理的伤害，如柑橘红蜘蛛、黄蜘蛛、蚜虫、蚧壳虫类。

8.2.1 柑橘红蜘蛛

柑橘红蜘蛛又名柑橘全爪螨、瘤皮红蜘蛛和柑橘红叶螨，属蛛形纲蜱螨目叶螨科，分布在中国各柑橘产区（尹怀中，2012），除为害柑橘外，还可为害无花果、桃、柿、苹果、葡萄、核桃、樱桃、枣等。

1. 为害症状

柑橘红蜘蛛主要为害黄果柑的叶片、果实和绿色枝梢，被害叶面密生灰白色针头大小的斑点，甚者全叶灰白，失去光泽（图 8.8），果实受害后表面出现淡绿色和淡黄色斑点（图 8.9），降低品质，严重时产生落叶、落花和落果，进而使树势削弱，产量降低。

图 8.8 红蜘蛛为害叶片状

图 8.9 红蜘蛛为害果实状

2.形态特征

（1）卵：近圆球形，初为橘黄色，有光泽，后为淡红色。中央有一丝状卵柄，柄端有 10~12 条向四周辐射的细丝，可附着于叶片上（图 8.10）。

（2）若螨：若螨与成螨极相似，但身体较小，一龄若螨体长 0.2~0.25mm；二龄若螨体长 0.25~0.3mm，均有 4 对足。

（3）成螨：雌成螨约长 0.39mm，宽约 0.26mm，近椭圆形，红色至暗红色，背面有 13 对瘤状小突起，每一突起上长有 1 根白色长毛，足 4 对（图 8.11）；雄成螨鲜红色，与雌成螨相比，体积略小，腹部末端部分较尖，足较长。

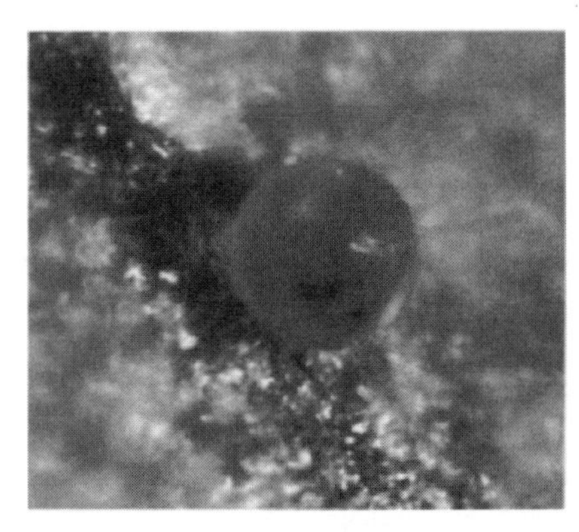

图 8.10　红蜘蛛卵

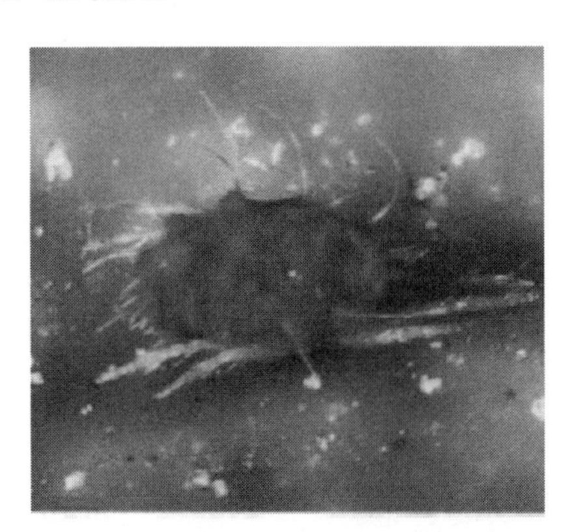

图 8.11　红蜘蛛

3. 发生规律

柑橘红蜘蛛一年发生数代，世代重叠，其发生代数主要受气温的影响，通常年平均气温在 15~17℃时，一年发生 12~15 代；年均温在 18℃左右时，1 年发生 16~17 代，黄果柑主产区之一的石棉县年均温为 17℃，每年发生 14~15 代。影响红蜘蛛种群密度的主要因素有温度、湿度、天敌和人为因素等。一般气温在 12℃时有虫口开始增加，20℃左右时盛发；最适于红蜘蛛发生的相对湿度在 70%左右，多雨不利于发生，低于 10℃或高于 30℃虫口受到抑制。每年 3~5 月黄果柑发芽开花前后是发生和为害盛期，也是防治最为重要的时期。此后由于高温、高湿和天敌增加，虫口显著减少。9~11 月若气候适宜又会造成为害。

4. 防治方法

（1）农业防治：加强黄果柑果园的栽培管理，科学施肥，适时排灌，适度修剪，提高植株的抗虫能力。搞好黄果柑果园内外的间套作或生草栽培，在不与桑、桃、梨等混栽的情况下，黄果柑果园内外宜种植苏麻、紫苏、百花草和豆类，以及蓖麻、丝瓜等植物，使黄果柑果园内生物复杂化和多样化，从而有利于捕食螨等多种天敌的生存。同时，冬季清洁园圃，剪除带螨卷叶，集中处理，统一销毁。

（2）化学防治：当螨口数花前 1~2 头/叶、花后和秋季 5~6 头/叶时，可以采用药剂防治，药剂应选用低毒高效药剂，减轻对天敌的杀害。药剂可用 5%尼索朗乳油 3000 倍液、15%哒螨灵乳剂 2000~3000 倍液、25%倍乐霸可湿性粉剂 1500 倍液、50%溴螨酯乳油 3000 倍液、50%乙酯杀螨醇乳油 3000 倍液、15%哒螨酮 1500~2000 倍液、2.5%天王星乳油

1000~2000 倍液、25%单甲脒 1500~2000 倍液、20%双甲脒 1000~2000 倍液、99%矿物油 200 倍液。每隔 7~10d 喷 1 次，连续 2~3 次。其中矿物油在发芽至开花前后及采果前不宜使用。喷药时，重点喷叶片正反两面及新梢上，从树冠下部向上部、内膛向外部均匀喷药。喷雾时间要避开雨天，最好选在晴天的早上和傍晚。

（3）生物防治：红蜘蛛的天敌有多种，其中钝绥螨、具瘤长须螨、食螨瓢虫、草蛉等，应加以保护。在 3~6 月和 9~11 月，人工引移释放钝绥螨等天敌，每株 200~600 头。

8.2.2 柑橘黄蜘蛛

柑橘黄蜘蛛又名四斑黄蜘蛛、黄叶螨、柑橘始叶螨，属蛛形刚蜱螨目叶螨科。除为害柑橘外，还为害桃、葡萄、豇豆等。

1. 为害症状

柑橘黄蜘蛛主要为害黄果柑的春梢、嫩叶、花蕾和幼果，以春梢受害最为严重。嫩叶被害后，在受害处出现背面微凹、正面凸起的黄色大斑，严重时叶片扭曲、畸形，老叶受害处背面为黄褐色大斑，正面为淡黄色斑块，甚至造成大量落叶、落花、落果，引起枯枝，对当年产量影响较大（图 8.12）。

2. 形态特征

（1）卵：圆球形，光滑。初产时乳白色或透明，卵壳上有 1 根短粗的丝（图 8.12）。

（2）若螨：近圆形，初孵化时为淡黄色，雌性背部可见 4 个黑斑，足 3 对。

（3）成螨：雌成螨长椭圆形，足 4 对，体色随环境而异，有淡黄、橙黄和橘黄等色，体背面有 4 个多角形黑斑（图 8.13）。雄成虫后端削尖，足较长。

图 8.12 黄蜘蛛为害叶片状

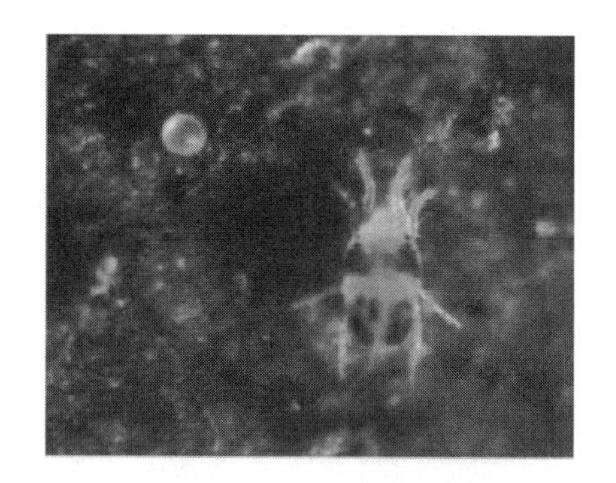

图 8.13 黄蜘蛛卵和雌成螨

3. 发生规律

柑橘黄蜘蛛在石棉、汉源地区一年可以发生 15~20 代，世代重叠。以成螨和卵在叶背面受害处越冬，尤以受害的卷叶内螨口最多，无明显越冬期。成虫 3℃以上开始活动产卵，卵在 5.5℃时开始发育孵化，14~15℃繁殖较快，20℃时大发生，柑橘黄蜘蛛多以成螨和卵越冬，一般在 3 月开始繁殖为害，在每年的 4~5 月开花前后猖獗成灾。由于其发育起点温度比红蜘蛛低，所以一般要比红蜘蛛高峰期早 15~30d。当冬干春旱年份，常在春夏大发生，并且黄蜘蛛喜欢在树冠内和中、下部光线较暗的叶背取食。冬卵期 12 月下旬到 2 月下旬，卵的抗药力很强，冬卵孵化盛期是 3 月上中旬，在春梢芽长到 2mm 时是喷药防治的关键时期。

4. 防治方法

（1）农业防治：科学施肥，适时排灌，合理修剪，使果园通风透光良好，黄果柑生长健壮，从而提高对黄蜘蛛的抵抗力。同时，冬季和早春人工摘除并烧毁虫口密度大的黄斑叶。

（2）药物防治：与防治柑橘红蜘蛛相同。

（3）生物防治：黄蜘蛛的天敌主要有捕食螨、食螨瓢虫、草蛉、六点蓟马等，应加以保护利用。搞好橘园间作，生草栽培，在橘园内外不应种桃、葡萄和豇豆等作物，宜种植矮生的苏麻、紫苏、百花草等有利于捕食螨等多种天敌繁衍生息的作物。

8.2.3　柑橘蚜虫类

柑橘蚜虫俗称腻虫或蜜虫等，是繁殖最快的植食性昆虫，属于半翅目，包括球蚜总科和蚜总科。主要分布在北半球温带地区和亚热带地区，是地球上最具破坏性的害虫之一。在我国为害柑橘的蚜虫有 9 种，主要为橘蚜、橘二叉蚜、棉蚜、桃蚜等。

1. 为害症状

若虫群集在黄果柑春季抽发的嫩芽、嫩叶、嫩梢及花蕾和花上吸食汁液，使叶片卷缩，新梢枯萎，花和幼果大量脱落(图 8.14)。由于蚜虫吸食的汁液多，排泄的粪便中含有很高的糖分和多种纤维素，营养十分丰富，有“蜜露”和“天露”之称，因此能诱发大量的煤烟病（徐春明，1994），使枝叶发黑，严重影响光合作用的正常进行，从而致使树势衰弱、产量大减、果实品质下降。

图 8.14　蚜虫群聚为害叶片状

2. 形态特征

蚜虫为多态昆虫，同种有无翅和有翅，有翅个体有单眼，无翅个体无单眼。具翅个体有 2 对翅，前翅大，后翅小，前翅近前缘有 1 条由纵脉合并而成的粗脉，端部有翅痣。第 6 腹节背侧有 1 对腹管，腹部末端有 1 个尾片。其中小蚜属、黑背蚜属为中国特有属。

体长 1.5~4.9mm，多数约 2mm。有时被蜡粉，但缺蜡片。触角 6 节，少数 5 节，罕见 4 节，末节端部常长于基部。眼大，多小眼面，常有突出的 3 小眼面眼瘤。喙末节短钝至长尖。腹部大于头部与胸部之和。前胸与腹部各节常有缘瘤。腹管通常管状，长常大于宽，基部粗，向端部渐细，中部或端部有时膨大，顶端常有缘突，表面光滑或有瓦纹或端部有网纹，罕见生有或少或多的毛，罕见腹管环状或缺。尾片圆锥形、指形、剑形、三角形、五角形、盔形至半月形。尾板末端圆，表皮光滑、有网纹或皱纹或由微刺或颗粒组成的斑纹。体毛尖锐或顶端膨大为头状或扇状。

3. 发生规律

在石棉、汉源地区一年发生 10 余代，6~40d 一代，一般 10d 一代，以成虫和卵在秋梢和冬梢上越冬，越冬的卵在 2 月上旬到 4 月下旬孵化为无翅若虫，此时过冬的成虫（有翅蚜和无翅的干母）开始大量产卵和卵胎生若虫。一般最适合柑橘蚜虫繁殖的温度为 24~27℃，在柑橘上，因春梢生长期气温低，天敌少，因此发生多、为害严重，在夏梢和秋梢生长期也有发生，但由于此时气温高，湿度大，梢期短，成熟快，天敌多，一般为害较轻。

4. 防治方法

（1）农业防治：冬春结合修剪，剪除在晚秋梢和冬梢上过冬的虫和卵，集中处理，统一销毁；在每次抽梢发芽期，抹除抽生不整齐的新梢，以打断蚜虫的食物链；利用黄板诱杀有翅蚜。

（2）化学防治：在嫩梢生长期有蚜枝率 20%以上、新梢被害 25%以上时开始喷药，可选用 20 型洗衣粉 200 倍液、3%啶虫脒 2000~3000 倍液、95%机油乳剂 100~200 倍液。

（3）生物防治：保护和利用天敌，捕食和寄生蚜虫的天敌多达 200 种，主要有瓢虫、草蛉、食蚜蝇等，这些天敌在高温高湿时繁殖快，对蚜虫有很好的控制效果。

8.2.4 柑橘矢尖蚧

柑橘矢尖蚧又名矢坚蚧、箭头蚧、箭头介壳虫，属同翅目盾蚧科，主要分布在辽宁、陕西、甘肃、青海、四川等地，黄河以北，冬季只能在温室中生活。主要寄生在柑橘、香橼、柚等果树上。

1. 为害症状

以雌成虫和若虫固定在黄果柑叶片、枝梢、果实上吸食汁液，导致叶片褪绿发黄，严重时叶片卷缩、干枯，树势衰弱，甚至植株死亡（图 8.15）。果面布满虫壳，且不转色，影响商品价值（图 8.16）。

图 8.15 矢尖蚧雌蚧分散为害叶片状

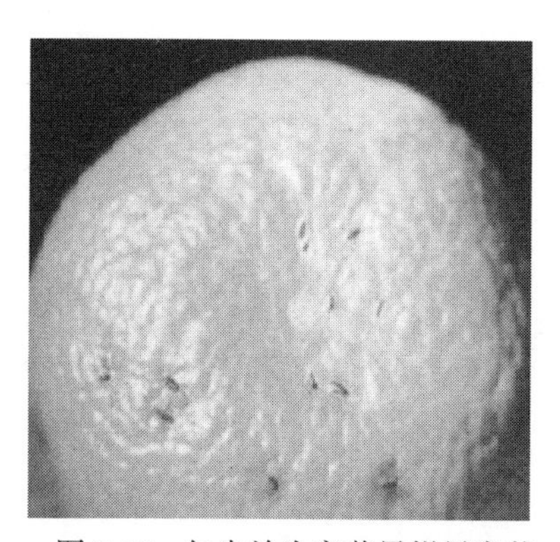

图 8.16 矢尖蚧为害黄果柑果实状

2. 形态特征

（1）卵：椭圆形，橙黄色，长 0.2mm。

（2）若虫：1 龄草鞋形，橙黄色，触角 1 对，足 3 对，腹末具 1 对长毛；2 龄扁椭圆形，淡黄色或淡橙黄色，触角和足均消失。

（3）蛹：长形，橙黄色，长 1.4mm，末端交尾器显著突出于体外。

（4）成虫：雌虫介壳黄褐色或棕褐色，边缘灰白色，前段尖，后端宽，末端呈弧形，介壳中央有 1 条隆起的纵脊，两侧有向前斜伸的横纹，似箭形。雌虫虫体长形，橙黄色，触角位于前段，退化成瘤状突起，有 1 根长毛。雄虫介壳狭长，粉白色，棉絮状，壳背上有 3 条纵隆起线，有 1 对翅。

3. 发生规律

在石棉、汉源地区一年发生 2~4 代，世代重叠。以受精的雌成虫越冬，少数以若虫和蛹越冬。越冬的雌成虫 5 月上中旬产卵，5 月中下旬第 1 代若虫出现，第 2 代若虫 7 月中下旬出现，第三代若虫 9 月中下旬出现。柑橘矢尖蚧在黄果柑果园中是中心分布，常由一处或多处生长旺盛且荫蔽的黄果柑树上开始发生。雌蚧大多分散为害，沿叶片正反面叶脉两侧分布或分散于枝条果面，雄蚧有群集性，常数十头聚集叶背或枝条为害。第 1 代若蚧多近距离扩散，以为害老叶为主；第 2 代若蚧多远距离扩散，以为害新叶和幼果为主；第 3 代以为害果实为主（郭鄂平等，2005）。

4. 防治方法

（1）农业防治：加强综合管理。肥水管理，以腐熟基肥为主，适量增施速效肥，促发新梢，增强树势提高抗病虫能力；在冬季或早春修剪，及时剪除严重病虫枝、过密枝、干枯枝、纤弱枝等，同时清除果园内落叶落果，集中烧毁或深埋；也可刷除枝干上密集的蚧虫。

（2）化学防治：药剂防治抓住各代初孵若虫期喷药，以第 1 代若虫防治为关键，以若虫分散转移期施药最佳，卵盛孵期喷杀第 1 代若虫。当第 1 代若虫初见日后约 20d 喷第 1 次药，再隔 15~20d 喷第 2 次药，此时虫体无蜡粉和介壳，抗药力最弱。可用杀扑磷·噻嗪酮 20%乳油 500~1000 倍液、吡丙醚 100g/L 悬浮液 1000~1500 倍液（陈宜修，2008）等。

（3）生物防治：保护、利用天敌，其主要天敌是蚜小蜂、红点唇瓢虫和日本方头甲等。

8.2.5　柑橘吹棉蚧

柑橘吹棉蚧俗称棉花虫、棉团蚧、白条蚧、棉籽蚧等，属节肢动物门昆虫纲同翅目硕蚧科吹棉蚧属。主要为害芸香科、豆科、菊科、蔷薇科和茄科等植物。

1. 为害症状

柑橘吹绵蚧主要以刺吸黄果柑汁液为害枝梢、叶片及果实，被害处周边变为黄绿色，并排泄蜜露引发煤烟病，造成枝条、叶片和果实等的表面呈煤烟状，较重时形成一层黑皮覆盖于枝条、叶片和果实等的表面（图 8.17）。严重时引起叶片焦枯凋落、枝条枯死、果实不易转色、果小味酸，影响果实质量和产量，也影响树势，甚至引起植株局部或整株死亡。

2. 形态特征

（1）卵：长 0.7mm，宽 0.3mm，长椭圆形，橘红色，密集于雌成虫卵囊内。

（2）雄蛹：体长 3.5mm 左右，橘红色，体上散生淡黄褐色细毛。触角、翅芽和足淡褐色。

（3）茧：长椭圆形，质疏松，外敷白色蜡粉。

（4）幼虫：椭圆形，橘红色，背面覆盖淡黄色的蜡粉，触角黑色，第 1、2 龄时，触角 6 节，第 3 龄时 9 节。

（5）成虫：雌成虫椭圆形，无翅，体长 5~7mm，宽 3.7~4.2mm，红褐色，背面隆起，有很多黑色细毛，体背覆盖一层白色颗粒状蜡粉，腹部附白色蜡质卵囊，囊上在脊状隆起线 14~16 条。雄成虫长约 3mm，橘红色，前翅狭长，黑色，后翅退化成钩状（图 8.18）。

图 8.17　吹棉蚧为害黄果柑枝梢状

图 8.18　吹棉蚧雌成虫

3. 发生规律

柑橘吹绵蚧在石棉、汉源地区一年发生 3~4 代，第 1 代若虫盛发期在 5 月中旬至 6 月上旬，第 2 代在 7 月上旬至 8 月下旬，第 3 代在 10 月上旬至下旬。温暖多雨的 5~6 月是全年发生为害的高峰期。以受精雌虫越冬为主，另外 3 龄若虫及少数雌成虫也可在枝条和叶背越冬。越冬成虫于翌年 3 月开始产卵，卵产于母体下，不交配的雌虫产卵较少，在 3~5 月雄虫数量特别多，经过与越冬雌虫交配后，产卵量激增，每头可产 800~2000 粒，所以常在 5~6 月猖獗成灾，9~10 月发生的数量也较多。初孵若虫爬出母壳，分散转移寄生到枝、叶、果上刺吸汁液，以后逐渐分泌棉絮状蜡粉，雌虫于蜕皮壳下生长并分泌介壳，再蜕皮变为成虫（金方伦等，2012）。雌成虫寿命长达 2 个月，在 15℃以下产卵很少，25~26℃时产卵特别多，在 39℃以上和-12℃时便大量死亡。

4. 防治方法

（1）农业防治：可通过改善果园生态环境，增强树势，创造天敌生长繁殖的有利条件，达到有效控制柑橘吹绵蚧的目的。一是清洁果园。清除黄果柑残枝病叶、病果，用手或用镊子捏去雌虫和卵囊。二是合理密植。改善田间通风透光条件，洼地采用深沟高畦栽培，利于雨后田间排水。三是加强肥培管理。实行配方施肥，多施农家肥，重施磷钾肥，适施氮肥，在需肥期及时补充各种肥料，调节植株生长势，增强植株抗性。四是加强树体管理。及时修剪、摘心，冬季剪除果树内膛的弱枝、交叉荫蔽枝。同时，夏季修剪徒长枝、细弱枝，抹芽放梢，改善植株枝叶间的通风透光条件，降低植株生长环境的土壤湿度（金方伦等，2012）。

（2）化学防治：合理选用农药，如 40%速扑杀乳油 1000 倍稀释液、40%氧化乐果 1000 倍液、50%杀螟松 1000 倍液、25%喹硫磷乳油 1000 倍液、松脂合剂 15~20 倍液。每隔 10~15d 喷 1 次，连续 2~3 次，注意轮换施药。

（3）生物防治：保护利用、引放天敌，如大红瓢虫、澳洲瓢虫，因其捕食作用大，可以达到有效控制的目的；在黄果柑园内充分利用有限空间种蔬菜、绿肥，割杂草或用秸秆覆盖行株间土壤，有利于天敌的繁殖；清除园内枯枝、病枝及修剪枝，以利于天敌尽可能重新回到柑橘树上生存繁殖；结合虫情测报确定用药时期，加强药剂试验，选准最佳药剂减少用药次数，以利于保护天敌；选择使用对天敌比较安全的农药种类；从外地引移适量天敌以增加果园内天敌基数（金方伦等，2012）。

8.2.6 柑橘红蜡蚧

柑橘红蜡蚧又名红蜡介壳虫、脐状红蜡蚧、橘红蜡介壳虫，为同翅目蜡蚧科，分布于我国的各柑橘产区。

1. 为害症状

主要以成虫和若虫密集寄生在枝条和叶片上吮吸汁液为害，其中雌虫多在枝干和叶柄上为害，雄虫多在叶柄和叶片上为害，被害严重时嫩枝新梢上可密布此虫，其排泄物沾污中下部叶面生煤污菌，使枝叶一片乌黑，诱发煤烟病，致使植株长势衰退，树冠萎缩，严重时造成植株整株枯死（汪建军和王社英，2007；蒲占湑等，2007）。

2. 形态特征

（1）卵：椭圆形，两端稍细，淡红色至淡红褐色，有光泽。

（2）若虫：初孵时扁平椭圆形，淡褐色或暗红色，腹端有两长毛；2 龄若虫，虫体稍突起，暗红色，体表被白色蜡质；3 龄若虫蜡质增厚，触角 6 节，触角和足颜色较淡（图 8.19）。

（3）成虫：雌成虫椭圆形，虫体紫红色，触角 6 节，第 3 节最长。背面有较厚暗红色至紫红色的蜡壳覆盖，蜡壳顶端凹陷呈脐状，有 4 条白色蜡带从腹面卷向背面。雄成虫虫体暗红色，前翅 1 对，白色半透明（图 8.20）。

3. 发生规律

红蜡蚧 1 年发生 1 代，以受精雌成虫附着在枝条或叶背越冬。越冬雌虫产卵于体下，产卵期长短不一，可长达 40 余天，一般为 1 个月左右。5 月下旬至 6 月上旬为越冬雌虫产卵盛期，初孵若虫具趋光性，在嫩梢、新叶上固定 2~3d 后分泌蜡质，主要群集在枝梢上吸食树体养分。雌若虫主要群集于嫩梢上，叶片上较少；雄若虫绝大多数群集于叶片上，嫩梢上极少，有趋光性，大多数在受阳光的外侧枝梢上危害，树冠内部较少。

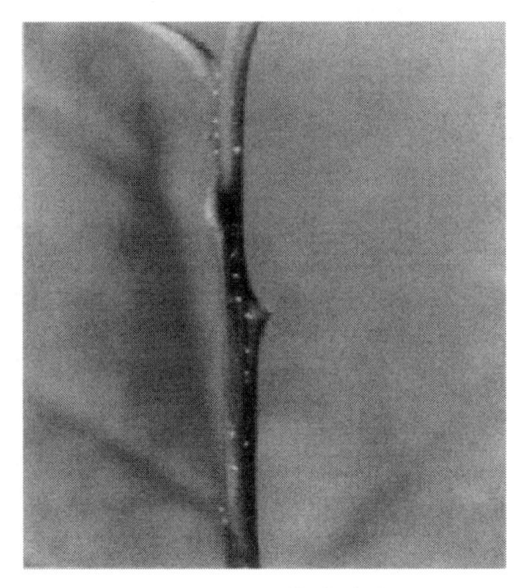
图 8.19　红蜡蚧幼虫

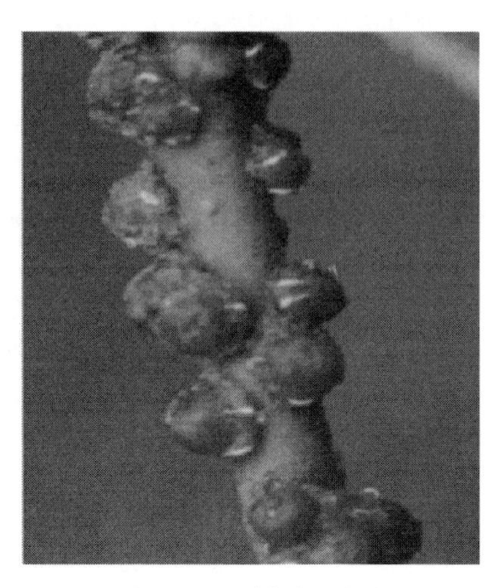
图 8.20　红蜡蚧雌成虫

4. 防治方法

（1）农业防治：结合冬季整枝修剪，及时剪去病虫枝叶，集中放于园外空地焚烧；虫口数不多时，用手剥除；适时、合理修剪，改善通风透光条件，减少虫害发生。

（2）化学防治：红蜡蚧若虫孵化期长达 21~35d，防治时应连续喷洒 25%爱卡士乳油 1000 倍液、20%稻虱净乳油 1500 倍液、4.5%绿丹微乳剂 900 倍液、25%阿克泰 2000~3000 倍液、25%噻嗪酮 1000~2000 倍液等，每 10d 左右喷洒 1 次，连续 2~3 次。当 10%去年秋梢叶片有越冬雌成虫或越冬成虫达 100 片叶 15 头时，需喷上述药剂，进行防治。

（3）生物防治：保护利用天敌，红蜡蚧天敌种类较多，如红蜡蚧扁角跳小蜂、霍氏扁角跳小蜂、红帽蜡蚧扁角跳小蜂、日本食蚧蚜小蜂、蜡蚧啮小蜂和蜡蚧柄翅缨小蜂等。这些寄生性天敌的存在，对红蜡蚧的生存、繁殖起着明显的抑制作用。防治红蜡蚧的适期也是红蜡蚧的寄生蜂羽化盛期，让寄生蜂羽化飞出，寻找寄主寄生。

8.2.7　柑橘黑刺粉虱

柑橘黑刺粉虱又名橘刺粉虱，属同翅目粉虱科。为害柑橘、茶树、油茶、梨、柿、葡萄等多种植物。

1. 为害症状

黑刺粉虱主要以若虫寄生在叶背刺吸汁液为害为主（图 8.21），形成黄斑，其排泄物能诱发严重的煤烟病，使树体枝叶发黑，枯死脱落，导致光合作用受阻，芽叶稀瘦，树势衰弱等（贺德英，2012）。

2. 形态特征

（1）卵：新月形，长 0.25mm，基部钝圆，具 1 小柄，直立附着在叶上；初产时乳白色，后渐变为淡黄色，孵化前为灰黑色。

（2）蛹：椭圆形，初乳黄渐变黑色。蛹壳椭圆形，长 0.7~1.1mm，漆黑有光泽，壳边锯齿状，周缘有较宽的白蜡边，背面显著隆起，胸部具 9 对长刺，腹部有 10 对长刺，两侧边缘雌有长刺 11 对，雄 10 对。

（3）若虫：体长 0.7mm，黑色，体背上具刺毛 14 对，体周缘泌有明显的白蜡圈；初龄若虫椭圆形，淡黄色，体背生 6 根浅色刺毛，体渐变为灰色至黑色，有光泽，体周缘分泌 1 圈白蜡质物；2 龄若虫黄黑色，体背具有 9 对刺毛，体周缘白蜡圈明显。

（4）成虫：雌虫虫体橙黄色，体被薄敷白粉；复眼肾形红色。前翅紫褐色，上有 7 个白斑，后翅小，淡紫褐色；雄虫体略小，翅上白斑较大，腹末有交尾器（图 8.22）。

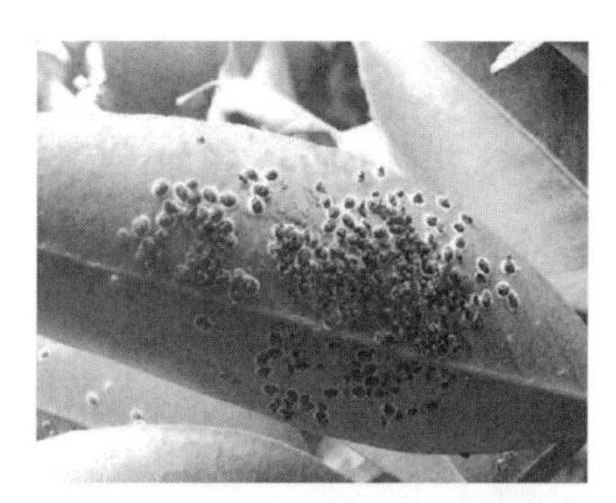

图 8.21　黑刺粉虱若虫聚集叶片背面为害状

图 8.22　黑刺粉虱成虫

3. 发生规律

柑橘黑刺粉虱在黄果柑产区一年发生 4~5 代，多以 2~3 龄若虫在叶背面越冬，次年 3 月化蛹，4 月上中旬羽化成虫，成虫喜阴暗环境，多在树冠内新梢上活动，卵多产于叶背，散生或密集为圆弧形，常数粒至数十粒在一起。初孵若虫爬行不远，多在卵壳附近营固定式刺吸生活，引起叶片发黄、提早脱落；其排泄物可以诱发煤烟病，使枝、叶、果受到污染，叶片变黑失绿，枯死脱落，受害严重的柑橘树抽不出春梢，不开花，丧失结果能力，严重影响树势、产量和果实品质（郭蕾等，2007）；末龄若虫皮壳硬化为蛹，即蛹壳。各代发生虫口多寡与温湿度关系密切，适温（30℃以下）高湿（相对湿度 90%以上）对成虫羽化和卵的孵化有利，反之，过高的温度（月均温 30℃以上）和低湿（相对湿度 80%以下）则不利，故通常树冠密集、阴暗的环境虫口较多。

4. 防治方法

（1）农业防治：注意清园修剪，改善黄果柑果园通风透光，创造有利于植株生长，不利于黑刺粉虱发生的环境。合理施肥，勤施薄施，避免偏施、过施氮肥导致植株密茂徒长而有利害虫滋生。

（2）化学防治：在粉虱危害严重而天敌又少跟不上害虫的发展时，可以采用药剂防治，可在 1~2 龄若虫盛发期选用 20%扑虱灵可湿粉 2500~3000 倍液、或 90%敌百虫晶体

500~800 倍液、或 50%马拉硫磷乳油 1000 倍液喷施。成虫危害高峰期喷蚧塞 1000~1500 倍液、或 90%敌百虫 1000 倍液进行防治；幼虫期喷 48%乐斯本 1000 倍液、绿颖 200 倍液或机油乳剂 100~150 倍防治。

（3）生物防治：在 5~11 月寄生蜂等天敌盛发时，结合灌溉，用高压水柱冲洗树冠，可减少粉虱分泌的“蜜露”，收到提高寄生天敌寄生率和减轻煤烟病发生之效。在黑刺粉虱发生严重的果园，5~6 月从粉虱细蜂、黄盾扑虱蚜小蜂等发生多的果园采摘有粉虱活蛹的叶片（7~8 头/叶）挂放园内，放后一年内不施剧毒农药，可收到抑制粉虱为害之效。生物防治园内不宜多次施用对天敌影响较大的溴氰菊酯、氯氰菊酯等农药。

8.2.8 柑橘黑点蚧

柑橘黑点蚧又名黑星蚧、黑片盾蚧，同翅目盾蚧科。中国各柑橘产区均有发生，主要为害柑橘类植物、枣子、椰子、月桂等。

1. 为害症状

幼虫和成虫（图 8.23）群集叶、枝、嫩梢、果上为害，受害处产生黄斑（图 8.24），影响果实品质和产量；同时还诱发煤烟病，影响植株生长势，严重时枝叶枯萎脱落、枝条死亡（胡小三，2009）。

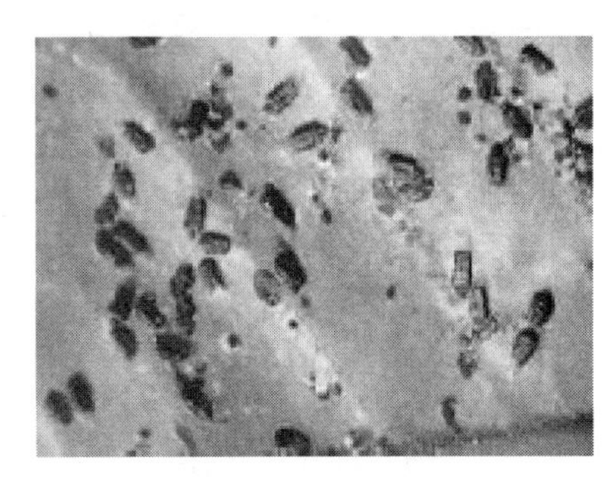

图 8.23 黑点蚧雌成虫

图 8.24 黑点蚧为害黄果柑果实状

2. 形态特征

（1）卵：椭圆形，紫红色。

（2）若虫：初孵时近圆形，灰色，固定后颜色加深，并分泌出白色的棉絮状蜡质，长约 0.25mm。2 龄若虫椭圆形灰白色，后渐变为深灰黑色。深黑色的蜕皮壳中间有 1 条明显的脊状隆起，后部为白色介壳。后期雄虫的蜡壳增厚，成为狭长的灰白色介壳。

（3）蛹：淡红色，腹部略带紫色，末端有交尾器。

（4）雌成虫：虫体倒卵形，淡紫红色，前胸两侧有耳状突起；介壳漆黑色，长椭圆形，长约 1.8mm，周缘有灰白色的边，后缘附有褐色的蜡质物。背面有 2 条纵脊。

（5）雄成虫：虫体淡紫红色，眼黑色 ，较大，翅 1 对，翅脉 2 条，半透明，腹末有针状交尾器。

3. 发生规律

在多数黄果柑果园一年发生 3~4 代，以卵或雌成虫在雌介壳下越冬，世代重叠，15℃以上时不断有新的若虫出现，发生极不整齐。4 月下旬初孵幼蚧开始向当年生春梢迁移固定为害，5 月下旬开始有少数幼蚧向果实迁移为害，6~8 月在叶片和果实上大量发生为害，7 月上旬以后果上虫口日渐增加，8 月中旬又转移到夏梢叶片上为害。每一雌成虫能孵出幼蚧 50 余头。初孵若虫离开母体后，迁移至叶片、果实上为害，枝条上发生较少，借苗木和风力传播，风力是其主要传播媒介。阴暗园地生长衰弱的植株，有利于它的生育。

4. 防治方法

（1）农业防治：冬季植株修剪及清园，消灭在枯枝落叶杂草与表土中越冬的虫源。

（2）化学防治：提前预防，开春后喷施 40%啶虫毒乳油 2000~3000 倍液进行预防，每 7~10d 喷洒 1 次，连续 2 次，能够有效杀死虫卵，减少孵化虫量。化学防治最佳用药时间为：在若虫孵化盛期用药，每年的 5~8 月的 1 龄幼蚧高峰期进行，此时蜡质层未形成或刚形成，对药物比较敏感，用量少、效果好。针对低矮容易喷施的，可以用喷雾方式防治；针对高大树体上的蚧壳虫，也可使用吊注“必治”或者插“树体杀虫剂”插瓶的方式防治，用量根据树种、树势、气候等因素调整。

（3）生物防治：红点唇瓢虫的成虫和幼虫均可捕食柑橘黑点蚧的卵、若虫、蛹和成虫，6 月后捕食率可高达 78%；盾蚧长缨蚜小蜂对此蚧的寄生率可高达 50%。此外，还有寄生蝇和捕食螨等天敌。

8.2.9　柑橘锈壁虱

柑橘锈壁虱又名锈螨、锈蜘蛛、柑橘叶刺瘿螨、牛皮柑、铜病和黑炭丸等，属蛛形纲蜱螨目瘿螨科，是柑橘上的一类主要害虫。

1. 为害症状

为害叶背和果实（图 8.25），以口针刺入黄果柑组织内吸食汁液，使被害叶、果的油胞破裂，叶变成锈叶，果皮变黑，常称为黑皮果；严重时造成落叶、落果，导致树势衰弱（段志坤和廖海方，2011）。

图 8.25　锈壁虱为害黄果柑果实状

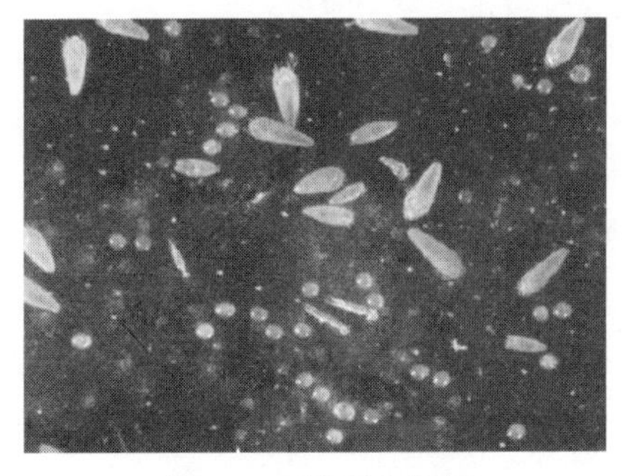

图 8.26　锈壁虱成螨

2. 形态特征

（1）卵：圆球形，表面光滑，灰白色，半透明。

（2）若螨：初孵幼螨灰白色，半透明。第1次脱皮后的若螨体淡黄色，体型比初孵幼螨约大1倍，腹部光滑，环纹不明显，尾端尖细，足2对。

（3）成螨：楔形或胡萝卜形，成螨体长0.1~0.2 mm，黄色或橙黄色，肉眼不易见，头部小伸向前方，附近有足2对，体躯前部较粗，背面和腹面有许多环纹，腹部约为背部的2倍，腹部末端有伪足1对，尾端较细（图8.26）。

3. 发生规律

由于锈壁虱虫体小，肉眼很难观察。孤雌生殖、繁殖力强，经常在很短时间内造成大量黑果。柑橘锈壁虱年发生代数随地区及气候不同而异。在黄果柑产区一年发生 18~20代，有显著的世代重叠现象。冬天以成螨在黄果柑腋芽鳞片间隙处和因病虫引起的卷叶内越冬，以秋梢腋芽为主，春夏梢腋芽为次。此虫喜荫蔽，常从树冠下部和内部的叶片及果实上开始为害，逐渐向树冠上部和外部蔓延扩展。通常在新叶的叶背和果实的下方及阴面虫口密度较大。越冬后当日温达到15℃以上时，锈壁虱则开始爬出来取食。春梢抽发后，即为害春梢嫩叶，并聚集在叶背主脉两侧；5~10月为害果实，7~10月高温干旱有利于锈壁虱的发育繁殖，常猖獗成灾。6~9月是防治的关键时期，当7~8月发生猖獗时，在叶片和果面上往往附有大量虫体和脱皮壳，好像薄敷一层灰尘。

4. 防治方法

（1）农业防治：加强果园栽培和肥水管理，增强树势，提高黄果柑植株抵抗能力。高温干旱季节，果园要及时灌溉，种植覆盖植物或实行生草栽培，以提高果园湿度；入冬后剪除枯枝、病枝和残弱枝，树干刷石灰水，消灭越冬虫源，对锈螨的发生起明显的控制作用（沈兆敏，2013）。

（2）化学防治：经常检查果园即检查叶片和果实，当个别幼果出现“黑皮”、20%的叶片和果实有螨或者当螨口密度达视野2~3头，应立即进行喷药防治，药剂可选用阿维菌素、65%代森锌可湿性粉剂600~800倍液、20%双甲脒乳油1500~2000倍液、15%扫螨净乳油2000倍液、73%克螨特乳油2000~3000倍液等。药剂防治时要均匀喷施，并注意荫蔽部位枝叶的防治，并且注意药剂交替轮换使用，避免用波尔多液、石硫合剂、溴氰菊酯等对天敌有害的化学药剂。

（3）生物防治：利用天敌进行防治。增施有机肥，控制过度使用除草剂，以改善园区内的小气候环境，有利于汤普森多毛菌、具瘤长须螨、钝绥螨和螨蝇蚊等天敌繁殖。

8.2.10 柑橘瘤壁虱

柑橘瘤壁虱俗称胡椒子，又名柑橘瘤螨、柑橘瘤瘿螨，主要为害柑橘类果树，其中以为害红橘为主，次为甜橙，柚类和柠檬受害较轻。

1. 为害症状

在受害部位产生愈伤组织形成若干乳头状突起，呈不规则畸形，似胡椒颗粒状的虫瘿，受害严重的整株树不能抽梢、开花和结果，树体迅速衰弱，严重影响树势（陈守一，1998）。

2. 形态特征

（1）卵：长球形，长 0.05mm，宽 0.03mm，白色透明。

（2）若虫：长 0.12~0.13mm，体形似成虫，腹部环纹比成虫少，背面环纹约 65 环，腹面约 46 环。初孵幼虫，呈三角形，背面有环纹 50 环。

（3）雌成螨：长约 0.18mm，宽约 0.05mm，圆锥形，淡黄色至橙黄色，前端、后端及足均无色透明。头胸部宽而短，前方有下腭须 1 对，可分 3 节，下腭须侧方有短足 2 对，由 5 节组成，背盾板稍弯曲，表面光滑无纹。腹部细长有环纹 65~70 环。体表具有极细刚毛多对，头胸部的背盾板后缘有刚毛 1 对，腹部第 8~10 环纹上有侧刚毛 1 对，腹面有腹刚毛 3 对和尾毛 1 对。

3. 发生规律

柑橘瘤壁虱在黄果柑一年发生 10 多代，主要以成螨在虫瘿内越冬。春天黄果柑萌芽时，成虫从老虫瘿内爬出，为害春梢的新芽、嫩枝、叶柄、花苞、萼片和果柄，受害处迅速产生愈伤组织，形成新虫瘿。出瘿始期与春梢萌芽物候期基本一致。3~4 月当黄果柑萌发抽梢时，旧瘿内的成螨因营养不良而被迫迁移，使虫口密度迅速下降，新芽受害形成虫瘿，潜伏其中继续产卵繁殖。在 4~7 月繁殖高峰时，新虫瘿内虫口增加，最多达 680 头左右，而老虫瘿内的虫口数则慢慢下降约 280 个，5~6 月生长发育快，几天可完成 1 个世代，7 月以后发生量逐渐减少，故秋梢受害较春梢轻。

4. 防治方法

（1）农业防治：剪除虫瘿，增施肥水，促发夏秋梢。结合 5~6 月夏季修剪和冬季修剪，剪除带有新老虫瘿的虫枝，集中烧毁。在夏季修剪前 7~10d，视其树势增施一次肥水，对于恢复树势，提高产量，促使剪口处抽发健壮的夏秋梢成为次年的结果母枝，具有显著的效果。

（2）化学防治：在春梢新芽萌发至开花的 3~4 月，越冬成螨脱瘿为害新梢时及时进行树冠喷药，保护黄果柑的幼嫩组织。药剂可用 40%乐果乳油 2000 倍液、50%磷胺乳油 1000 倍液、晶体石硫合剂 250~300 倍液、65%代森锌可湿性粉剂 600~800 倍液+矿物油 200 倍液或 20%速螨酮可湿性粉剂 3000 倍+矿物油 200 倍液等，每隔 7~10d 喷 1 次，连续 2~3 次。

8.2.11　柑橘木虱

柑橘木虱属同翅目木虱科，是柑橘类新梢生长期主要害虫之一。

1. 为害症状

主要以若虫在嫩梢上吸取汁液，诱发煤烟病；以成虫为害叶片和嫩梢，被害植株引起嫩梢萎缩，新叶扭曲畸形等症状，同时也是柑橘黄龙病的传播媒介。更为糟糕的是，木虱在柑橘黄龙病病株上取食、产卵繁殖，可产生大量的带菌成虫，成虫可通过转移为害新植株而传播黄龙病（阮传清等，2012）。

2. 形态特征

（1）卵：似芒果形，橘黄色，上尖下钝圆，有卵柄，长 0.3mm。

（2）若虫：刚孵化时虫体扁平，黄白色；2 龄后背部逐渐隆起，体黄色，有翅芽露出；3 龄带有褐色斑纹；5 龄若虫土黄色或带灰绿色，翅芽粗，向前突出，中后胸背面、腹部前有黑色斑状块，头顶平，触角 2 节(图 8.27)（阮传清等，2012）。

（3）成虫：虫体长约 3mm，灰青色且有灰褐色斑纹，被有白粉。头顶突出如剪刀状，复眼暗红色，单眼 3 个，橘红色。触角 10 节，末端 2 节黑色。前翅半透明，边缘有不规则黑褐色斑纹或斑点散布；后翅无色透明。足腿节粗壮，跗节 2 节，具 2 爪。腹部背面灰黑色，腹面浅绿色。雌虫孕卵期腹部橘红色，腹末端尖，产卵鞘坚韧，产卵时将柑橘芽或嫩叶刺破，将卵柄插入(图 8.28)。

图 8.27　木虱若虫群聚为害状

图 8.28　木虱成虫

3. 发生规律

一年中发生的代数与黄果柑抽发新梢次数有关，每代长短与气温相关。在周年有嫩梢的情况下，一年可发生 11~14 代，田间世代重叠。成虫产卵在露芽后的芽叶缝隙处，没有嫩芽不产卵。初孵的若虫吸取嫩芽汁液并在其上发育成长，直至 5 龄。成虫停息时尾部翘起，与停息面成 45°角，在没有嫩芽时，停息在老叶的正面或背面。在 8℃以下时，成虫静止不动，14℃时可飞能跳，18℃时开始产卵繁殖。木虱多分布在衰弱树上，这些树一般先发新芽，提供了食料和产卵场所。一年之中，秋梢受害最重，其次是夏梢，尤其是 5 月的早夏梢，被害后不可避免会爆发黄龙病，而春梢主要遭受越冬代的为害。

4. 防治方法

（1）农业防治：做好冬季清园，冬季气温低，越冬的木虱成虫活动能力差，可通过深翻土层使成虫露出地表，能有效减少春季的虫口；加强肥水管理，使树势壮旺，每次新梢发梢整齐，利于统一时间喷药防治木虱（杜丹超等，2011）。

（2）化学防治：第 1 次喷药时间应在露芽期间进行，可选用 40%水胺硫磷乳油 800 倍液、50%乐果乳油 800 倍液或 20%速灭杀丁乳油 2000~3000 倍液等。

8.3 食心虫类

食心虫又称蛀心虫，是指以幼虫钻蛀食为害黄果柑枝梢或花果，造成一系列被害症状的中小型鳞翅目害虫。其种类繁多，包括天牛幼虫、粉蛾幼虫和其他一些昆虫的幼虫等。

8.3.1 柑橘花蕾蛆

柑橘花蕾蛆又名橘蕾瘿蝇，通称花蛆、包花虫、花仓虫，属双翅目瘿蚊科。中国各柑橘区均有分布，是柑橘花蕾期的重要害虫。

1. 为害症状

成虫在花蕾上产卵，幼虫为害花蕾（图 8.29），使受害花不能正常发育开放（谢红梅，2007），形似“灯笼”或“算盘子”。受害花上有绿色小点，不似正常花瓣白（图 8.30）。

图 8.29　花蕾蛆在花蕾上为害状

图 8.30　受花蕾蛆为害严重脱落的花蕾

2. 形态特征

（1）卵：长椭圆形，无色透明，外包一层胶质物，末端具丝状附属物。

（2）蛹：乳白色，后期复眼和翅芽黑褐色。

（3）幼虫：末龄幼虫乳白色至橙黄色，长纺锤形，体长约 2.8mm，前胸腹面有一褐色、前端分叉的剑骨片。

（4）雌成虫：形似小蚊，体长 1.5~1.8mm，暗黄褐色或灰黄色，被有细毛。触角念珠状，14 节，各节环生刚毛。翅 1 对，翅脉简单，翅上密生黑褐色细毛。足细长。

（5）雄成虫：体长 1.2~1.4mm，灰黄色。触角鞭节每节呈哑铃状，形似 2 节。

3. 发生规律

花蕾蛆在黄果柑产区一年发生一代，部分发生两代，以幼虫在土中越冬，翌年3月下旬化蛹，4月上中旬羽化出土，初羽化出土的成虫有在土面爬行的习性，早晚飞舞于花蕾间，傍晚活动最盛。产卵多在傍晚，产于花蕾直径2~3mm顶部松散或有小缝开始露白的小蕾中的花丝、花药或子房周围，成虫飞翔力弱，寿命仅2天左右，卵期3~4d，幼虫在子房周围的蜜盘中的黏液内活动，幼虫第1龄3~4d，第2龄6~7d，第3龄最长，但在花中停留的时间短，在土中可以长达11个月左右。幼虫老熟后可借胸骨片弹跳入土，出蕾入土多在清晨且阴雨天气，入土深度约6.5cm，时间多在4月中下旬，入土后作茧，翌年3月化蛹。同时，由于幼虫抗水力强，可在水中存活20d以上，故还能随水传播。

4. 防治方法

（1）农业防治：对于危害尚不严重时，及时摘除虫蕾并全部烧毁或深埋，并集中沤肥，能很好地减少下一年花蕾蛆的发生量；在成虫出土前，一般于2月中上旬，地面覆盖地膜，不仅可闷死地表大量成虫，阻止成虫出土，而且还可以增加土壤温度和湿度，减少杂草生长，防止他类害虫；冬季翻耕园地，使幼虫暴露在外，因低温冻死，减少虫口基数（谢红梅，2007）。

（2）化学防治：在现蕾初期（花蕾2mm左右），花蕾由青转白、成虫出土前，每亩用10%二嗪农1.25kg兑细土25kg进行地面撒施；若当年的花已受害，则可在谢花期开始前用上述方法撒施，以防止脱蕾入土的幼虫。对花蕾蛆较多的果园，在花萼开始开裂露白时，每亩用50%辛硫磷150~200g混合细土15kg撒施杀灭。树冠喷药：成虫发生期树冠喷射75%灭蝇胺5000倍液（王洪祥等，2002）。喷药时，注意从下至上均匀周到，每10d喷药1次，连续2~3次。

8.3.2 柑橘大实蝇

柑橘大实蝇俗称柑蛆，又名橘大食蝇、柑橘大果蝇，属双翅目实蝇科，是国际国内植物检疫性有害生物（图8.31）。原产于日本九州，自20世纪60~70年代开始发生以来，疫情呈逐年加重趋势（宋惠安，2009）。由于其发生面积大，危害损失重，疫区果实不准外销，给果农造成了巨大的经济损失，已成为柑橘生产上的一大虫害。

1. 为害症状

产卵于果内，产卵处呈圆形或椭圆形内陷的褐色小孔，卵在果内孵化后，幼虫成群取食橘瓣（图8.32），导致大量落果，被害果称蛆果、蛆柑。

2. 形态特征

（1）卵：长椭圆形，长1.2~1.5mm，一端稍尖，两端较透明，中部微弯，呈乳白色。

（2）蛹：椭圆形，金黄色，长约9mm，宽4mm，羽化前转变为黄褐色，幼虫时期的前气门乳状突起仍清晰可见。

（3）幼虫：老熟幼虫体长 15~19mm，乳白色圆锥形，前端尖细，后端粗壮。口钩黑色，常缩入前胸内。前气门扇形，上有乳状突起 30 多个；后气门片新月形，上有 3 个长椭圆形气孔，周围有扁平毛群 4 丛。

（4）成虫：体长 10~13mm，翅展约 21mm，全体呈淡黄褐色。复眼金绿色。胸部背面具 6 对鬃，中央有深茶色的倒“Y”形斑纹，两旁各有一条宽直斑纹；中胸背面中央有 1 条黑色纵纹，从基部直达腹端，腹部第 3 节近前缘有 1 条较宽的黑色横纹，纵横纹相交成“十”字形。

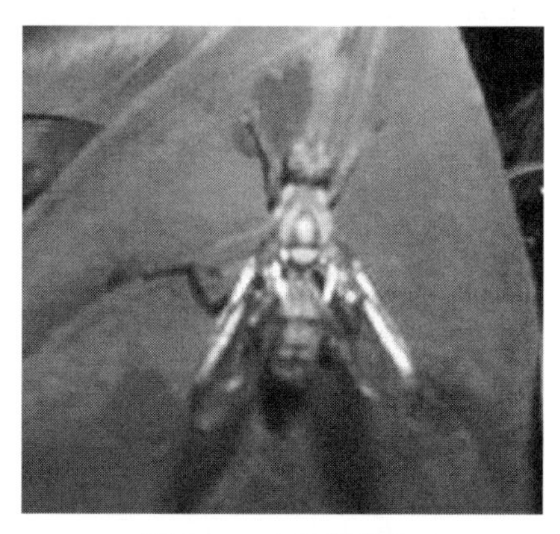

图 8.31　大实蝇成虫

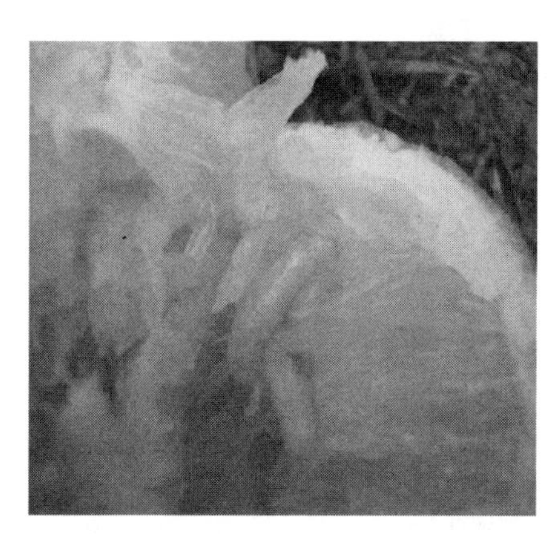

图 8.32　大实蝇幼虫在果实中为害状

3. 发生规律

柑橘大实蝇在黄果柑产区一年发生 1 代，以蛹在土壤内越冬。在四川，越冬蛹于翌年 4 月下旬开始羽化出土，4 月底至 5 月上中旬为羽化盛期。成虫活动期可持续到 9 月底。雌成虫产卵期为 6 月上旬到 7 月中旬。幼虫于 7 月中旬开始孵化，9 月上旬为孵化盛期，10 月中旬到 11 月下旬化蛹、越冬。成虫羽化出土都在上午 9~12 时，特别是雨后天晴，气温较高的时候羽化最盛。成虫羽化出土后常群集在果园附近的竹林内，取食蚜虫等分泌的蜜露，作为补充营养。成虫羽化后 20 余日开始交尾，交尾后约 15 日开始产卵。卵产于黄果柑的幼果内，产卵处呈圆形或椭圆形内陷的褐色小孔，每孔产卵 2~14 粒，最多可达 40~70 粒。10 月中下旬被害果大量脱落，幼虫老熟后随果实落地或在果实未落地前即爬出，入土化蛹、越冬。入土深度通常在土表下 3~7cm，以 3cm 最多。

4. 防治方法

（1）农业防治：①摘除青果：柑橘大实蝇发生危害严重的地方，在 9~10 月将所有的青果全部摘光，使果实中的幼虫不能发育成熟。被害果用深埋、水浸、焚烧等方法处理，以杀死果中的幼虫，达到断代的目的。②冬季翻耕，消灭冬蛹：结合冬季修剪清园、翻耕施肥，消灭地表 10~15mm 耕作层的部分越冬蛹。③砍树断代：对柑橘种植十分分散、品种老化、品质低劣的区域，可以采取砍一株老树补栽一株良种柑橘苗的办法进行换代（王志强等，2012）。

（2）化学防治：利用柑橘大实蝇成虫产卵前有取食补充营养（趋糖性）的生活习性，可用糖酒醋敌百虫液制成诱剂诱杀成虫（王志强等，2012）。具体方法为：按红糖 5kg、酒 1kg、醋 0.5kg、晶体敌百虫 0.2kg、水 100kg 的比例配制成药液，盛于 15mm 以上口径的平底容器内（如可乐瓶、罐等），药液深度以 3~4mm 为宜，罐中放几节干树枝便于成虫站在上面取食，然后挂于树枝上诱杀成虫。一般每 3~5 株树挂一个罐。从 5 月下旬开始挂罐到 6 月下旬结束，每 5~7d 更换一次药液。

8.3.3 柑橘小实蝇

柑橘小实蝇又名黄苍蝇、果蛆，属双翅目实蝇科，是我国对外二类检疫的害虫（周丁国和蒋日华，2012）。一般分布于四川、广东、广西、福建、湖南和云南等地。

1. 为害症状

果实上有如针头大小的产卵孔，常有胶状液排出，凝成乳状突起。在卵未孵化即采摘的黄果柑果实上，产卵孔常呈褐色的小斑点，继而变成灰褐色、黄褐色的圆纹。卵孵化后则呈灰色或红褐色的斑点，内部果肉腐烂。幼虫群集于果实中吸食囊瓣中的汁液，被害果外表虽色泽尚鲜，但囊瓣干瘪收缩，成灰褐色，常未熟先落，严重时，产量损失大（图 8.33）。

2. 形态特征

（1）卵：乳白色，菱形，长约 1mm，宽约 0.1mm，精孔一端稍尖，尾端较钝圆。

（2）蛹：淡黄色，椭圆形，长 4~5mm，宽约 1.5~2.5mm。初化蛹时呈乳白色，逐渐变为淡黄色，羽化时呈棕黄色。前端有气门残留的突起，后端气门处稍收缩（图 8.34）。

图 8.33 被小实蝇为害脱落腐烂的果实

图 8.34 小实蝇的蛹

（3）幼虫：3 龄老熟幼虫长 7~11mm，头咽骨黑色，前气门具 9~10 个指状突，肛门隆起明显突出，全部伸到侧区的下缘，形成一个长椭圆形的后端。

（4）成虫：头黄色或黄褐色，中颜板具圆形黑色颜面板 1 对，中胸背板大部黑色，缝后黄色侧纵条 1 对，伸达内后翅上鬃之后；肩胛、背侧胛完全黄色。小盾片除基部一黑色狭缝带外，余均黄色。翅前缘带褐色，伸达翅尖，较狭窄；臀条褐色，不达后缘。足大部分黄色，后胫节通常为褐色至黑色，中足胫节具一红褐色端距。腹部棕黄色至锈褐色。第 2 背板的前缘有一黑色狭纵条，自第 3 背板的前缘直达腹部末端，组成“T”形斑；第 5 背板具腺斑 1 对。雄虫第 3 背板具栉毛。雌虫产卵管基节棕黄色，其长度略短于第 5 背板。

3. 发生规律

柑橘小实蝇在黄果柑产区一年发生 3~5 代，在有明显冬季的地区，以蛹越冬；而在冬季较暖和的地区则无严格越冬过程，冬季也有活动。生活史不整齐，各虫态常同时存在。在果实转色前，小实蝇成虫不会太多，但在转色时会有大量飞来产卵。产卵前期需取食蚧、蚜、粉虱等害虫的排泄物以补充蛋白质，才能使卵巢发育成熟。成虫可多次交尾，多次产卵。卵产于果实的囊瓣与果皮之间，喜在成熟果实上产卵。幼虫老熟时穿孔而出，脱果后边跳边转移，然后入疏松表土化蛹。远距离传播主要随被害果运输进行。

4. 防治方法

（1）农业防治：①诱杀小实蝇雄蝇：在 2mm 甲基丁香酚原液中，加入 90%晶体敌百虫 2g 或 20%甲氰菊酯乳油 2mm，取混合液 1.5mm，滴在用聚氨酯泡沫卷成的直径 1.5mm，长 5mm 的诱芯上，诱芯置于用可乐瓶制成的诱捕器内，将诱捕器挂在果园中，高度约 1.5m，间距 60~80m，每隔 1~2 个月滴加一次性引诱剂。②果实套袋：在幼果期，实蝇成虫未产卵前，对果实套袋，防止成虫产卵为害（余继华等，2010）。

（2）化学防治：在幼虫期和出土期，用 50%辛硫磷 800~1000 倍液喷施地面，可杀死入土幼虫和出土成虫；树冠喷药防治成虫，在 5~11 月成虫盛发期，用 1%水解蛋白+90%敌百虫 600 倍液、90%晶体敌百虫 1000 倍液加 3%红糖、或 20%灭扫利 1000 倍液加 3%的红糖制成毒饵，喷布果园及周围杂树树冠。每 10d 喷 1 次，连续 3~4 次，连续防治 2~3 年，虫口可减少 80%以上。

8.4　钻　蛀　类

钻蛀性害虫大多数属咀嚼式口器害虫，主要以成虫和幼虫在树体内通过破坏输导组织，阻断养分和水分的运输造成危害。其为害速度快，可使树体在短时间内枯萎死亡。由于为害树体的钻蛀性害虫种类多，且一般深藏在树体韧皮部下面或木质部内，药剂很难接触到虫体，防治困难，是黄果柑害虫中最难防治的一类。

8.4.1　柑橘星天牛

柑橘星天牛又名花角虫、牛角、水牛娘、钻木虫、抱脚虫等，属鞘翅目天牛科。

1. 为害症状

主要以幼虫为害树干基部皮层及主根的木质部，常使树皮变色，轻则树势生长不良，重则整株死亡（图 8.35）。

2. 形态特征

（1）卵：长椭圆形，长 5~6mm，宽 2.2~2.4mm。初产时白色，以后渐变为浅黄白色。

（2）蛹：纺锤形，长 30~38mm，初化的蛹淡黄色，羽化前各部分逐渐变为黄褐色至黑色，翅芽超过腹部第 3 节后缘。

（3）幼虫：老熟幼虫体长 38~60mm，乳白色至淡黄色。头部褐色，长方形，中部前方较宽，后方溢入；额缝不明显，上颚较狭长，单眼 1 对，棕褐色；触角小，3 节，第 2 节横宽，第 3 节近方形；前胸略扁，背板骨化区呈"凸"字形，凸字形纹上方有两个飞鸟形纹；气孔 9 对，深褐色。

（4）成虫：黑色具光泽，雄虫触角倍长于体，雌虫稍过体长（图 8.36）。

图 8.35　星天牛幼虫柱食黄果柑树干

图 8.36　星天牛成虫

3. 发生规律

星天牛在黄果柑产区一年发生 1 代，以幼虫在树干基部和主根内越冬，成虫多数在 4 月下旬至 5 月上旬开始出现，5~6 月为羽化盛期，个别地区在 9 月上中旬仍可见到。成虫羽化后在蛹室内停留 5~8d，然后钻出蛹室飞向树冠，啃食枝梢皮层，食叶成刻缺。晴天上午 9 时到下午 1 时活动交尾、产卵，午后高温停息枝端，飞翔力不强，栖息地点多在黄果柑枝上或地面杂草间，成虫产卵前期需 10~15d，产卵期约 1 个月，每雌可产卵 70~80 粒，田间 5~8 月均有卵发生，其中 5 月底至 6 月中旬为卵的盛发期，卵多发生在根颈附近，并有"T"字形或"7"字形伤口特征（兰光生，2013）。藏卵处皮层常隆起开裂，且表面湿润可以识别。幼虫化蛹前在地面上的主干基部或主根内蛀道末端造室，化蛹期中，成虫出洞前羽化孔口表面为变色树皮所掩盖，易于识别，此时便于钩杀虫体。成虫主要产卵于成年树，树龄越小产卵越少；树龄越大，产卵越多。

4. 防治方法

（1）农业防治：在 4 月下旬至 5 月成虫出现期间于晴天中午捕杀成虫，并在成虫盛发期中，于晴天在树干基部捕杀，并用 80 倍天牛驱杀剂涂树干，驱避成虫；在 5 月下旬至 7 月上旬检查星天牛易于产卵的部位和初孵幼虫危害状，发现后即用刀刮杀卵和幼虫，此法效果很好。幼虫初发期，注意及时扒土亮蔸，检查星天牛的虫孔虫粪，消灭幼虫于皮下初期危害阶段。钩杀幼虫或用药物堵塞虫孔：凡有鲜虫粪处，蛀道短者可用钢丝钩杀幼虫（钟德志和袁文明，2003）。

（2）化学防治：对于蛀道较深幼虫不易钩杀者，可在清除虫道堵塞物后用脱脂棉蘸取 80%的敌敌畏乳油 5~10 倍稀释后注入虫道内，然后在以湿泥封堵孔口，勿使通气，即可杀死蛀道内的幼虫。

8.4.2　柑橘褐天牛

柑橘褐天牛又名干虫、桩虫等，属鞘翅目天牛科。遍布于中国各柑橘产区，寄主除柑橘外，也可为害葡萄、黄皮等。

1. 为害症状

初孵幼虫所在部位树皮表面呈现流胶；幼虫蛀食树干，老熟幼虫蛀道上有 3~5 个气孔与外界相通，使受害树的养分和水分输导受阻，从而导致树势衰弱。

2. 形态特征

（1）卵：椭圆形，长约 3mm，卵壳有网纹和刺突。初产时乳白色，逐渐变黄，孵化前呈灰褐色

（2）蛹：淡黄色，体长约 40mm，翅芽叶形，长达腹部第 3 节后缘。

（3）幼虫：老熟时体长 46~56mm，乳白色，体呈扁圆筒形。头的宽度约等于前胸背板的 2/3，口器上除上唇为淡黄色外，其余为黑色。3 对胸足未全退化，尚清晰可见。中胸的腹面、后胸及腹部第 1～7 节背腹两面均具移动器。

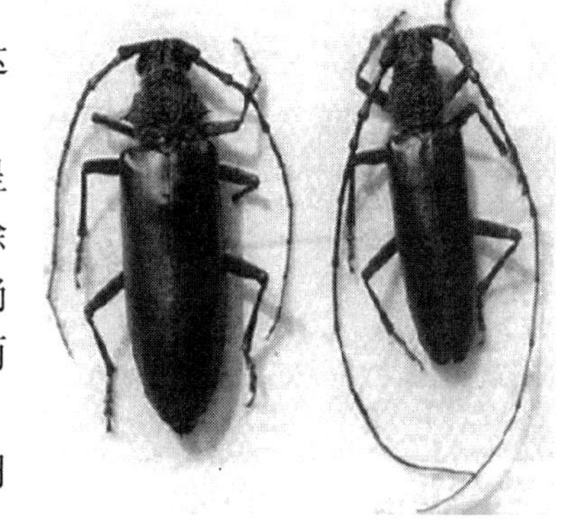

图 8.37　褐天牛成虫（左雌右雄）

（4）成虫：体长 26~51mm，体宽 10~14mm。初羽化时为褐色，后变为黑褐色，有光泽，并具灰黄色绒毛。两复眼间有 1 深纵沟，触角瘤之前、额中央有 2 条弧形深沟，呈括弧状。雄虫触角超过体长 1/3~1/2，雌虫触角较体长略短或等于体长。前胸宽大于长，背面呈较密而又不规则的脑状皱折，侧刺突尖锐（图 8.37）。

3. 发生规律

褐天牛 2 年完成 1 代，以成虫和幼虫在树干内越冬（兰光生，2013）。成虫从 4 月中旬到 6 月上旬出洞活动，其中 4 月底到 5 月初出洞虫数最多。产卵期从 5 月上旬开始，可延至 9 月下旬，其中 5 月上旬到 7 月上旬所产卵数占全期卵数的 70%~80%，8 月初到 9 月下旬占总卵数的 20%~30%。卵多产于树干伤口或洞口边缘表皮凹陷处，以近主干分叉处卵口密度最大。幼虫在树皮下蛀食的时间依季节和树皮的老嫩不同而不同。大暑前孵出或取食嫩皮的幼虫，约在皮下蛀食 20d，白露孵出或取食老皮的幼虫，在皮下停留 7~14d。各虫态历期：卵期 5~15d，幼虫期夏虫 15~17 个月、秋虫 20 个月左右，蛹期约 1 个月，成虫期：羽化后在蛹室中 6~7 个月，出洞后 3~4 个月。成虫早期活动一般在晚上 8~9 时出洞最多，尤以闷热的夜晚为甚，交尾、产卵也在此时，在晚上 11 时气温降低后又陆续潜入洞内。

4. 防治方法

（1）农业防治：捕杀成虫，可于成虫盛发期中，在晴天闷热的夜晚进行；消除虫卵或

初孵幼虫，着重检查易于产卵的部位和初孵幼虫为害状，发现后用快刀利凿消除虫卵；钩杀幼虫或用药物堵塞虫孔：凡有鲜虫粪处，蛀道短者可用钢丝钩杀幼虫（冉德森和蔡永喜，2011）。

（2）化学防治：对于蛀道较深幼虫不易钩杀者，可在清除虫道堵塞物后用脱脂棉蘸取80%的敌敌畏乳油 5~10 倍稀释后注入虫道内，然后在以湿泥封堵孔口，勿使通气，即可杀死蛀道内的幼虫。

8.4.3 柑橘爆皮虫

柑橘爆皮虫又名锈皮虫，属鞘翅目吉丁科。寄生植物仅限于柑橘类。

1. 为害症状

以成虫和幼虫为害主干树皮的韧皮部和木质部，造成千疮百孔，大量流胶，从而导致植株枯死（图 8.38）。幼虫（图 8.39）为害处初呈芝麻状的油浸点，随后有流胶现象，幼虫蛀食后树干皮层爆裂。

图 8.38 爆皮虫为害黄果柑树干状

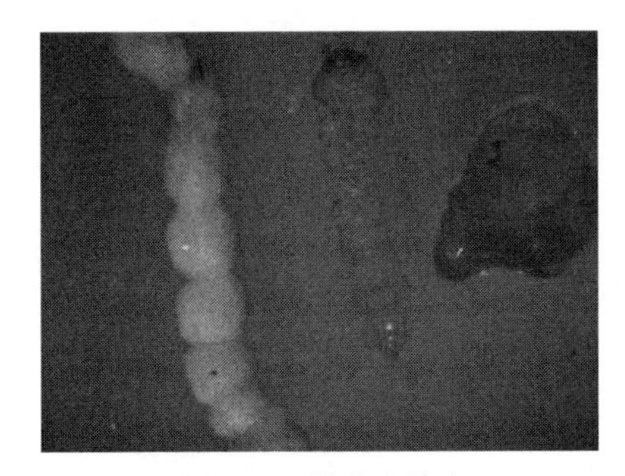

图 8.39 爆皮虫幼虫

2. 形态特征

（1）卵：椭圆形扁平，长 0.7~0.9mm，宽 0.5~0.6mm。初乳白色，后变为土黄色至褐色。

（2）蛹：纺锤形，长 9~12mm，有白色、淡黄色+蓝黑色，有光泽。

（3）幼虫：体扁平细长，乳白色或淡黄色，表皮多皱褶。头甚小，褐色，陷入前胸，前胸特别膨大，背面呈扁圆形，其背、腹面中央有 1 褐色纵沟，沟末分叉。腹末有 1 对黑褐色钳状突。1 龄幼虫体长 1.5~2mm，乳白色，头与钳状突淡黄色；2 龄体长 2.5~6mm，黄淡色；3 龄长 6~14mm，淡黄色，背中线色深；4 龄长 12~20mm，初细长扁平，后变粗短。

（4）成虫：长 6~9mm，宽 1.6~2.7mm，古铜色，具金属光泽，复眼黑色。触角 11 节，前胸背板密布指纹状皱纹。鞘翅狭长，有灰、黄、白色的短毛密集成不规则的波状纹，足末端呈“V”形，紫铜色，密布细小刻点，上有金黄色花斑翅端部有细小齿状突起。腹部 6 节，上有小刻点和细绒毛。

3. 发生规律

柑橘爆皮虫在黄果柑产区 1 年发生 1 代，多数以大龄幼虫在树干木质部越冬，而低龄幼虫则在韧皮部越冬，次年发生极不整齐，树中幼虫周年可见。一般 3 月下旬开始化蛹，4 月下旬化蛹最盛，同时成虫开始羽化，5 月上旬羽化最盛，5 月中旬成虫开始出洞，5 月下旬为出洞盛期，此时成虫数量最多，为害最大；而低龄越冬幼虫则在 7~8 月化蛹，后期零星羽化成虫，出洞时期比较集中，一般第 2 批于 7 月上旬出洞，第 3 批于 8 月下旬出洞，成虫羽化后躲在蛹室中 7~8d。出洞时期与外界气温条件关系很大，晴天闷热无风之日最多，尤以雨后初晴为多，阴雨、低温、刮风之日则少；中午出洞多，下午次之，上午最少。成虫出洞后即能飞翔，天气晴暖时多在树冠取食嫩叶，遭遇阴雨天则潜伏不动，成虫具有假死的习性，出洞后 1 周即可交尾，并可多次交尾，卵多产在树干细小裂缝处，白天孵化。

4. 防治方法

（1）农业防治：加强栽培管理，做好果园抗旱、防涝、施肥、防冻及防治其他病虫等工作，使树势生长旺盛，提高抗虫性。适当控制氮肥，增施钾肥，补充硼肥。冬、春季清除严重受害树和死树死枝，在 4 月中旬成虫出洞前，集中烧毁。切忌把死枝搬到另外有柑橘的地方而不焚毁，造成人为扩散（冉德森和蔡永喜，2011；王开昌，2011）。

（2）化学防治：在 4 月上旬成虫出洞前刮除树干翘皮，并于成虫潜藏处涂抹 50%敌敌畏 3~5 倍液，使之破孔时中毒死亡；在成虫盛发期树冠喷 50%敌敌畏 2000 倍液或 90%敌百虫 1000~2000 倍液。

8.4.4　柑橘溜皮虫

柑橘溜皮虫，学名 *Chrysobothris succedana*，又名柑橘缠皮虫，属鞘翅目吉丁虫科，仅为害柑橘类作物，以山地果园发生较为严重。

1. 为害症状

成虫（图 8.40）在嫩叶上取食，幼虫为害皮层及木质部，影响水分和营养运输，导致枯枝，严重时整树枯死（图 8.41）。

图 8.40　溜皮虫成虫

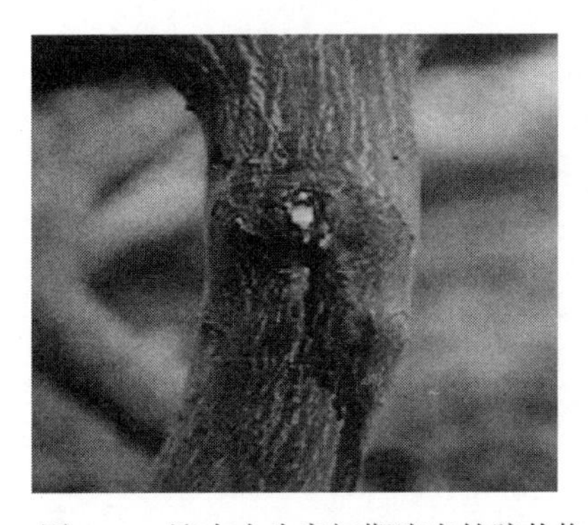

图 8.41　溜皮虫为害初期流出的胶状物

2. 形态特征

（1）成虫：体长 10~13mm，墨绿色，有紫黑色光泽。头部带青蓝色，头顶中央有细的纵隆脊线。前胸有细的横皱纹，鞘翅有纵脊线。每一翅面上有排列成 1 行的 3 个白色圆形凹斑。

（2）幼虫：体长 16~26mm，扁平。前胸背板横椭圆形，后方有叉状纵沟。

3. 发生规律

一年发生 1 代，以幼虫在树枝木质部越冬。次年 4 月中下旬化蛹，5~6 月羽化。中午觅偶交配。卵产在皮层缝隙叶中。幼虫孵化后蛀食植株皮层部，最后蛀入木质部，蛀孔道不规则。成虫也可为害枝条基部。10 月中下旬幼虫在寄主枝条中越冬。

4.防治方法

（1）农业防治：成虫出洞前，及时修剪虫枝和枯枝，集中烧毁，以消灭其中越冬幼虫。冬春季节，可用小刀在有泡沫状流胶处，将伤口处的老皮刮去，再用刀将皮层下的幼虫挖出杀死。

（2）化学防治：在成虫羽化盛期，喷施药剂防治，可选用 5%吡虫啉乳油 1500 倍液。在幼虫危害期，可在被害处涂刷 80%敌敌畏乳油。

8.4.5 柑橘蓟马

1. 为害症状

近年来，石棉县黄果柑种植区均发现有不少具有显著特征的疤痕果。这种疤痕果大约可分成三类：一是距果蒂约 0.5cm 周围，有宽 2～3mm 的环状疤痕；二是果面上有一条或多条宽 1mm 左右的不规则线状或树状疤痕（图 8.42）；三是果面或脐部出现一个或多个钮扣大小的不规则圆形疤痕。圆形疤痕常与树状疤痕相伴。在幼果期疤痕呈白色，用手触摸，有粗糙感；在成熟果实上呈黑色或褐色。为害症状容易与锈壁虱及吹果实与枝刺摩擦损伤症状相混淆，往往未引起重视。经研究结果显示，这种病斑并非锈壁虱危害，而是蓟马为害。

图 8.42　蓟马为害黄果柑果实状

2. 形态特征

蓟马属缨翅目，重要的有蓟马科、纹蓟马科和管蓟马科。以蓟马科数量最大，对黄果柑生产有较大影响。危害黄果柑的主要是蓟马科。其中以柑桔蓟马、为害最重。蓟马虫体微小，一般体长只有 1mm 左右，肉眼不易发现，需借助 10 倍以上放大镜观察，才能看清楚。体色为黑色或黄色（图 8.43）。两对翅狭长透明，边缘有很多长而整齐的缨状缘毛；翅脉退化，只有两条纵脉，停栖时翅平行放置在背上。蓟马能飞，也能跳跃和爬行，但不常飞，飞行距离不远。雄虫无翅，数量较少。口器圆锥状，为不对称锉吸式口器。复眼发达。通常为两性繁殖，也能孤雌生殖。卵淡黄色，肾形，单粒产或成堆产。若虫与成虫形态相似，乳白至淡黄色，无翅。

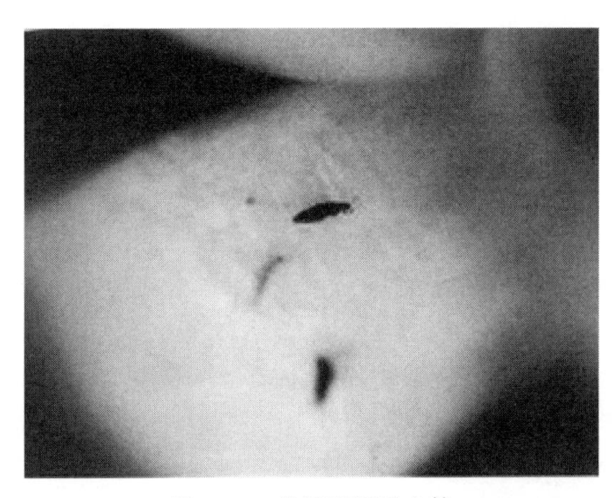

图 8.43 黄果柑蓟马虫体

3. 发生规律

柑桔蓟马在气温较高的黄果柑生产区 1 年可发生 7～8 代，以卵在秋梢新叶组织内越冬。翌年 3～4 月份越冬卵孵化为幼虫，在嫩梢和幼果上取食。田间 4～10 月份均可见，但以谢花后至幼果直径 4 厘米期间为害最烈。第一、第二代发生较整齐，也是主要的为害世代，以后各世代重叠明显。一龄幼虫死亡率较高，二龄幼虫是主要的取食虫态。幼虫老熟后在地面或树皮缝隙中化蛹。成虫较活跃，尤以晴天中午活动最盛。成虫将卵产于嫩叶、嫩枝和幼果组织内，产卵处呈淡黄色，每雌一生可产卵 25～75 粒。秋季当气温降至 17℃以下时便停止发育。

4. 防治方法

（1）在开春前彻底清除园内枯枝，落叶和杂草，并集中烧毁，以消灭越冬虫卵。

（2）园内或附近勿种花生或葡萄等植物，早春和秋后及时防治好附近烟叶和花生等作物上的蓟马，以消灭虫源。

（3）充分利用钝绥螨等天敌。

（4）柑桔蓟马以 1-2 代发生较为齐整，以后世代重叠。谢花期至 2 龄幼虫是主要取食为害虫态，也是防治重点时期。当柑桔谢花后，发现 5-10%的花或幼果期有虫 1-2 头或幼果直径在 2 厘米以后有 20%的果实有虫或受害即用药防治。注意挑治和轮换用药。可用

20%好年冬 400-600 倍，20%好安威 1500-2000 倍，5%啶虫脒 2000-3000 倍，2.5%溴氰菊酯乳油 3000-4000 倍液，或 90%晶体敌百虫，用药 7 天后，若虫情仍较重，可再喷药一次。

参考文献

陈守一. 1998.柑橘瘤壁虱的发生与防治. 农村经济与技术, (8):46.

陈宜修.2008.不同药剂防治柑橘矢尖蚧药效试验. 现代农业科技, (23):132,134.

程晓东. 2009.柑橘潜叶蛾药剂防治效果比较. 浙江柑橘, 26(2):27-28.

杜丹超,鹿连明,张利平, 等. 2011. 柑橘木虱的防治技术研究进展. 中国农学通报, 27(25):178-181.

段志坤,廖海方. 2011.柑橘锈壁虱的发生和防治对策. 果农之友, (4):33.

段志坤. 2012.柑橘卷叶蛾对柚果的为害及其防控措施. 科学种养, (10):31-32.

郭鄂平,陆学忠,欧阳义凤. 2005. 柑橘矢尖蚧的发生为害及综合防治研究.中国植保导刊, (10):28-29.

郭蕾,邱宝利,吴洪基,等. 2007.黑刺粉虱的发生、为害及其生物防治国内研究概况. 昆虫天敌, 29(3):123-128.

贺德英. 2012.柑橘黑刺粉虱田间药效试验. 云南农业, (8):25-26.

胡小三. 2009. 湘南柑橘黑点蚧与柑橘糠片蚧生物学特性及防治研究. 安徽农业科学, 37(11):5034-5036.

华春, 虞蔚岩, 陈全战, 等. 2007. 南京地区柑橘凤蝶生物学特性研究. 安徽农学通报, 13(24):103-104.

金方伦,周光萍,黎明,等. 2012. 柑橘吹绵蚧的发生规律及防治技术.湖北农业科学, 51(4):721-723.

兰光生. 2013.柑橘星天牛、褐天牛和光盾绿天牛的识别与防治. 植物医生, 26(2):10.

蒲占湑,李振,黄振东,等. 2007. 柑橘红蜡蚧成虫的防治试验.浙江柑橘, 24(2):26-27.

钱开胜. 2013. 柑橘潜叶蛾防治的新技巧.农村实用技术, (1):40-41.

冉德森,蔡永喜. 2011.柑橘爆皮虫爆发原因及防治对策. 浙江柑橘, 28(1):31-32.

阮传清,陈建利,刘波, 等. 2012. 柑橘木虱主要形态与成虫行为习性观察. 中国农学通报, 28(31):186-190.

沈兆敏. 2013.柑橘锈壁虱的发生及其综合防治. 科学种养, (12):29.

宋惠安. 2009.柑橘大实蝇县域防控策略与技术. 果农之友, (5):39.

汪建军,王社英.2007. 柑橘红蜡蚧药剂防治试验.农技服务,24(8):64,66.

王洪祥,林荷芳,王普形. 2002.75%灭蝇胺 WP 防治柑橘花蕾蛆的效果. 浙江柑橘, 19(2):30-31.

王开昌. 2011. 湖北郧县柑橘爆皮虫爆发成因及综合防控对策. 果树医院, (8):37-38.

王志强,黄聪,王福莲, 等. 2012.柑橘大实蝇县局部防治失利的原因及防治技术. 中国南方果树, 41(4):47-49.

谢红梅. 2007.柑橘花蕾蛆的防治. 湖南林业, (8):26.

徐春明,孙小平.1994.果树植保技术问答.上海:上海科学技术出版社:169-170.

尹怀中,何涛. 2012. 南充地区柑橘红蜘蛛暴发原因及其防治对策. 植物医生, 25(6):16-17.

余继华,卢璐,张敏荣, 等. 2010. 黄岩地区柑橘小实蝇成虫监测结果初报. 农业科技通讯, (11):54-55,82.

钟德志,袁文明. 2003.赣南柑橘星天牛的发生规律及防治. 浙江柑橘, 20(1):23.

周丁国,蒋日华. 2012.象山县柑橘小实蝇的监测和综合防治. 上海农业科技, 3:144-145,148.

第 9 章　黄果柑保花保果保叶

脱落（abscission）是指植物器官（如叶、花、果等）自然离开母体的现象。脱落可分为 3 种：一是由于衰老或成熟引起的脱落称正常脱落，如叶片和花朵的衰老脱落，以及果实的成熟后脱落；二是由于逆境条件（高温、低温、干旱、水涝、盐渍、污染、病害和虫害等）引起的脱落，称胁迫脱落；三是因植株自身的生理活动而引起的脱落，称生理脱落，如营养生长与生殖生长的竞争、库与源关系的不协调、光和产物运输受阻或分配失控均能引起生理落果（李合生，2006）。

黄果柑的花和果实在生长发育过程中的自然脱落是正常的生理调节，但如果花果脱落过量将直接影响坐果率和产量，常给农业生产带来重大损失。因此，分析引起黄果柑过量落花落果的规律及原因，并提出相应的保花保果保叶对策，对于提高黄果柑的产量具有十分重要的意义。

9.1　黄果柑落花落果的生理原因及影响因素

9.1.1　黄果柑落花落果规律

黄果柑从花蕾期到开花期有落蕾落花现象，落花后至采收前有落果现象。落花是指开花之前的落蕾及开花后的落花，花蕾发育不全的弱花、畸形花在花期大量脱落，通常黄果柑落花量可占总花量的 25%左右。

柑橘落果呈多峰现象，一般有 3 次高峰，第 1 次生理落果期在谢花后不久，落果由蜜盘与子房连接处脱落，也叫带柄脱落；第 2 次落果在 6 月左右，俗称“六月落果”，一般果实黄化、由蜜盘处不带梗脱落；第 3 次落果在采前，定果后至采收前陆续发生，落果较少。其中第 1 次生理落果量最多，占总花量的 50%左右；第 2 次生理落果量占总花量的 10%~20%；而采前落果量占总花量的 1%~3%。可见 95%以上的花或幼果都要在生长期脱落，经过上述过程后，柑橘树的坐果率一般只有 5%左右（刘志良，2013）。

9.1.2　黄果柑落花落果生理原因及影响因素

1. 花器发育异常或受精不良

黄果柑花芽分化时如果养分不足，有病虫为害，水分过多或过少，或者通过人工促花后，管理不善，都可使分化中断或分化不良，造成很多不完全花和畸形花，这些花没有结果能力，会自然脱落；花期如遇阴雨连绵，水分过多，造成花的雌蕊柱头黏液不足以致失去授粉作用，影响受精；或者花期出现异常高温，空气干燥，会使花期缩短，雌蕊柱头迅速干枯而影响受精作用，均易造成花的脱落。

2. 树体营养不足

营养不足是黄果柑落花落果的主要因素，开花期及结果期需要消耗大量营养物质，如果土壤养分含量低，根系不能吸收充足的养分来满足黄果柑开花和坐果对养分的需求，落花落果现象则会比较严重。若花量过大，消耗氮素多，则易造成花粉萌发后花粉管在花柱中不能顺利伸长生长，从而影响正常的受精作用；谢花后不及时补充氮肥，易造成幼果发育时养分供应不足，从而引起生理落果。此外，春梢营养枝生长过旺，消耗养分过多，也易造成落花落果。夏季气温高，肥效快，黄果柑树易抽发夏梢，此时如果不及时修剪，夏梢抽生过旺，会与幼果争夺养分，也会加剧落果；秋季树体养分不足，光照不足，叶片光合效率过低，制造的养分供给不足时，也会造成落果。特丰产是黄果柑三大特性之一，在实际生产中，果农疏花疏果意识较为淡薄，导致黄果柑果实年挂果量太大，花果养分消耗较大，当树体中的营养满足不了花果生长发育需要时，花果便自然脱落，造成严重的大小年现象，直接影响黄果柑的产量及品质，降低果农的经济效益，严重制约着柑橘产业的健康发展。此外，当树体缺乏某些微量元素时，也易造成柑橘落花落果。

3. 气候因素

柑橘的坐果率与生理落果期的温度、湿度和光照等气象条件关系密切（易新民等，1995）。

1）温度

各气候条件中，落花落果的发生与温度的相关性最大（吴桂林等，2014），温度过高或过低均会降低坐果率。黄果柑花期前后及生理落果期如遇异常高温，会直接造成花蕾、花和花后幼果大量脱落。高温热害使柑橘物候期紊乱，柑橘从现蕾到开花需 3~4 周，而实际开花期会随气温的增高而提前，开花历期随气温的增高而缩短，导致柑橘花器发育异常，不完全花比例加大，花器发育必需的内源激素得不到充分积累，最终促使幼果产生离层而脱落。6 月中旬前后的第 2 次生理落果阶段，若遇上异常高温热害，幼果不论发育好坏和大小都容易落果。此外，花粉母细胞减数分裂期遭受异常高温，会导致花器受损，发生功能障碍而造成落花，高温还会引起树体营养生长过旺，加大了营养生长与生殖生长的矛盾，使得花和幼果因得不到充足的养分而脱落。土温达 37℃时柑橘根系就停止生长，过高的土温会阻碍根系对土壤水分和矿质营养的吸收，间接影响到花果发育（谢仁波和王文理，2010；刘升球等，2010）。

2）湿度

湿度也是影响落花落果的重要因素。

一是土壤干旱。有的年份由于春、夏旱的发生，导致土壤干旱，而此时正值开花结果进入需水临界期，土壤缺水，植株得不到充足的水分，花粉粒干瘪，花粉管细弱，雌蕊柱头变褐，表层细胞死亡，导致落花。

二是雨水偏多。黄果柑在花期易遇上较长时间的持续阴雨天气，对授粉极为不利，造成较多的花朵提前脱落。此外，雨水过多还会造成土壤过湿，影响根系对土壤养分的吸收而加重落花落果的发生。据调查，如果柑橘盛花期遇上 3d 以上的中雨或大雨，则落花落果严重，产量下降幅度可达 60%以上，尤其在山地丘陵低谷地区，地下水位高，排水不良的果园产量下降更为严重。

3）光照

光照不足也会引起落花落果。光照不足会影响叶片光合产物的合成与运输，从而造成雌蕊萎缩或影响花粉生活力、花粉萌发和花粉管伸长，并且长期阴雨不利于土壤微生物活动，影响根系正常的生理活动，所以阴雨天持续时间长或株行间遮阴大，易引起花器分化不良和果实的生长发育不良，导致严重的落花 、落果和畸形果。

4. 管理不当

一是果园管理粗放。土壤退化而板结缺肥，树势衰弱，叶层稀薄，健壮的老叶少，而开花又多，养分供不应求而引起落花落果；控梢措施不当，造成大量抽发晚春梢或早夏梢，新梢与幼果争夺养分，也会引起落果。

二是施肥用药不当。施肥浓度过高，易引起伤根，导致树体生长不良，诱发落花落果；花期气温过高时喷药或叶面追肥，均易造成树体的药害或肥害，使花朵因失水而脱落；花期喷施农药或肥料的浓度过大也易造成落花；花期过多施用杀虫剂会杀死许多昆虫，影响昆虫的传粉，加重落花；果园种植密度过大，树体相互遮阴而使光照不足，导致光合作用效能降低，也易造成落花落果。

5. 病虫危害

黄果柑的主要病虫害有炭疽病、溃疡病、疮痂病、树脂病、介壳虫、粉虱、天牛、红蜘蛛、锈壁虱、蜷象、芽瘿蚊等，病虫为害不仅会抑制、破坏柑橘树正常的生理机能，还会直接破坏柑橘树的营养器官和花果，造成花果的大量脱落。在春梢期若红蜘蛛为害严重，会引起春梢落叶或新梢叶片不能正常转绿，光合作用产物减少，造成大量幼果脱落。据相关研究，柑橘的后期落果多数是由病虫为害所引起的。

6. 激素失调

黄果柑属果实的单性结实，主要靠子房产生激素促进幼果膨大。在柑橘中，赤霉素（GA）和细胞分裂素（CTK）被普遍认为对柑橘果实发育具有促进作用；生长素（IAA）具有双重作用，可以促进果实发育，也会导致果实脱落；脱落酸（ABA）和乙烯（ETH）是促进果实脱落的激素（姚珍珍，2012）。柑橘受精后，子房由于生长素的刺激发育成幼果，果实能不断生长，此时幼果中抑制脱落的激素（IAA、CTK）若分泌不足，会引起花梗或果柄产生离层，或引起子房早衰，从而造成柑橘大量落花落果。

9.2　黄果柑保花保果的方法

一些营养生长旺、树势强的适龄投产黄果柑树，花量较少，达不到预期的目标产量，若在花芽分化期出现暖冬或多雨年份，造成冬季花芽分化不好，成花更困难，导致翌年花量不足，产量降低，对这些树就要适时采取促花措施。而针对花量少、落花落果严重的树或小年结果树，要采取保花保果措施。

9.2.1 促花措施

1. 花芽分化期控水

黄果柑花芽分化要在新梢生长停止、树体内的养分积累充足、低温干燥的条件下进行。因此对不易成花或花量少的树在 11 月至翌年 2 月上旬，要根据土壤墒情，适当延长灌水间隔期或减少灌水量，保持土壤适度干燥，以促进花芽的形成。干燥程度以叶片中午微卷、早晚能恢复正常为度。在控水的基础上，春梢萌芽前 10d 左右追施 1 次促花肥。

2. 环割或环扎

采用环割或环扎保果技术主要是针对壮旺树，尤其是旺长少花、迟迟不结果的黄果柑树，可在花芽分化前的 9 月上中旬，秋梢完全老熟后，在直立旺长的主枝、侧枝或枝组上进行环割。环割时，用锋利的刀切断韧皮部，深达木质部，割皮的宽度以不超过被割枝直径的 1/10 为宜，也可采用半圈错位环割，即环割半圈后，在割口对面上方或下方 3~5cm 处再环割半圈；环扎方法是用 16 号铁丝在旺长枝条上紧扎一圈或多圈，花芽分化后方可松解。这两种方法均能有效提高坐果率。通过环割或环扎，可以短期内阻断割口以上的光合产物向下运输，使割口上部枝条的养分积累增加，细胞液浓度增大，以促进花芽分化。环割或环扎措施不宜在主干和每个大枝上都进行，也不能连年使用，当达到削弱营养生长，增加花量，树体营养生长和生殖生长趋于平衡后就不需要再作环割或环扎处理了。

3. 拉枝和扭梢

对黄果柑强旺枝梢，可在 9~10 月，秋梢完全老熟后，进行扭梢或拉枝。对多年生的粗大强旺枝采取拉枝，其方法是用绳子拉平或用木棍撑开，增加开张角度，抑制枝梢继续向上旺长，削弱顶端生长优势，以促发分枝和形成花芽；对 1~2 年生旺长枝，可用左手握住枝条基部，右手握住枝条中上部用力扭转 180°或右手向下轻折，使皮层轻微破损，枝条平长或稍微下垂，此法也能较好地削弱营养生长势，促其成花。

4. 控氮增磷

搞好测土配方平衡施肥，以满足树体营养生长与生殖生长的需要。一是在氮肥施用量大或雨水多的年份，夏梢往往会过于旺长，应控制枝梢生长，防止或减少梢果矛盾。氮肥过多会抑制花芽分化，磷肥可以促进花芽形成，因此，强旺树要控施氮肥，增施磷肥，在土壤增施磷肥的基础上，还可在花芽分化期喷施磷肥，有利于促进花芽形成。在施用量、主要元素的配比上还要因园、因树而异，测土配方施肥，特别是要加强有机肥的使用，以利于改善土壤环境。

5. 结合冬施复壮肥断根

采果前，结合树体复壮肥的施用，在开沟深施基肥并深翻晒垡的同时，有目的地切断一部分直径 0.5cm 左右的根系，并与控水措施配合，可以明显地削弱树体地上部分的营养生长，促进花芽的形成，这一措施对旺盛生长的黄果柑园促花效果显著。

6. 抹除冬梢

暖冬年份或树势强旺的果园，晚秋或冬季还会抽发一部分晚秋梢或冬梢，晚秋梢和冬梢的生长要消耗树体的营养积累，从而影响花芽的分化。因此，要及时抹除零星抽发的晚秋梢或冬梢，确保树体的营养积累，满足花芽分化的需求。

9.2.2 保花保果措施

1. 加强树势管理

黄果柑在夏季和冬季进行合理的修剪，可调控花果量，实现营养生长与生殖生长协调平衡，减少因枝果矛盾造成落花落果和树体早衰现象，这是保花保果的一项重要措施。

1）夏季修剪

夏季修剪包括抹芽和疏梢、摘心和剪梢、扭梢、抹芽放梢。

（1）抹芽和疏梢。可抹除位置不当的嫩芽，疏去过密的梢，一般采用“三疏一、五疏二”的方法，去弱留强，去密留稀。

（2）摘心和剪梢。当新梢还没木质化时，可剪去新梢幼嫩部分或用手摘去梢尖，这样可促进新梢老化，提高抗性，增加分枝。木质形成后断顶，可防止新梢徒长，防折断。

（3）扭梢。对生长过旺的夏梢、秋梢待叶转绿时，从基部扭伤，控制生长势，促进花芽分化，结果后再从基部疏除。

（4）抹芽放梢。黄果柑的夏、秋梢抽发很不整齐，不利于防治潜叶蛾，可将早夏梢和秋梢抹除，待大规模抽发时，停止抹芽，这时抽生的梢长势一致，也有利于防治潜叶蛾。

2）冬季修剪

冬季修剪包括粗修剪和精修剪两种方法。

（1）粗修剪。先从顶上剪去几根大枝，不让树长得太高；再将两边剪去 1~2 个大枝，改善其通风透光。

（2）精修剪。剪除病虫枝、干枯枝、细弱枝、衰老枝、交叉枝、徒长枝、密生枝、下垂枝、重叠枝等。

3）小年树的修剪

小年树往往春梢抽生较多，会加重落花落果，于盛花期抹除过量的、强旺的春梢营养枝，并同时剪掉一部分密集的花序枝；并全部抹除在第 2 次生理落果结束前抽发的夏梢，减少树体营养消耗，缓解梢果矛盾，把有限的营养集中供给幼果发育，通过疏花疏枝的手段达到保花保果的目的。

2. 加强营养管理

黄果柑施肥应坚持以有机肥为主，化肥为辅；重施底肥，适量追肥；注重氮、磷、钾肥的配合施用；重视使用微肥的原则。

（1）加强土壤施肥。保花保果期施肥原则是：前期以氮为主，后期重钾补磷；挂果少的壮树少施，挂果多的弱树多施。一是谢花肥：于黄果柑谢花后施用高氮肥，及时补充开花期消耗的养分。二是稳果肥：黄果柑从开花坐果，至第 1 次生理落果，养分大量消耗，容易发生缺肥的现象，应及时补充营养，避免第 2 次生理落果的大量发生。因此需在 5 月追肥 1 次，以提高坐果率，但此次施肥量应依树势和结果量多少而定，对结果少的旺树要少施或不施，以免造成夏梢大量抽生，与幼果争夺养分而加剧落果；对结果多的树适当加大施肥量，以满足幼果发育所需的养分，以氮为主，配合磷肥，特别是要加强有机肥的使用，改善土壤环境，适宜的稳果肥利于提高坐果率。

在春季萌芽前施 1 次催芽肥，可用复合肥；在第 2 次生理落果前，施 1 次稳果肥，以速效性的无机肥为主，也可施一些腐熟的人粪尿；在采果后，可施充分腐熟的有机肥，以深施为好。

（2）重视叶面施肥。喷施叶面肥，有利于增强树势，提高花芽质量，促进花器正常发育，减少落花落果。研究表明，从花期开始，用 0.3%~0.5%尿素液+1%过磷酸钙浸出液（过磷酸钙应在清水中浸泡过夜，滤去残渣后使用）+0.1%硼肥水溶液进行叶面喷施，每隔 10~15d 喷 1 次，连喷 3 次，可显著提高黄果柑产量。

（3）结合灌水，适时追施萌芽肥和保花稳果肥，及时补充养分，促使开花整齐，提高花朵质量和坐果率。

（4）花期喷施硼肥。花期喷 0.1%~0.2%硼砂+糖水或蜂蜜水，也可喷施其他高硼叶面肥，通过补充硼肥，可明显增进坐果。同时糖水或蜂蜜水会引诱昆虫前来采花授粉，从而提高授粉受精质量，减少落花落果，提高坐果率。

3. 加强生理调节

黄果柑果实的形成和生长发育，不仅受内部激素的影响，还会对外用植物生长调节剂产生强烈的感应。落果的直接原因是离层的形成，而离层形成与内源激素（如生长素）不足有关，应用生长调节剂，可以改变果树内源激素的水平和不同激素间的平衡关系，以提高坐果率。试验证明，赤霉素是柑橘目前常用的有效坐果剂。柑橘盛花期体内的赤霉素含量很高，但随着花瓣凋落而逐渐降低。赤霉素含量多时果实生长快，脱落少；赤霉素含量少时生长缓慢，脱落增多。由于在坐果后进行赤霉素处理比在盛花期处理效果显著且稳定，所以一般在谢花后 7d 左右用浓度为 50~100mg/kg 的赤霉素进行喷施处理，也可以在第 1、第 2 次生理落果前各喷 1 次 50~100mg/kg 的赤霉素，均能收到较好的保果效果。如遇气候剧变需要提前进行。赤霉素在树体内传导性弱，只对直接处理部位作用显著，所以需要针对花和幼果喷施。在施用赤霉素刺激幼果生长的同时喷施营养液，有助于柑橘增产。但生长调节剂不宜长期使用，也不能过度使用。由于黄果柑自然坐果率极高，除非在开花期遇到极端气候条件，一般情况下均不用赤霉素处理。

4. 加强病虫害防治

黄果柑花果期主要发生的病害有疮痂病、树脂病、炭疽病、溃疡病，虫害有蚜虫、粉虱、花蕾蛆、天牛、红蜘蛛、黄蜘蛛等。平时要注意做好病虫预测预报工作，适时采取防治措施，综合防治病虫害，确保幼果的正常生长。若防治不及时或用药不当，会造成严重落果。黄果柑病虫害的防治应采取农业防治、物理防治、生物防治、化学防治等综合防治技术，才能收到良好的综合防治效果。

黄果柑病虫害的防治应注意三点：一是抓住防治时期。根据病虫害发生规律，在防治关键时期及时用药防治，减少病虫为害。黄果柑花期对农药比较敏感，应禁止用药，以免造成药害，导致花粉发育不良。注意喷药不宜在雨天或高温天进行。二是合理使用农药。首先应选择低毒、高效、易分解的农药，其次应按农药使用说明书配制浓度，浓度不能过高。

5. 果园生草或覆盖

黄果柑园可进行生草栽培，种植三叶草、黑麦草等。没有生草的果园在高温伏旱季节用稻草、秸秆、杂草等对树盘进行覆盖，覆盖厚度 20cm 左右，起到防旱保水、保土增肥、降低温度的作用，可提高坐果率，促进果实生长发育。

6. 及时排灌

结果树对水分要求很严格，干旱、积水都会引起大量落花落果，应注意搞好排灌。由于大部分黄果柑园地处山地和河谷地区，水利条件差，在夏、秋干旱时期，可采用每株树旁挖一个穴，放入一些杂草，充分灌水后盖土，保持湿润，通常可使黄果柑树顺利度过干旱期。当然，有条件的地区可采用低压喷灌或渗灌等方法进行灌溉。为保证春梢生长好，开花正常，遇干旱要及时灌溉。3~5 月开花坐果期干旱，5 月落果期是春夏之交，气温变化大，高温干旱落果比较严重，应 10d 灌溉一次；6~9 月幼果期雨量大且集中，容易造成涝害，要及时清理沟渠，确保排水畅通，严防果园积水。

7. 防御灾害

开花期及生理落果期，遇到气温高于 30℃、空气湿度小于 60%的干热天气，需在 10: 00~15: 00 树冠浇水或喷水。可结合喷水，叶面喷施叶面肥，促进树体的营养吸收，利于树体抵御不良的气候条件。

8. 协调叶果比

落叶多花量大的黄果柑树，要疏花疏果。现蕾后，疏剪无叶花序枝，花蕾现白时，摘除病虫为害、畸形、无叶退化、密生小花蕾。谢花后疏除发育不良的无叶小果、畸形果、病虫果，保持每个果有 30 片左右正常功能叶提供营养。新梢生长旺盛，花量少的枝，通过抹芽、摘心等控梢。

9. 果园养蜂

黄果柑园区内放养蜜蜂，可以促进传粉受精。

9.3 黄果柑疏花疏果的方法及最佳叶果比

花果过多，树体营养消耗极大，抑制新梢生长，易形成大小年，使树势衰弱，甚至因结果过多而死亡。通过栽培措施可以控制花芽分化或使其自疏一部分花果，例如，采用重肥来培育较强壮的结果母枝，可以减少花芽形成而多抽发粗壮的有叶花枝；谢花后迟施稳果肥，可以使其自疏一部分过多的幼果。花芽分化期喷施赤霉素可以减少成花，但药剂疏花疏果尚存在一些问题，人工疏花疏果仍然是克服黄果柑大小年的一项主要措施。大年宜多疏果，小年少疏或不疏，应先疏去病虫果和畸形果，再疏小果。生产上常采用全株均衡疏果和局部疏果两种方式进行人工疏果。第 1 次疏果时期应在生理落果停止后，疏除病虫果、畸形果及小果。第 2 次在结果母枝发生前 30~40d，利用壮枝易萌发原理，将结果母枝上只结单果的果实疏去，保留一条结果母枝上结多个果的果实，这样疏去 1 个果就可能促进 2~4 条枝梢抽生。对坐果过多的枝亦应适当疏果，疏去病虫果、机械伤果，及果型太小、色淡、无光泽的果和易受日灼的果等，保留大小生长一致、发育正常的幼果。

9.3.1 疏花

疏花一般通过枝条修剪来完成。

1. 多花树修剪

结果枝占春梢总量的 70%以上为多花树，根据树势和花质确定修剪程度。若树势旺，有叶花枝占 40%以上的植株，疏除全部无叶花枝和单叶花序枝，保留全部有叶花枝，疏去有叶花序枝顶部和基部的花蕾，保留第 2、3 节上的 2 个壮蕾；若树势弱，无叶花枝占 80%以上的植株，回缩 20%~30%的衰退结果枝组（结果枝长度小于 8cm），促进营养生长，再将未回缩的结果枝组上的无叶花枝疏去 60%~70%。

2. 中花树修剪

结果枝占春梢总量的 40%~50%为中花树，修剪宜轻。若树势强，有叶花枝占优势（达 60%左右），将无叶花枝疏除 20%~30%；若树势弱，无叶花枝占优势的树，将无叶花枝疏除 40%~50%，或回缩 10%~15%的结果枝组。

3. 少花树修剪

结果枝占春梢总量的 30%以下为少花树，对少花树尽量保留全部花枝，疏除部分春梢营养枝，使营养枝与结果枝之比为 6:4 或 5:5。

9.3.2　疏果

1. 疏果的原则

先疏伤残果、畸形果、病虫害果，然后疏除劣质果，调节果实在全树的均匀分布。

2. 疏果时间

在 5~9 月均可进行，以 7 月上中旬效果最好，一般疏果 2 次。第 1 次疏果在第 1 次生理落果结束后（5 月上旬）进行，第 2 次疏果在第 2 次生理落果结束后（7 月上中旬）进行。

3. 留果量

按照果间距 10~15cm 确定留果量，疏除多余的果实。

4. 疏果顺序

首先应疏除发育不良果、病虫果、畸形果、弱小果，然后疏有叶花序枝的顶果和基部果。7 月上中旬，根据挂果量、结果部位、果实大小和形状等进行第 2 次补充疏果，形成满树叶半树果。

5. 疏果方法

（1）通过修剪，增加营养枝，控制果量。对大年树适当短截部分结果枝，从而减少果量；小年树则尽可能保留果实。

（2）人工疏果。结果偏少或挂果不匀的斜生枝和直立枝上以果梗粗硬、朝天生长的果实居多，要先行疏除，7 月上中旬，保留光照条件好的果实，疏除光照条件差的果实。在同一个节位上有多个果实的，按照："三疏一，五疏二或五疏三"的方法疏去多余果实。人工疏果时用手扭下果实，留存萼片在果枝上，并尽量保全叶片，因带萼有叶果枝有利于枝条发育充实和较易萌发新梢。人工疏果分全株均衡疏果和局部疏果两种。全株均衡疏果是指按叶果比疏去多余的果，使植株各枝组挂果均匀；局部疏果指按适宜的叶果比标准，将局部枝全部疏果或仅留少量果，部分枝全部不疏，或只疏少量果，使一植株上轮流结果。目前生产上疏果的方法主要为人工疏果。

9.3.3　最佳叶果比

果树的总叶片数与总结果数之比称为叶果比，它是衡量果树留果量的重要指标之一。叶片以供应临近果实营养为主，所以每个果实必须要有一定数量的临近叶片为其提供营养。对于同一种果树，在良好的管理条件下，其叶果比是相对稳定的。在实际生产中，稳果后根据植株挂果量及树势状况，采取疏果措施，保持合理的叶果比，适量疏除病果、虫果、畸形果、小果，保持合适的叶果比能有效促进果实膨大，实现大果栽培，不仅不影响单株产量，还有利于提高植株的经济产量及果品品质。合理疏果，减轻树体负荷量，保持一定的叶果比，维持树冠的叶片总量，增强光合作用，提高营养积累和储藏，促进根系生长，上下保持平衡，使树体不衰（王毅和陈定友，2005）。适当的叶果比和保证叶片光合作用的条件是主要的。叶片过多，树体可能开花量不足，氮素供应过多，夏梢抽生过多、徒长，果实不一定增大，且因梢果养分分配的矛盾加剧易使果实脱落，果数总量减少当然产量也降低。氮素缺乏或枝叶过密，树冠光照不足，均会影响叶片的功能，从而影响果实生长。只有维持良好的树体，科学的肥水管理和病虫害管理，才能达到丰产、稳产、优质的目的（莫元妹等，2013）。合理控制叶果比有利于提高产量和果实品质，并有较好的树体生长，有利于产量的稳定和获得较高的效益（李自刚等，2001）。

为找到黄果柑的最佳叶果比，四川农业大学黄果柑研究课题组在四川省雅安市石棉县黄果柑生产区进行 7 个不同叶果比处理，通过对不同叶果比的黄果柑产量（表 9.1）的统计及果实品质（表 9.2，表 9.3）的分析，比较分析不同叶果比与黄果柑产量及果实品质之间的相关性。

表 9.1　叶果比对黄果柑产量的影响

处理	单株产量/（kg/株）	
	2012 年	2013 年
1（叶果比 20∶1）	78±1.45a	70±1.15c
2（叶果比 25∶1）	70±1.15b	71±1.25c
3（叶果比 30∶1）	67±1.03bc	78±1.08ab
4（叶果比 35∶1）	70±0.85b	79±1.19a
5（叶果比 40∶1）	65±1.18c	60±1.04d
6（叶果比 45∶1）	55±1.21d	56±1.35e
7（叶果比 50∶1）	48±1.15e	51±1.47f

表 9.2　叶果比对黄果柑外在品质的影响

处理	单果重/g	果实纵径/cm	果实横径/cm	果形指数
1	89.98±1.15e	6.01	6.57	0.91±0.10a
2	88.34±1.24e	6.63	7.09	0.94±0.17a
3	104.36±1.2d	6.79	7.31	0.93±0.11a
4	113.61±1.04ab	6.84	7.47	0.92±0.20a
5	108.57±1.08c	6.88	7.34	0.94±0.15a
6	111.15±1.24b	6.85	7.38	0.93±0.17a
7	107.82±0.99c	6.87	7.54	0.91±0.30a

表 9.3　叶果比对黄果柑果实内在品质的影响

处理	可溶性固性物含量/%	总糖含量/(g/100ml)	可滴定酸含量/(g/100ml)	维生素 C 含量/(mg/100ml)	糖酸比
1	10.60±0.12e	8.26±0.23d	1.12±0.09ab	51.46±1.71b	7.38±0.21g
2	10.90±0.13de	8.22±0.28d	1.02±0.08ab	52.05±1.54b	8.06±0.23f
3	11.50±0.10c	8.75±0.15c	1.03±0.04ab	53.38±1.60b	8.50±0.15e
4	12.80±0.09a	10.02±0.17a	0.98±0.07c	60.94±1.51a	11.39±0.09a
5	12.40±0.18a	9.11±0.27b	1.15±0.10a	59.10±1.24a	8.92±0.18d
6	12.10±0.16a	9.30±0.13b	1.05±0.11bc	56.67±1.04ab	9.79±0.27c
7	11.40±0.13b	9.38±0.21b	0.99±0.04c	55.36±1.82ab	10.42±0.10b

研究发现，在其他管理水平一致的情况下，不同叶果比对黄果柑果实产量有显著影响。在叶果比为 20:1 时产量最高，但果实品质较差；当叶果比小于 35:1 时，产量较高，但果实相对较小，果实品质较差，严重影响了黄果柑果实的商品性；当叶果比为 40:1、45:1、50:1 时，黄果柑果实品质与叶果比为 35:1 的差异不大，但显著降低了黄果柑的产量；叶果比为 30:1、35:1 和 40:1 时，亩产量在 3000~4000kg，属于黄果柑产量最适区间；叶果比为 35:1 时，黄果柑果实综合品质最佳，可溶性固形物含量、总糖含量、V_C 含量均较高，可滴定酸含量低；而叶果比为 50:1 时，黄果柑果实品质较高，但因叶果比大导致产量较低。当叶果比为 30:1 和 35:1 时，能保证每亩黄果柑的产量在 3000~4000kg，同时可以避免大小年现象，保证果农每年都有较高较稳定的收入。

9.4　黄果柑保叶的方法

9.4.1　叶片脱落的发生

叶片是植物重要的营养器官，是光合作用和呼吸作用的主要场所，是保持树体正常生长与结果的重要器官，叶片不正常转绿或落叶会严重影响树势、果实产量及品质。

黄果柑是常绿果树，叶片抽生 17~24 个月后便会正常衰老脱落，若在其之前脱落，便属于异常落叶。脱落前老叶仅有约 56%的贮存氮能回到副枝上，而 9~10 个月龄的叶片脱落则几乎没有氮的回流。因此，即使在正常换叶期，老叶脱落过多也会对树体营养造成相当大的损失，而新叶脱落不仅会造成树体光合效能降低，氮素损失尤其严重。异常落叶对柑橘类果树为害极大，有机养分的大量损失不仅影响柑橘的正常生长和开花结果，严重时还会导致植株死亡。如花芽分化前出现异常落叶，则翌年花量减少，甚至无花，抽发的春梢多而纤弱；如在花芽分化完成后异常落叶，则翌年花多、花质差，多数是无叶花，坐果率低，树势变弱（段志坤和陈兰清，2013；沈兆敏和谭岗，2011；王春华，2010）。

黄果柑叶片在秋冬积累养分，供花芽分化和翌年春梢叶、花的发育成长，因此，从晚秋一直到开花前都要着重保叶，开花后尽可能减少一些老叶脱落。叶片早落的原因很多，有不少与落果原因相同。氮是影响叶片寿命的主要矿质营养之一，缺乏氮素，叶片中叶绿素和其他组织的蛋白质因合成受阻导致叶片提前早落。黄果柑作为常绿果树，一年四季都必须保持一定数量的叶片。因此要实现黄果柑丰产、优质、稳产，就必须保护好叶片，提高叶片质量，防止异常落叶。

9.4.2 异常落叶的发生原因

1. 营养欠缺或过剩

氮、磷、钾、钙、硼、镁、铁、锌、硫、铜、钼等营养元素的缺乏或过剩，都会阻碍树体的生长发育，引起黄果柑叶片黄化，严重时导致脱落。氮的缺乏造成叶绿素和叶的其他组织的蛋白质分解为氨基酸和酰胺作为氮源输向新生部分使用，叶片因失去叶绿素而早落。磷、钾的缺乏则早落叶和花期落叶严重。缺镁、钼可致使冬季严重落叶。锌、铁、锰、硼等元素的缺乏都会引起叶片色泽异常而缩短叶的寿命。某些矿物质营养元素过多，如氯、锌、铜、锰、硫、铁等均会引起中毒而落叶。

2. 不良气候条件

大风、冻害、积水、热害、干旱等都会引起大量落叶。土壤干旱时，根系生长受到抑制，当树体蒸腾量大于根系从土壤中吸收的水分时，叶片就会萎蔫卷曲，严重时叶柄产生离层从而脱落；积水时，土壤通气不良，根系缺氧，进行无氧呼吸，造成烂根，从而影响根系的吸收功能，造成枝叶黄化、落叶甚至死树；春季出现骤然高温时，叶温升高，叶片细胞失水，凋萎焦灼，促使叶柄形成离层，一旦遇到充足的水分，便易引起大量落叶。

3. 病虫为害

红蜘蛛、锈壁虱、介壳虫、炭疽病、黄斑病、脚腐病、白粉病等多种病虫都会引起叶片早落。其中，以红蜘蛛、介壳虫、炭疽病、黄斑病为害最重，常导致冬春大量落叶，甚至引起大量落果，严重影响树势和产量。

4. 不当的栽培管理措施

光是形成叶绿素所必需的，叶片的生长需要适当的光照，如果栽植密度过大或者修剪不到位，使树冠郁闭，光照不足，则会引起内膛叶片增大变薄，叶色淡绿甚至黄化，同化能力显著降低，如长期得不到改善，就会引起内膛落叶。此外，选择农药种类、使用浓度、使用方法不当而造成药害；根外追肥浓度过大，施肥过多造成肥害；断根、环割、环剥不当等均会引起叶片脱落。

9.4.3 保叶措施

1. 培养强健树势

生产上要结合深翻扩穴增施磷钾肥、有机肥，引根深扎广布，同时勤喷叶面肥，合理修剪，及时排灌，无灌溉条件的要在旱季搞好树盘覆盖，结果树重点施好壮果肥、采果肥，风大的地方注意营造防风林带，严格控制晚秋梢的抽生，以培养强健树势，提高树体抗性。

喷药、施肥要严格控制浓度，防止药害、肥害发生。进行土壤施肥时，要加水施入，避免浓度过高出现烧根现象。厩肥、饼肥宜堆沤腐熟后再施。干施化肥和农家肥时应与土壤混匀，并在施后覆土，有条件的果园要及时灌水，以促进养分的溶解与吸收。喷施石硫合剂、机油乳剂等容易引起落叶的农药时，如遇上干旱天气，树体呈缺水状态，要适当降低浓度，有灌溉条件的果园要先灌水抗旱后喷药。采果后，根系吸水与叶片蒸腾失去平衡，枝叶水分不足，特别是丰产树，常出现叶片萎蔫现象，不宜立即喷药，最好在采摘后 15d 进行。

对已经发生肥害的植株，要及时对树冠喷洒清水进行冲洗，以稀释和清洗掉残留在枝叶表面的肥料，降低树体内养分的含量，从而缓解肥害。喷水时喷雾器的压力要足，喷水量要大，反复喷洒 3~4 次，以全树枝叶滴水为准。对土壤施肥不当引起的肥害，要灌溉 1~2 次透水，并开沟排除积水，以洗去土壤中多余的养分。对发生药害的植株，除喷洒清水冲洗外，还可对树冠喷施 0.3%尿素+0.2%磷酸二氢钾，每隔 15d 喷 1 次，连续喷施 3 次，以改善树体营养状况，减轻损失。对环割环剥不当引起的叶色变黄或落叶现象，应及时对环割环剥枝进行叶面喷肥，生产上可采取叶面喷施 0.3%尿素+10mg/L 的 2,4-D 溶液加以补救。环割环剥后 1 个月内，避免喷施石硫合剂、机油乳剂等农药。

2. 搞好病虫害防治

多种病虫害都能导致黄果柑落叶，如螨类、蚧类等。应做到冬春彻底清园，减少病虫基数。红蜘蛛为害是引起黄果柑冬春大量落叶的主要原因，采收后或萌芽前，对树冠枝干、叶面、叶背均匀喷施 0.5%尿素+0.2%洗衣粉混合溶液，可起到杀死害螨、根外追肥的双重功效。2,4-D 具有防止叶片产生离层的作用，采收后喷施 0.5%尿素+0.2%洗衣粉混合溶液时加入 20mg/L 的 2,4-D，还有利于防冻保叶。落叶性炭疽病、黄斑病也是引起黄果柑冬春大量落叶的一个重要原因，一旦发现，要及时结合根外追肥，采用 70%甲基硫菌灵（或50%多菌灵）800~1000 倍液或 50%代森铵 500~800 倍液等内吸（渗）性杀菌剂，与 20mg/L 的 2,4-D 溶液混合喷施树冠来减轻为害。生长季节，及时喷药防治病虫害，保护叶片，如炭疽病等病害防治失时而引起柑橘大量落叶，可在所喷的杀菌剂中加入 5~10mg/L 的 2,4-D。

3. 补充树体营养，矫治缺素症

生产上要注意观察黄果柑的叶色、长势，发现缺素应及时矫治，做到对症下药。①缺氮症。除土壤施用速效氮肥补氮外，展叶后和结果期还可采用 0.3%~0.5%尿素液喷施叶面。②缺磷症。展叶后喷施 0.5%~1.0%过磷酸钙或 0.4%~0.5%磷酸二氢钾，每 7~10d 喷 1 次，连续 2~3 次。③缺钾症。除土壤施用钾肥（株施硫酸钾 0.5~1.0kg 或草木灰 5~10kg）外，也可采用 0.5%~1.0%硫酸钾或 0.4%~0.5%磷酸二氢钾喷施叶面，均可有效补钾。④缺钙症。发现缺钙症状时，可采用 0.5%~1.0%过磷酸钙或 2%熟石灰液喷施叶面进行矫治。⑤缺镁症。老叶和果实附近的叶片最先发病。6~7 月叶面喷施 1%~2%硫酸镁溶液，10d 左右喷 1 次，连喷 2~3 次，即可恢复树势。⑥缺铁症。在改良土壤、合理排灌的同时，新梢生长期采用 0.2%硫酸亚铁、0.2%熟石灰的混合液喷施叶面加以矫治。⑦缺锌症。春季采用 0.2%

硫酸锌与 0.2%熟石灰或 0.2%尿素的混合液喷施树冠，10d 左右喷 1 次，2~3 次即可得到矫治。⑧缺锰症。新叶、老叶均可发生，尤以树冠阴面更为常见。5~8 月喷施 0.2%~0.3%硫酸锰溶液，7~10d 喷 1 次，喷 3~5 次即可得到矫治。⑨缺硼症。新叶、老叶均可发生。萌芽期、花期、幼果期，各喷 1 次 0.1%~0.2%硼砂或硼酸，可起到良好的矫治效果。⑩缺铜症。春芽萌动前喷施 1:1:100 波尔多液，或在生长季节结合防治病害喷施 0.5:0.5:100 波尔多液或其他铜制剂，均可矫治。⑪缺硫症。叶面喷施 0.3%硫酸锌或 0.3%硫酸铜或者 0.3%硫酸钾溶液，均可矫治。

参考文献

段志坤,陈兰清. 2013.柑橘异常落叶的发生及其保叶措施.科学种养, 10:30-31.

李合生. 2006.现代植物生理学.北京：高等教育出版社:238-299，313-318.

李自刚，史书强，姜万润. 2001. 短枝型苹果金矮生适宜叶果比试验.北方果树, (1): 15.

刘升球,区善汉,梅正敏,等. 2010.Navelate 脐橙的落花落果规律研究.安徽农业科学,38(33):18701-18702,18781

刘志良. 2013.柑橘过量落花落果的原因及防止对策.中国农技推广,9:27-29.

莫元姝，周小兵，张杰，等. 2013.不同叶果比对夏橙产量品质的影响. 农业与技术, 33(1): 128-129.

彭明春. 2011.柑橘落果原因及综合防治技术.植物医生, 3:22-23.

沈兆敏,谭岗. 2011.柑橘异常落叶及其预防技术.科学种养, 5:30.

四川省农科院果树所. 1979.四川柑橘.成都:四川人民出版社:90-93.

王春华. 2011.如何预防柑橘异常落叶.果农之友, 7:18.

王毅，陈定友. 2005.疏果力度与柑橘稳产、优质的关系.上海果树, (5): 15-16.

吴桂林,李芳,陈亮,等. 2014.柑橘落花落果气象指标初探. 绿色科技, 12:14-15.

谢仁波,王文理. 2010. 2009 年郎溪柑橘增产气候条件分析.耕作与栽培, 4:44-45.

姚珍珍,2012，晚熟脐橙落花落果生态影响因子及生理机制研究，西南大学硕士学位论文.

易新民,高阳华,张学成.1995.气象条件对柑橘生理落果的影响.中国柑橘,24 (2):15-16.

第 10 章　黄果柑采收及商品化处理

采收是将达到商品成熟的果实摘离母株的技术，果实生产中的最后一个环节，同时也是运输、贮藏的关键环节。采收时的果实成熟度与果实产量、品质密不可分，因此采收时期非常重要。采收过早，可能导致果实的大小和重量达不到标准，也可能导致果实色泽、风味、品质不佳；采收过晚，果实出现过熟现象，并开始表现出衰老的特征，不利于贮藏、运输。在确定果实采收成熟度、采收时间、方法时，应考虑果实自身特点、采后用途、贮藏时间和方法、运输距离等因素，除此之外，采收时速度要尽可能快，同时应尽可能做到最小的损伤和损失，及最低的花费。

商品化处理是为了保持或改进果实质量并使其从农产品转化为商品所采取的一系列措施的总和，包括挑选、整理、分级、清洗、包装、预冷、贮藏、催熟等。当然根据果实的特性和市场需要，可选用全部措施，也可只选用其中部分措施。商品化处理使田间生产的农产品真正变成商品，做到清洁、美观、整齐，有利于销售，方便食用，进而提高产品的价格，为生产者和经营者提供稳固的市场和可观的经济效益。

10.1　黄果柑果实最佳成熟期判断

黄果柑果实离开树体，其品质和营养成分一般不会再增加，为保证果品质量，黄果柑果实应该在最佳成熟期时进行采收。

1. 采收成熟度的概念

黄果柑生长发育的不同阶段都有其内在品质和外部形态特征，这为确定其采收期提供依据，通常用采收成熟度表示。常用的采收成熟度一般分为可采成熟度、食用成熟度和生理成熟度。

1）可采成熟度

黄果柑果实的可采成熟度，果实已充分膨大，果实发育完全。果实已基本长成固有的形状、大小，品质、风味、色泽等方面已开始表现出该品种的特性，但未充分表现，风味较淡，酸含量较高，可溶性固形物一般未达到 10%，果皮颜色较浅，肉质较硬。此时采收耐储运，可用于加工或长距离运输，但黄果柑适宜鲜食，一般不在此成熟期采收。

2）食用成熟度

食用成熟期又称半软熟期、适熟期。此时黄果柑果实在生理上已充分成熟，具有固有的外形、大小、色、香、味。果实呈倒卵圆形或近圆形，果皮色泽鲜艳，呈橙色或深橙色，果实大小平均达 150g，含糖量达 9~10g/100ml，可滴定酸含量达 0.7~0.9g/100ml，可溶性固形物含量达 11%~12%，糖酸比达到最佳。肉质细嫩化渣，风味酸甜较浓、汁多，微有香气，品质、口感、风味均为最佳。在适熟期采收的果实营养价值最高，不适于长途运销和长期贮藏。

3）生理成熟度

生理成熟期也称过熟期、软熟期。此时果实已过分成熟，完全具备本品种的色泽，香气浓郁，果肉已变软绵并出现粒化，种子充分发育，果实内大分子化合物的水解作用加强，营养成分含量达最高值并开始下降，风味变淡，食用性变差，且不适宜储运与运输。此时采收的果实多作采种用，但黄果柑种子少，且采用嫁接繁殖，无需采种，一般不在此时期采收。黄果柑的果实，采收过晚会逐渐返青，消耗树体营养，影响来年的结果，应及时采收，避免黄果柑果实过熟。

2. *成熟度的确定*

1）果实大小与果形指数

一般的果实成熟后都具有其特定的形状及大小，黄果柑果实成熟后，应达到平均果重 150g，平均横径 6.5cm，平均纵径 6.5~7.5cm。但果实大小受树体负载量、环境条件及田间栽培管理水平影响很大。果形指数也是主要的参考指标，一般平蒂型黄果柑成熟果果形指数 1.02 左右，凸蒂型黄果柑成熟果果形指数 1.15 左右，当果实发育良好，果实充实饱满时，表明果实已成熟。

2）果皮色泽

果实颜色一般由果皮和果肉中各种色素的比例、含量和分布状况决定，但黄果柑果皮较厚，果实底色和果肉颜色对果实色泽几乎无影响，果皮颜色即可代表果实色泽。黄果柑成熟过程中，其表面色泽会发生明显变化，由幼果时的深绿色，逐渐变浅变黄，最后变为橙色或深橙色。因此，色泽常作为判断黄果柑成熟度的重要指标。虽然表面色泽可以直接反应黄果柑的成熟度，但不是绝对的，因为表面色泽在很大程度上受光照条件的影响，特别是暖冬年份，黄果柑转色早，但实际果实品质并未形成，易被误认为已经成熟，宜结合其他指标共同判断，防止早采。

3）果实硬度

硬度是判断黄果柑成熟的重要指标之一。果实硬度是指果实抗压力的强弱。抗压力越强，则表现出的果实硬度越大；反之，果实硬度就越小。果实硬度与原果胶含量有密切关系，一般情况下，原果胶含量与果实硬度呈正相关。通常未成熟的黄果柑的果实质地较坚实，硬度较大，随着果实的成熟，细胞间的原果胶逐渐分解，转化为可溶性果胶、果胶酸，使细胞间的结合力下降，细胞间隙变得松弛，组织变软，口感表现出明显差异。果实硬度一般变化较为明显，能较直观地表现黄果柑的成熟度，但也随果实大小、气候条件、栽培管理水平等不同而呈现较大差异，应根据具体情况分析。

4）生长期

按照植物生长发育规律，从萌发至开花成熟或达商品要求需要一定的时间，即相对稳定的生长期。黄果柑果实发育需要 11~12 个月，虽然气候条件等不同时，开花期不一，生长期会有一定程度的提前或延迟，但整个生长期的天数基本是固定的，不同年份间差异不大，故常用来做判断黄果柑成熟的重要指标。

5）果实内含物含量

在黄果柑生长发育的过程中，其果实内部的某些化学物质如糖、酸、维生素、矿物质等含量或比例也随果实的成熟而发生相应的变化，这种变化可以作为衡量品质和成熟的重要指标。

糖含量或可溶性固形物含量常是判断黄果柑成熟度的重要指标。黄果柑属于糖直接积累型果实，主要以可溶性糖的形式进入果实并贮藏于汁囊中，在果实不断发育过程中，糖含量呈持续上升趋势，所以甜度不断增加。可溶性固形物是指果实中能溶于水的糖、酸、维生素、矿物质等物质，以百分含量表示，成熟黄果柑可溶性固形物主要成分为糖，所以生产中常用便携式手持折光仪测得黄果柑可溶性固形物含量来判断成熟度。黄果柑成熟果可溶性固形物一般为 11%~12%，最高可达 14%。

酸含量或糖酸比也常用来判断黄果柑成熟度。未成熟的黄果柑中有机酸含量较高，随着果实的生长发育，酸含量在 8~9 月达到峰值，之后在果实成熟过程中有机酸合成过程逐渐减弱，部分酸转化成糖或用于呼吸或遇 K^+、Ca^{2+}等阳离子结合生成盐，从而使酸含量下降，并随着糖含量的增加，糖酸比上升，口感明显变好，黄果柑成熟期酸含量应低于 0.75%。

6）果实香味

果实香味的变化也常作为判断黄果柑果实成熟度的指标。成熟的黄果柑具有特殊的果香味，这是由于果实内许多微量的挥发性化合物随着果实的生长发育而合成，这些挥发物质主要包括醇类、醛类、脂类、酚类、杂环化合物、萜类、碳水化合物和含硫化合物。挥发性化合物的产生与果实的成熟度呈显著的正相关，幼果期没有或极少有这类物质的合成，在果实成熟后期，在乙烯的催化下，这类挥发性化合物逐渐合成并散发出来，使成熟时的黄果柑散发出浓郁的甜香味，可以据此判断黄果柑是否成熟。

7）果梗脱离难易程度

黄果柑的萼片与果实之间的离层的形成较晚，通常都晚于成熟期，这种情况下不宜将果实脱离难易程度作为判断黄果柑成熟度的标志，否则易造成晚采。

黄果柑的成熟期常受到载果量、气候条件、栽培管理水平等条件的影响而出现较大的差异，故判断成熟度时应根据多种成熟特征，综合判断其最适采收期，同时还要考虑到市场需求等其他因素，做到适时采收，达到最高的经济效益。

10.2　黄果柑果实采收方法

10.2.1　黄果柑采收前准备工作

1. 采收工具准备

常用的采收工具包括采果剪、采果梯、采果篮、采果袋、采果筐、采果箱及运输车等。采收黄果柑时应使用特制的采果剪，圆头而刀口锋利，使剪下的果梗平整光滑，避免刺伤果实；对于树体高大的黄果柑树，可使用高空采果修枝两用剪。采果篮（篓）用细柳条编制或钢板制成的无底半圆形筐，篮内应衬垫棕片或厚厚的软草，避免刺破或擦伤果实，篮柄上系木钩，便于在树上或果梯上移动悬挂。采果袋应完全用布做成。采果筐要求轻便牢固，可用竹篾或柳条编制。采果箱可以是木箱、纸箱、塑料箱等，以塑料周转箱最佳，轻便、牢固、耐用。采果梯高度依树体高大程度决定，对结果部位较低的可使用高凳。

2. 采收人员安排

为了保证果实良好销售与储运，在安排果实采收前 20~30d 制订好采收计划（包括准确预测产量、成熟期、劳力、采果和运输工具的需要量等）。同时，采收工作计划应与收购运输部门衔接配合，外销柑橘应与外贸检验部门协调。

10.2.2 黄果柑采收方法

1. 人工采收

用于鲜销和长期贮藏的果实最好人工采收。人工采收的优点主要有两个：首先，人工采收的灵活性强，机械损伤少，可以针对不同的果形、不同的成熟度等及时采收、分类处理；其次是便于调节控制，只要增加人工就可加快采收速度。

黄果柑果实的果柄与枝条不易脱离，需要用采果剪采收，为了使黄果柑的果蒂不被拉伤，多用复剪法（亦称“两剪法”）采收，即两刀剪平果梗。黄果柑采收时要从下而上，由外向内开始采收：先从树冠最低的部分、最外围开始，逐渐向上和向内采收果实，结果树的下部果实采收完成以后再用板凳或梯子等工具采收上部、顶部的果实。

2. 机械采收

机械采收通常使用强风或强力振动机械，迫使果实从树上脱落，树下铺上柔软的帆布垫或传接带承接果实，并将果实传送至包装机内。机械采收效率高，节省劳动力，降低采收成本，可以改善采收工人的工作环境，及大量雇用工人带来的一系列问题。但是机械采收的灵活性较差，易造成产品损伤，影响产品质量、商品价值和耐贮性，所以目前包括黄果柑在内的很多园艺产品还不能或很少使用机械采收。

目前机械采收主要用于加工型园艺产品，或能一次性采收且对机械损伤不敏感的产品上，国外应用较多，如美国利用机械采收输送柑橘、苹果、坚果等。黄果柑的机械采收，是未来发展的趋势。

10.2.3 采收注意事项

为了保证采收质量，在采收时应注意以下事项。

1. 戴手套采收

可以减少采收过程中人的指甲对果实所造成的划伤，及手上的汗液对果皮光泽的影响。

2. 选用适宜的采收工具

针对黄果柑特性选择合适其采摘的采收工具，如采收剪、采果袋等，减少采收过程中的机械损伤。黄果柑采收时选用圆头而刀口锋利的特制采果剪。采果袋可以用布缝制，底部用拉链做封口，待装满后，把拉链拉开，让果实从底部慢慢转入周转箱，可大大减少产品之间因相互碰撞产生的伤害。采收篮可用竹篾编制，然后用布包裹，内衬物必须柔软、光滑、无刺、卫生，防止弄脏、碰伤和扎伤果实表面。

3. 选用大小适合的周转箱

周转箱容量过小，会加大运输成本；容量过大，又可能导致底部果实压伤。因此周转箱一般以装载 15~20kg 为宜。

4. 把握好采收时间

采收前一般要求 3~7d 不能下雨，不能灌水。应选择晴朗的天气采果，最好是在晨露初干后的上午进行采收。阴雨、露水未干或浓雾时采收会使果皮细胞膨胀过度，易造成机械损伤，并且果面潮湿，湿度过大，容易造成病原菌侵染；采前灌水会使果实含水量增大，干物质量降低，影响果实品质，不耐贮运。应避免在高温晴朗的中午采果，否则果实温度高，采收后带有较高田间热，果实呼吸作用增强而降低贮运性能。

5. 掌握正确的采收顺序

由于同一植株上花期的参差不齐或者生长部位的不同，果实不能同时成熟，要分期采收。从同一棵树上采收时，应先外围后内部，先树下再树上，以防将树上果实振落。

6. 分批采果，初步分级

应根据果实不同用途分批采果，如一次性采完，果实成熟度和品质不一致，不仅降低果实的经济价值，还会导致树上的叶片突然失水而卷缩，严重影响树势。此外伤果、落地果和沾泥果等必须另放，优劣等级果在果园内初步分开，以免多次翻动，减少机械损伤。

10.3　黄果柑果实分级与包装

10.3.1　分级

1. 分级的目的

分级是根据产品自身特点，按照一定的等级标准将产品分为若干等级的过程。通常包括果实的大小、质量、色泽、性状、成熟度、新鲜度、清洁度、营养成分及病虫害和机械损伤等情况。等级标准是评定产品质量的客观依据和技术准则，在销售中是一个重要的工具，为生产者、收购者和流通渠道中各环节提供贸易语言。分级是使果实商品化、标准化的重要手段，使之达到商品标准化，实现产品优级优价，便于包装、收购、贮藏和销售。

分级不仅可以推动果树的栽培管理提高产品质量，通过挑选分级，剔除病虫害和机械损伤的产品，可以减轻病虫害的传播，可以减少贮运中的损失。

2. 分级标准

分级标准分为国际标准、国家标准、协会标准和企业标准。水果的国际标准是 1954 年在日内瓦由欧共体制定的《水果、蔬菜标准化日内瓦议定书》，此后，在 1964 年和 1985 年对此议定书进行过修订。国际标准属非强制性标准，一般随着标龄的增加，要求也越来越高。国际标准和各国的国家标准是世界各国均可采用的分级标准。

国内的分级标准参照《标准化法》分为四级：国家标准、行业标准、地方标准及企业标准。国家标准是由国家标准化主管机构批准颁布，在全国范围内统一使用的标准。行业标准即专业标准、部标准，是在没有国家标准的情况下由主管机构或专业标准化组织批准发布，并在某个行业内统一使用的标准。地方标准是由地方制定，批准发布，并在本行政区域范围内统一使用的标准。企业标准是由企业制定发布的，并在本企业内统一使用的标准。

水果的分级标准，因种类、品种而异。如柑橘的分级我国目前采取的方法之一是在果形、新鲜度、颜色、内在品质、病虫害和机械损伤等都符合要求的基础上，再根据果实大小，即果实横径的最大部位直径分为若干等级（一般是每相差 5mm 为一个等级，分为 3~4 个等级）。

此外可以根据果实质量分等级。根据不同的要求、一般将果实选分为外销果、内销果、等外或伤残果。

（1）外销果。按照国家出口标准或中外贸易合同条款，从良好的原料果中选出符合要求的果实供出口。必须严格按照标准和合同办事，植物检疫也必须遵守进口国与中国签订的协定或进口国有关进口植物的检疫规定。外销果除在大小方面符合出口标准外，在选果时一般还需掌握：果形正常，果面清洁，着色良好，无损伤与病害，蚧点、日晒网纹、疤痕、煤烟病等果面缺点应在允许的控制范围以内。

（2）内销果。要严格按照国家规定的等级标准进行选果、分级和包装，果品必须新鲜，具黄果柑成熟时固有的色泽、形态、质地和风味等；果蒂完整，蒂梗平齐，果面清洁、不得有枯水粒化等现象，内销果也应根据果实大小，损伤及病虫害情况等确定等级。例如，按大小可定为甲级的果实，如因损伤、病害或品质缺陷超过规定标准就应降级，有轻微新伤，则降为乙级；伤口较大，则降为丙级；伤及果肉的重伤果或有显著的腐烂征兆，则应作等外级或急销果处理。就外观而言，一般自然脱蒂果就要降级，果形不正、色泽不良均不能作甲级，全青果只能是丙级以下等。

（3）等外或伤残果可供综合利用。

3. 黄果柑果实分级具体要求

根据对每个等级的规定和允许误差，首先应符合这些基本条件：果实完整、完好，无裂果、冻伤果；无刺伤、碰压伤、无擦伤或过大的愈合口；无腐烂、变质果，洁净，基本不含可见异物；基本无萎蔫、浮皮现象；无冷害、冻害，表面干燥，但冷藏取出后的便面结水和冷凝现象除外；无异常气味或滋味；果实具有适于市场或贮运要求的成熟度。在符合这些基本要求的前提下，按表 10.1 要求将黄果柑果实分为特等品、一等品和二等品三个等级。

表 10.1　黄果柑等级划分具体指标

项目	特等品	一等品	二等品
果形	具有该品种性状特征，倒卵圆形，且果形一致，果蒂青绿完整平齐	具有该品种性状特征，倒卵圆形，果形较一致，果蒂青绿完整平齐	具有该品种性状特征，倒卵圆形，无明显畸形，果蒂完整
果面色泽	具有该品种典型色泽，橙黄色，且完全均匀着色	具有该品种典型色泽，橙黄色，75%以上果面均匀着色	具有该品种典型色泽，橙黄色，35%以上果面均匀着色
果面缺陷	果皮光滑；无雹伤、日灼、干疤；允许单果有极轻微油斑、菌迹、药迹等缺陷。单果斑点不超 2 个，每个斑点直径≤1.5mm。无水肿、枯水、浮皮果	果皮较光滑；无雹伤；允许单果有轻微日灼、干疤、油斑、菌迹、药迹等缺陷。单果斑点不超 4 个，单个斑点直径≤2.5mm。无水肿、枯水果，允许有极轻微浮皮果	果皮较光洁；允许单果有轻微雹伤、日灼、干疤、油斑、菌迹、药迹等缺陷。单果斑点不超 6 个，单个斑点直径≤3.0mm。无水肿果，允许有极轻微枯水果、浮皮果
果实大小	果实横径最大部位直径≥65mm	果实横径最大部位直径≥60mm	果实横径最大部位直径≥55mm

在符合以上等级指标划分等级以外，在以上三个等级内，还可按果实大小划分等级。例如，在一等品里，可以按果实大小划分为甲级（果实横径最大部位直径≥65mm）、乙级（65＜果实横径最大部位直径≥60mm），特等品和二等品里同样可以这样再分级。

4. *分级方法*

分级方法有两种，分别是人工分级和机械分级，黄果柑的分级目前还是以人工分级为主（秦文，2013）。

1）人工分级

人工分级主要是依靠人的视觉判断，同时借助一些简单的工具，如游标卡尺、小型电子称、圆孔分级板等，将产品分成若干等级。人工分级虽然工作效率低、分级标准不严，但使用范围广，并且可以有效地减少机械损伤，因此在生产规模不大或机械设备配套不全时常采用人工分级。黄果柑的分级方法主要是人工分级，由熟悉分级技术和分级标准的人员进行，借助比色卡和分级板等工具，先按规格要求（表 10.1）进行人工挑选分级，再用分级板根据果实横径最大位置直径进一步分级，每 5 mm 作为一个等级划分，用手将果实放入分级板中进行比较，分出不同等级。

2）机械分级

根据黄果柑外形、大小、颜色、重量等差异条件，已设计出通用的机械选果、分级设备，实现果品分级全过程的机械化、自动化，现在一般采用人工与机械相结合的方法。机械分级的种类有多种，具体见表 10.2。

在柑橘上果实大小分级机和光学分级机的应用较多。张俊雄等（2007）研究了基于果径大小和表面颜色的柑橘自动分级技术，按大小分级的精度达到±1.5mm；曹乐平和温芝元（2015）研究了利用柑橘分形维数描述柑橘形状和果皮光滑度的分级方法；卢军等（2012）研究了基于颜色和纹理特征的柑橘自动分级，整体识别率约为 85%；研究了病虫害危害状冰糖橙缺陷果实复杂性测度机器识别，平均正确率为93.33%，脐橙果实周长-面积分形维数与分段色调单位坐标化多重分形谱高度/宽度的形状和颜色分级及糖酸度无损检测。黄果柑目前常采用的是大小分级机和重量分级机。

表10.2 果品机械分级方法

分级指标	分级机	分级机原理	使用范围	优缺点
果实大小	机械式大小分级机	利用缝隙或筛孔将果品分级，当果品经过由小逐渐变大的缝隙或筛孔时，小的先分选出来，最大的最后分出	球状或圆锥、圆柱状的果品	易造成果品机械损伤
	光电式大小分级机	利用果品通过光电系统的遮光，测量外径或大小，在与设定标准值比较；利用摄像机拍摄经计算机图形处理，求出直径、高度等	外形不太规则的果品	精度提高，并克服了机械式容易损伤果品的缺点
果实重量	机械秤式重量分级机	将果品放入回转托盘，当期移动到固定秤，秤上产品重量达到设定重量时，盘旋转，果实落下	球状果品	容易造成重力损伤，并且噪声大
	电子秤式重量分级机	原理与机械秤式相同，但改变了机械秤式设备每一重量等级的模式	球状果品	与机械秤式相比设备简化，精度提高
果实颜色及内在品质	光学分级机	利用特定波长的光经过成熟果实进行反射、借助光纤束导管使反射光经过干涉光镜后再由光敏晶体管鉴别，测出强度，再根据设定级别，由分级自动线上的移位寄存器决定不同级别的排出通道	颜色或内在品质有其特点的基本都适用	分级精度高，并且减少了果品分级中的机械损伤

10.3.2 包装

包装是为在流通过程中保护商品、方便贮运、促进销售，按一定方法采用的容器、材料及辅助物等的总体名称。其具有两重含义：一是指盛装产品的容器及其他包装用品；二是指对产品包装的行为（王仁才，2007）。

1. 包装的作用

包装是保证贮藏和运输安全的重要措施，果品标准化、商品化中重要的一步。良好的包装，可以减少运输途中因摩擦、碰撞、挤压、跌落而造成的机械损伤，同时避免因散堆发热而引起的腐烂变质，对商品起到保护功能，并提高商品率和卫生质量。包装是商品的一部分，是贸易的辅助手段，为市场交易提供标准的规格单位，便于流通过程中的标准化和方便化，也有利于机械化操作，精美的包装不仅对于商品质量和信誉十分重要，而且对流通也十分重要，因此应重视产品的包装。

2. 包装材料

包装材料是指用于制造包装容器、装潢、印刷等的有关材料和包装辅助材料的总和，具体包括纸、塑料、金属、玻璃、陶瓷、天然纤维、化学纤维及复合材料等。果品包装材料要求不变形、不损坏、不污染并具有保鲜性能。为满足果品及其加工品包装性能的要求，常还需要一些辅助材料，具体的辅助材料见表 10.3。

表 10.3　果品包装常用辅助材料

项目	种类	作用
支撑物或衬垫物	纸	衬垫、包装及化学药剂的载体，缓冲挤压
	瓦楞插板	分离产品，增大支撑强度
	泡沫塑料	衬垫，减少碰撞，缓冲挤压，碰撞
	塑料薄膜	保护产品，控制失水
黏合剂	硅酸胶、硼酸胶、磷酸胶、天然胶和合成胶	主要用于粘贴纸盒或标签
密封材料	橡胶圈、塑料圈；氨水胶、聚乙烯塑料溶胶	防止产品从包装容器向外泄漏，也避免外部氧气、水分、细菌及灰尘进入包装，引起食品变质

3. 包装容器

1）对包装容器的要求

黄果柑果品的包装容器除满足一般商品包装容器的美观、整洁、无污染、无异味、无有害化学物质，内壁光滑平整，成本低、便于取材、易于回收处理，规格大小适当，便于搬运和堆码，在包装外注明商标、品名、等级、质量、产地、特定标志及包装日期、保质期等基本特点以外，还应具备以下特点。

（1）保护性。具有足够的机械强度和坚固的质地，可以承受重压而不致变形破裂，能够在装载、运输、堆码中保护果品，防止其受挤压碰撞而影响品质。

（2）通透性。利于果品贮运中呼吸热的排出及氧气、二氧化碳、乙烯等气体的交换。

（3）防潮性。防止由于包装容器吸水变形而造成其机械强度降低，导致果品受伤或吸水腐烂。

2）包装容器的种类和类型

黄果柑果品包装通常有外包装和内包装，外包装又可以称作运输包装或大包装，内包装即销售包装。

（1）外包装。现在外包装材料已经多样化，如纸箱、高密度聚乙烯箱、聚苯乙烯箱塑料箱、木板条箱等都可用于外包装。在《硬质直立体运输包装尺寸系列》（GB/T4892-2008）中可以查阅包装容器的长宽尺寸，而高度可以依据产品特点自行确定，此外其具体性状则应以利于堆码、运输和销售为标准。具体的外包装容器种类、材料和适用范围见表 10.4。

（2）内包装。内包装也称为小包装、销售包装或商业包装，一般会随商品一同卖给消费者。因为内包装直接与消费者见面，所以其造型设计、包装装潢和文字设计都必须精雕细琢。此外，内包装直接与商品接触，所以还应具有保护果品的作用，进一步防止产品受震荡、碰撞、摩擦而引起的机械损伤，并且要利于调节小范围气体成分和一定的防水性，减缓果实腐烂。为了便于销售，内包装一般小巧轻盈，主要内包装容器为纸盒、塑料盒、塑料薄膜袋、塑料网眼袋等。内包装的造型和结构一般有礼品篮式、果品组合式、开窗式等。内包装的方式也是多样化，如罐头式包装、热收缩式包装、气调式包装、无菌式包装等。

表 10.4 果品外包装种类、材料和适用范围

种类	材料	适用范围
纸箱	板纸	任何果品
塑料箱	高密度聚乙烯	任何果品
筐	竹子、荆条、柳条	任何果品
板条箱	木板条	任何果品
钙塑箱	聚乙烯、碳酸钙	任何果品
加固竹筐	筐体竹皮、筐盖木板	任何果品
网袋	天然纤维或合成纤维	不易擦伤、含水量少的果品
泡沫箱	聚苯乙烯	高档果品

4. 黄果柑包装

1）包装前处理

为了保持果实新鲜度，减缓果实腐烂变质、增加果品商品度等，在果实包装前因对果实进行一系列的前处理。

（1）药物处理：

控制黄果柑果实的真菌性病害，目前最经济的措施，仍是应用各类杀菌剂。美国佛罗里达州官方推荐的采后杀菌剂为苯菌灵（苯来特）、涕必灵（噻苯咪唑）、邻苯酚类（邻苯酚及其钠盐）、抑霉唑、山梨酸钾、仲丁胺（2-AB）、联苯。佛罗里达州柑橘研究教育中心对可使用的采后杀菌剂的相对有效性评价（表 10.5）。

表 10.5 几种杀菌剂的防腐效果

杀菌剂种类 \ 病名	蒂腐		格链孢霉	青、绿霉	酸腐	褐腐	炭疽
	黑色	褐色					
邻苯酚钠	1	1	0	2	3	0	1
涕必灵	3	3	0	3	0	0	1
苯菌灵	3	3	0	3	0	0	2
抑霉唑	2	2	2	3	0	0	1
联苯	1	1	0	2	0	0	0
仲丁胺	1	1	0	2	0	0	0
山梨酸钾	1	1	0	2	0	0	0

注：防腐效果分为 4 级：3.非常有效；2.有效；1.有一定效果；0.无效

国内常用的杀菌剂种类和浓度见表 10.6，其中多菌灵、托布津、苯来特和噻菌灵均属苯并咪唑类杀菌剂，防腐效果相近，苯并咪唑类杀菌剂，如连续使用时间长，易产生抗药性，如发现使用后防腐效果明显下降，即应考虑与其他药剂交替使用。抑霉唑是迄今为止防治柑橘青、绿霉病效果最佳的高效广谱杀菌剂，可作为苯并咪唑的替代杀菌剂，其中含有 50%抑霉唑的万里德，含有 25%抑霉唑的戴唑霉已在全国各柑橘产地推广应用。

表 10.6　国内常用杀菌剂种类及其使用浓度

杀菌剂名称	使用浓度
多菌灵	250~500mg/kg
托布津	500~1000mg/kg
抑霉唑	500mg/kg
苯来特（苯菌灵）	250~500mg/kg
噻菌灵（特克多）	1000mg/kg
仲丁胺*（2-AB）	1%、0.1ml

注：仲丁胺洗果时使用 1%浓度，熏蒸时每升库容用药 0.1ml

处理方法分为人工处理和使用柑橘果实喷药机，人工处理可在木桶或水泥槽中进行，每 5000kg 果实约用药液 150kg。若用柑橘果实喷药机，则可大大节省用药量，每 5000kg 果实只需药液 31kg，每小时可处理 2000~5000kg；采后药物处理以采收当天最佳，最迟不能超过采后 3d，否则将明显降低防腐保鲜。

（2）涂料处理：

采后除打蜡外，涂果剂种类越来越多。世界各柑橘主产国，除作直接加工原料外，一般都要进行打蜡处理。使用较多的有虫胶涂料、戴科果亮、SM 液态膜、京 2B、高脂膜、AB 保鲜剂、SG 蔗糖、蜡液等。经对国内外提供的几种涂料试验表明（表 10.7），用涂料比光果（不包薄膜）大大降低褐斑果，减少果实失重。且涂料大多加入杀菌剂，具防腐功能，为此用涂料比单用杀菌剂处理（不包薄膜），具更明显的经济效益；但与杀菌剂处理加薄膜单果包的技术相比效果稍差。

表 10.7　锦橙处理中各种蜡液贮藏效果

处理		褐斑率%	腐烂率%	失重率%	备　注
2,4-D+多菌灵+国产蜡水	不包薄膜	23.33	0.67	11.52	果实来自光明队果园
2,4-D+多菌灵+国产蜡水	不包薄膜	23.33	0	10.45	
2,4-D+多菌灵	包薄膜	16.0	2.67	1.78	
2,4-D+多菌灵	不包薄膜	38.01	0.67	12.90	
美产涂料-1	不包薄膜	39.5	0.5	7.84	果实来自曙光队果园
美产涂料-2	不包薄膜	20.0	1.5	8.48	
2,4-D+多菌灵	包薄膜	19.5	0.8	1.27	
2,4-D+多菌灵	不包薄膜	45.2	3.2	10.25	

注：各种蜡液稀释 10 倍，贮期 126d

A.涂料处理贮藏效果的影响因素。

a.温度：30℃以上高温时处理后腐烂增加。

b.果实成熟度：适时采收，果实无伤、病者处理后效果好；过早采收的果实处理后腐烂增加、病害加重。

c.被膜厚度：涂料的被膜厚薄应均匀一致，过厚会导致呼吸代谢失调，出现缺氧呼吸，风味变劣，产生异味以至腐烂变质，薄或厚薄不匀，会影响商品化效果。

d.贮期：经涂料处理的果实，只宜短期贮藏，如贮期过长，易使果实风味变谈、变味并产生酒味。因此，对采后或留树贮藏后即作鲜销的果实进行涂料处理最适宜。

B. 涂料处理方法。

目前主要有浸涂法、刷涂法、喷涂法及泡沫法和雾化法。

a．浸涂法：将果实在盛有涂料液的槽内浸渍，其表面形成一薄层包被，耗用涂料较多，且不易涂匀。

b．刷涂法：刷涂过程由架设在传送系统上方的刷涂器完成，借助移动杆系统将果品涂料分配在刷子上，再刷到从其下传送过的果实表面上，刷毛应柔软，最低有效速度保持＜100r/min。

c．喷涂法：将果品涂料液从架设在传送系统上方的液压或气压喷头喷向传动着的果实，速率可通过改变喷头型号及系统压力来调节。

d．泡沫法：借助架设在果实传送系统上方的泡沫发生器完成，把涂料以泡沫形式涂于果实表面，待水分蒸发或干燥器烘干后在果面形成一质地均匀、厚度合理的涂料层。

e．雾化法：把涂料经雾化器雾化而喷布于传送系统上的果实表面。

除了浸涂法用手工操作外，其余均可在果实自动分选线或喷蜡机上进行，用药省、工效高，每小时可处理 4~5t。常用的处理浓度以蜡液与水之比 1∶10 为宜。

2）黄果柑包装方法

黄果柑果实的包装，宜在其邻近产区，交通方便，地势开阔、干燥、无污染的地方建立包装厂，厂的规模视产区黄果柑产量的多少而定。包装前应对黄果柑进行分级、清洗、打蜡等包装前处理，包装时应符合上述包装原则与要求，因此，包装容器的形状、大小规格和装潢图案色彩等都应根据使用目的和对象来确定，如为就近零售，则以小包装为宜；长途运输，以箱装为好；作礼品用，可设计成精巧美观的便携式包装。

包装箱内的果实可按对角线排列，既减少果实间互相挤压、碰撞、松散或滚动，又能通风透气和充分利用空间。果实一般用质地柔软、坚韧、不易破碎、具一定透气防水性的纸张，或厚度为 0.08~0.2mm 的薄膜进行单果包装，以提高防腐、贮运效果。

果实包装后，随即装入果箱。每个果箱只能装同一品种同一级别的果实。外销果需按规定的个数装箱，内销果可采用定量包装法。装箱时应按规定排列，底层果蒂一律向上，上层果蒂一律向下。凸蒂型黄果柑可横放，底层要先摆均匀，以后各层注意大小高低搭配，以果箱装平为度。果实装箱后，需对重量、质量、等级、个数、排列、包装等各项指标检验，合格者即可成件。

参 考 文 献

曹乐平,温芝元.2015.基于统计复杂性测度、多重分形谱等方法的柑橘品质分级. 浙江大学学报（农业与生命科学版）,41(3):309-319.

卢军,付雪媛,苗晨琳,等.2012.基于颜色和纹理特征的柑橘自动分级.华中农业大学学报, 31(6): 783-786.

秦文. 2013.园艺产品贮藏加工学. 北京: 科学出版社.

王仁才. 2007. 园艺商品学.北京:中国农业出版社.

张俊雄,荀一,李伟,等. 2007. 基于计算机视觉的柑橘自动化分级. 江苏大学学报（自然科学版）, 28(2):100-103.

第 11 章　黄果柑果园间套作

11.1　间套作对黄果柑果园生态环境的影响

利用果树行间的空地进行合理间作套种，既可以提高土地的利用率，增加经济效益，又可以培肥地力，达到用地养地的目的。果园间套作技术不仅对果园保水增肥、改善果园生长环境、增加果园产量、改善果品质量、增加农民收入具有重要作用，而且为果品无公害安全生产、山区生态富民工程、生态环境建设提供了重要的理论依据，具有极其重要的推广价值。

黄果柑园套作其他作物在高温季节，能有效地降低地表温度，减缓地表温度变化幅度和上下土层温度变化。同时，因间作物形成覆盖，减少土壤水分蒸发，保持土壤水分，有利于土壤含水量的提高，且果园树冠下的气候也有所下降，从而改善果园小气候，促进生态平衡，创造有利的果树生长环境。通过对果园的生草研究表明，果园生草能缓解降雨对土壤的直接侵蚀，减少地表径流，防止冲刷，减少水土流失，在风沙大的荒沙地与坡地果园，可起到防风固沙护坡的作用，还可提高水分的沉降与渗透速率，减少土壤蒸发，提高水分利用效率。与传统的清耕法相比，果园生草可使地表径流量和土壤侵蚀量分别减少45．5%和减少 55．2%（王齐瑞和谭晓风，2005）。还有研究表明果园采取自然生草，人工种植花生覆盖，夏季高温干旱期的气温比清耕对照低 1~9℃，空气相对湿度高 3%~9%；果园套种蔬菜等矮秆经济作物不仅能在幼龄果园起到以短养长，提高经济效益的作用，而且由于蔬菜作物的精耕细作及合理的肥水供应，还能有效地提高果园土壤有机质、速效氮、速效磷、速效钾的含量，从而改良土壤性状，提高土壤肥力。

11.2　黄果柑果园间套作模式

11.2.1　果园生草

果园生草法就是人工全园种草或果树行间带状种草，草种选用多年生优良牧草；全园或带状人工生草，也可以采取除去不适宜种类杂草的自然生草法；生草地不再有除刈割以外的耕作，人工生草地由于草的种类是经过人工选择的，它能控制不良杂草对果树和果园土壤的有害影响，是一项先进、实用、高效的土壤管理方法。实施果园生草是果园土壤管理最有效的方法，但果园生草后要加强管理，才能发挥果园生草的综合效益，达到果园生草的目的。果园生草技术是一项重要的保护性耕作措施，是发达国家如美国、加拿大等开发成功并普遍被采用的一项现代化、标准化果园管理技术；目前，果园生草栽培作为保持水土，提高地力的主要技术已被广为接受。

1）果园生草的主要原则

果园生草对草的种类有一定的要求，首先所选草类对环境的适应能力要强，栽培容易成活，草种自身栽培管理容易，包括繁殖容易，最好能播种、分株、扦插繁殖兼备；早发性好，生长快，覆盖期长，在与园地杂草共生中有较强的优势；耐割耐践踏，再生能力强；易于被控制，必要时可净除。草种主要是栽培在果园树冠层下，其耐荫性是需要特别注意，病虫害是重要问题，应筛选抗、耐病虫害、病虫害少的优良品种，并且与果树无共同的病虫害或寄主的关系，能引诱天敌，生育期较短。另外，一个优良的草种要在大范围推广应用，还必须对气候和土壤条件具有广泛的适应性。

2）果园生草的主要功能

（1）改善果园小气候。果园生草后，由于土壤耕层被覆盖，导致土壤容积热容量增大，而在夜间长波辐射减少，生草区的夜间能量净支出小于清耕区，缩小果园土壤的年温差和日温差，有利于果树根系生长发育及对水肥的吸收利用。果园空间相对湿度增加，空间水气压与果树叶片气孔下腔水气压差值缩小，降低果树蒸腾。近地层光、热、水、气等生态因子发生明显变化，形成了有利于果树生长发育的微域小气候环境。

（2）改善果园土壤环境。土壤是果园的载体，土壤质量状况在很大程度上决定着果园生产的性质、植株寿命、果实产量和品质。果园生草栽培，降低了土壤容重、增加土壤渗水性和持水能力。地面覆盖物残体、半腐解层在微生物的作用下，形成有机质及有效态矿质元素，不断补充土壤营养，土壤有机质积累随之增加，有效提高土壤酶活性，激活土壤微生物活动，使土壤 N、P、K 移动性增加，减缓土壤水分蒸发，团粒结构形成，有效孔隙和土壤容水能力提高。

（3）有利于果树病虫害的综合防治。果园生草增加了植被多样化，为天敌提供了丰富的食物和良好的栖息场所，克服了天敌与害虫在发生时间上的错位现象，使昆虫种类的多样性，富集性及自控作用得到提高，在一定程度上也增加了果园生态系统对农药的耐受性，扩大了生态容量，果园生草后优势天敌如东亚小花椿、中华草蛉及肉食性螨类等数量明显增加，天敌发生量大，种群稳定，果园土壤及果园空间富含寄生菌，制约着害虫的蔓延，形成果园相对较为持久的生态系统。

（4）促进果树生长发育、提高果实品质和产量。在果园生草栽培中，树体微系统与地表牧草微系统在物质循环，能量转化方面相互衔接，直接影响果树生长发育。试验表明，生草栽培果树叶片中全 N、全 P、全 K 含量比清耕对照增加，树体营养得到改善，生草后花芽分化量比清耕提高 22.5%，单果重和一级果率增加，可溶性固形物和 V_C 含量明显提高，贮藏性增强，贮藏过程中病害减轻（吕德国等，2012）。

（5）草种选择。以能培肥土壤的白三叶草、苜蓿、紫云英、苕子等豆科及黑麦草等牧草植物为宜。

3）果园生草管理

（1）控草旺长。控制草的长势，草生长超过 20cm 时，适时进行刈割（用镰刀或便携式刈草机割草），一般 1 年刈割 2~4 次；豆科草要留茬 15cm 以上，禾本科留茬 10cm 左右。全园生草的，刈割下来的草就地撒开，或覆在果树周围，距离果树树干 20~30cm。

（2）施肥养草。以草供碳（有机质），以碳养根。刈割后，每亩撒施氮肥 5kg，补充土壤表面氮含量，为微生物提供分解覆草所需的氮元素，微生物分解有机物变成腐殖质，腐殖质能够改变土壤环境，促进果树根系生长。此一过程是无机物→有机物→腐殖质→供养果树→提高果品质量。

（3）雨后或园地含水量大时避免园内踩踏。果园园地含水量大，踩踏后容易造成果园土壤板结、通透性差。

11.2.2　果园间套种中药材

果园中合理地间套种中药材，不但可以提高土壤肥力，改善小区环境，而且可以抑制杂草生长，起到“生草覆盖”的作用，实现果药双丰收。

1）间套作原则

第一，要根据黄果柑园的不同遮阴度与中药材的生物学特性，组成合理的田间结构。如选用的中药材品种要以耐荫性、浅根性为主；第二，配置比例要适当，坚持果树为主，优势互补的原则；第三，要间套种本地的特优、地道药材；第四，加强田间管理，互促互利，控制矛盾，以确保双丰收。

2）不同树龄果园中药材品种选择

（1）幼龄果园。黄果柑树种植后，一般要 2~3 年形成树冠，才有一定的荫蔽度。在这期间，合理地套种茎秆低矮、株型瘦小、较喜阳的中药材品种，可达到减少土壤养分消失，抑制杂草生长，增加收益的目的。如第 1~2 年，在行距中套种桔梗、板蓝根、蒲公英、金银花、西红花等植株较小的品种；第 3 年，随着果树树冠的增大，在 3~4m 宽的行距中已形成了较荫蔽的环境，这时主要种植喜阴的中药材，如旱半夏、柴胡、黄连、天南星等。值得注意的是，大多数中药材不耐连作，一是连作容易发生病害而减产，二是连作同一种中药材易造成缺乏某种营养元素。因此，每年或隔年要换茬，并选择适宜生长的茬口。

（2）成龄果园。果树生长 5 年后，行距内已形成较荫蔽的环境，透光率 30%以下，为需要生长在此种环境的中药材提供了天然的生存条件。例如，在其下秋栽或春栽天麻，给天麻生长提供了阴凉、潮湿、氧气充足、温度适宜的环境。成龄果园适宜间套种的中药材品种还有黄连、三七、人参、猪苓、灵芝、西红花等(杨宏伟等，2011；李敏，2013；贺建华，2011)。

11.2.3　果园间套种蔬菜

果园间套种蔬菜不仅能够合理利用空间和光热资源，还增加了果园的肥、水供应，促进果树生长，使作物高产、稳产，而且还可以平衡地力，达到用地与养地相结合的目的，可提高复种指数，同时显著提高了单位面积的经济效益，是实现农业增产，农民增收的有效方法。

1）间套作原则

幼龄果园间套作蔬菜的基本要求是在不影响果树正常生长的前提下在果苗行间间套

种植市场前景好、经济效益高的蔬菜品种。植株生长的空间不能太高大，应尽量低矮、不需搭架。以保证蔬菜正常生长，不与幼树争水争肥。

2）间套作蔬菜品种选择

1~2 年生幼龄黄果柑园，水浇地可间作韭菜、菠菜、油菜、甘蓝、菜椒、茄子、冬瓜、萝卜、西红柿、蒜苗等，最好不间作高秆爬蔓的蔬菜作物；旱地间作秋萝卜、茄子、西瓜、辣椒等需水较少的蔬菜（余文中等，2012）。为避免连作导致的土壤危害，蔬菜应进行不同科蔬菜间的轮作。也可将蔬菜与其他豆类作物进行轮作。如花生－蔬菜、蔬菜－豆类等间套作方式。适于间作的豆科作物有大豆、小豆、花生、绿豆、红豆、豌豆等。这类作物植株矮小，有固氮作用，能提高土壤肥力，与果树争肥的矛盾较小，尤其花生植株矮小，需肥水较少，是沙地果园的优良作物。

11.3 黄果柑园间套作应注意的问题

利用果树行间的空地进行合理间作套种，既可以提高土地的利用率，增加经济效益，又可以培肥地力，达到用地养地的目的。但间作套种要科学合理，否则会适得其反。

（1）忌套种招引害虫的作物。如容易招引来对果树有危害的金龟子、蛾类、蓟马等的作物。

（2）忌侵占树盘的营养面积。一般间套种的作物要距离树干 2m 远，幼龄果园的套种面积不得超过果树面积的一半，否则在为套种作物施肥、浇水或耕作时容易撞伤果树。

（3）忌套种吸肥能力强和与果树相克的作物。套种的作物应该有利于改良土壤、培肥地力、保持地力，不传播病虫害且又有经济效益的作物，如花生、大豆等豆科作物。不得套种吸肥能力强、易造成土壤贫瘠的作物，如高粱、木薯等虽然也有养地作用，但与果树相克，其根系有毒害作用，故也不宜套种。

（4）忌套种高秆和攀缘作物。套种的作物若植株高大，如玉米、高粱、甘蔗等，或需要支撑搭架，如苦瓜、冬瓜、丝瓜、豇豆等攀缘作物，会阻碍空气流通，挡住阳光，影响果树生长发育。

（5）忌连续混作间套。套种的作物应该合理轮作换茬，不得连续混作套种同一品种或同一类作物，以免造成土壤养分不平衡。

参 考 文 献

贺建华. 2011. 果园间作套种药材模式. 中国林业, (19):41-41.

李敏. 2013. 如何在果园套种中药材. 农家参谋, (5):19-19.

吕德国, 秦嗣军, 杜国栋. 2012. 果园生草的生理生态效应研究与应用. 沈阳农业大学学报, 43(2):131-136.

王齐瑞, 谭晓风. 2005. 果园生草栽培生理、生态效应研究进展. 中南林业科技大学学报, 25(4):120-126.

杨宏伟, 刘金钟, 张胜利. 2011. 果园套种中药材技术.现代农业科技, (12):146-146.

余文中, 杨红, 黎明, 等. 2012. 果园-辣椒套作高产高效栽培种植模式效益分析. 广东农业科学, 39(7):60-62.

彩　图

图 1　黄果柑的花

图 2　黄果柑种子

图 3　黄果柑盛花期

图 4　黄果柑成熟期果实

图 5　黄果柑叶片

1. 叶身；2. 翼叶；3. 叶柄

图 6　黄斑病为害黄果柑叶片状（褐色小圆斑型）

图 7　黄果柑脚腐病为害根颈部症状

图 8　黄果柑煤烟病病叶

图 9　黄果柑煤烟病病树

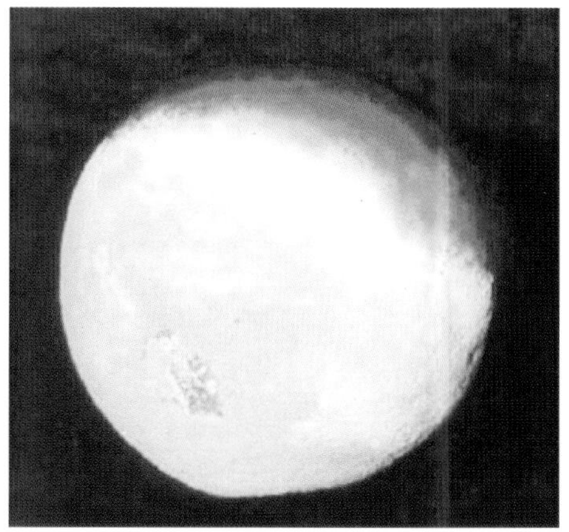

图 10　黄果柑青霉病病果

图 11　黄果柑绿霉病病果

图 12　黄果柑树脂病枝干流胶症状

图 13　黄果柑树脂病病果

图 14　黄果柑白粉病为害新梢症状

图 15　柑桔溃疡病为害叶片、果实症状

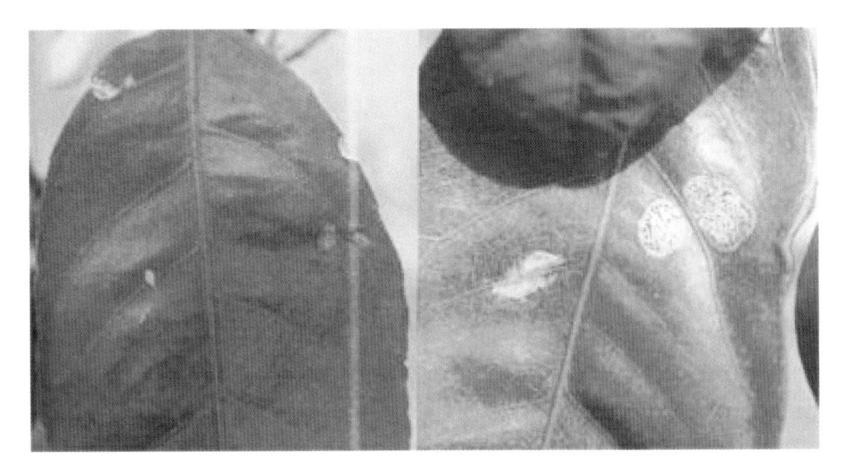

叶斑型

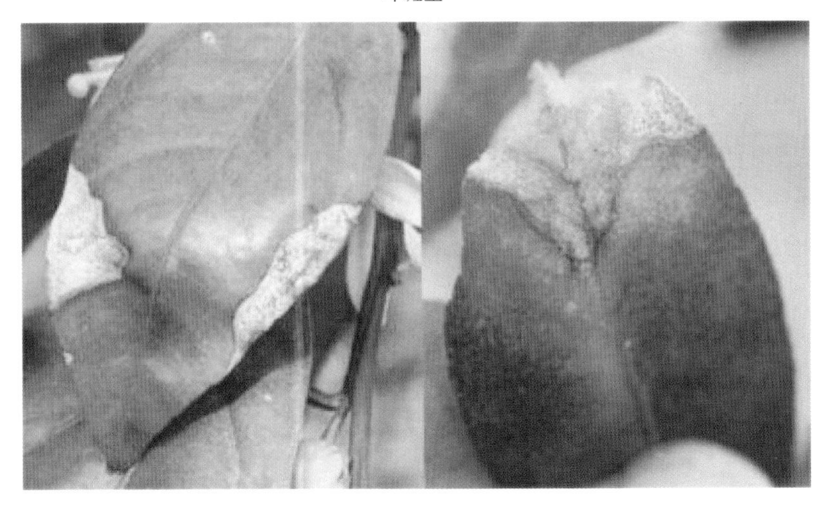

叶枯型

图 16　黄果柑炭疽病为害叶片

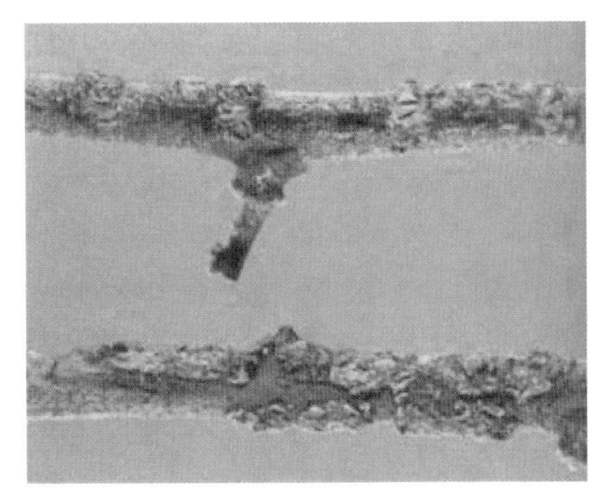

图 17　柑桔溃疡病为害枝干症状

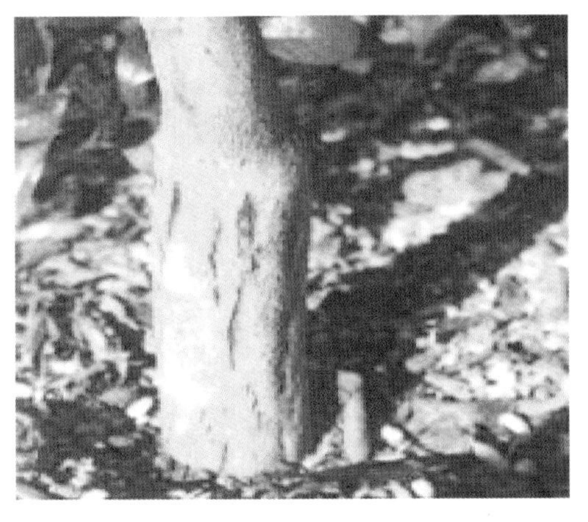

图 18　柑桔裂皮病为害树干症状

图 19　黄果柑寒害叶片受害状

图 20　黄果柑寒害果实受害状

图 21　苔藓危害黄果柑叶片状症状片

图 22　潜叶蛾叶片为害状

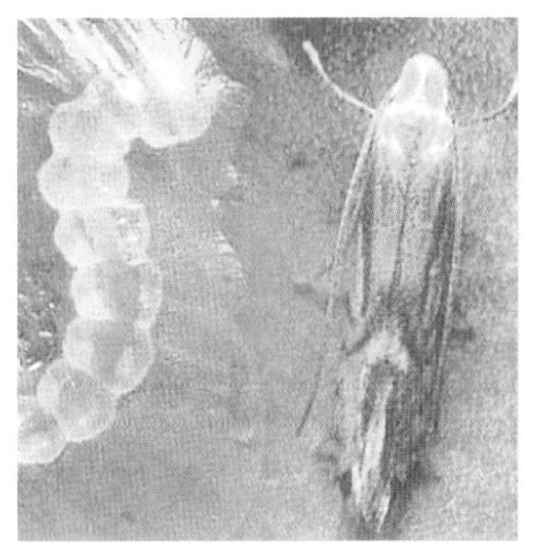

图 23　潜叶蛾卵和成虫

图 24　柑橘凤蝶大龄幼虫

图 25　柑橘凤蝶成虫

图 26　柑橘卷叶蛾幼虫

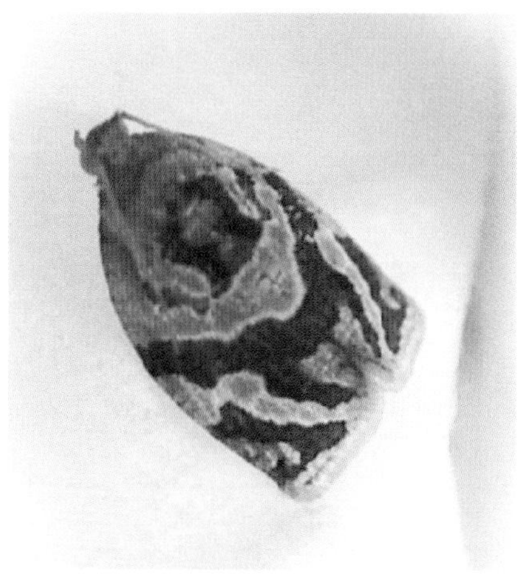

图 27　柑橘卷叶蛾成虫

图 28　频振式杀虫灯

图 29　红蜘蛛为害叶片状

图 30　红蜘蛛为害果实状

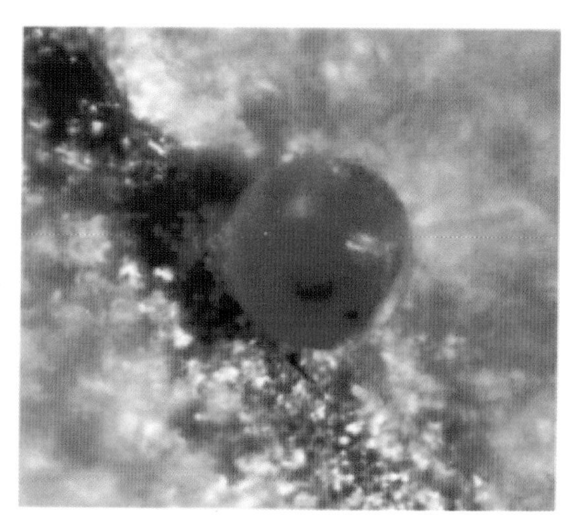

图 31　红蜘蛛卵

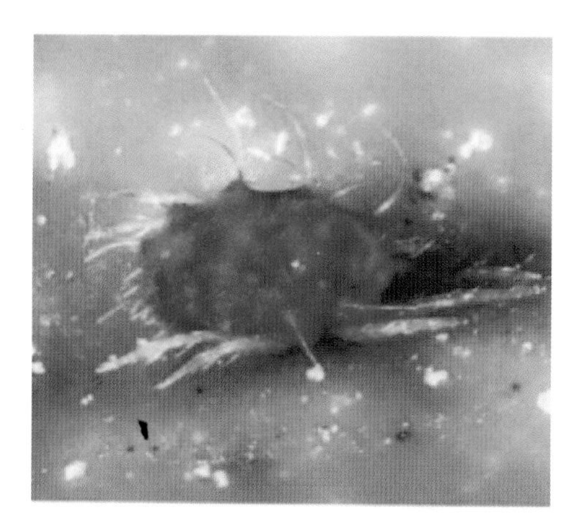

图 32　红蜘蛛

图 33　受黄蜘蛛为害叶片状

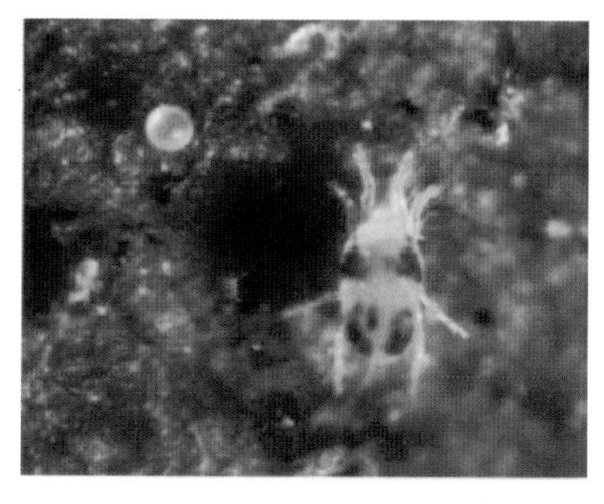

图 34　黄蜘蛛卵和雌成螨

图 35　蚜虫群聚为害叶片状

图 36　矢尖蚧雌蚧分散为害叶片状

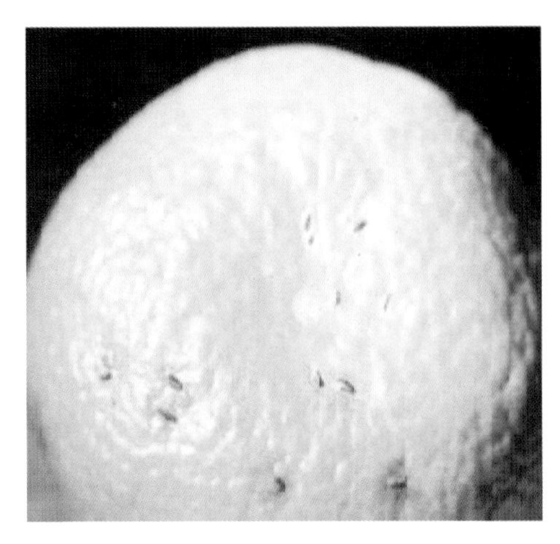

图 37　矢尖蚧为害黄果柑果实状

图 38　吹棉蚧为害黄果柑枝梢状

图 39　吹棉蚧雌成虫

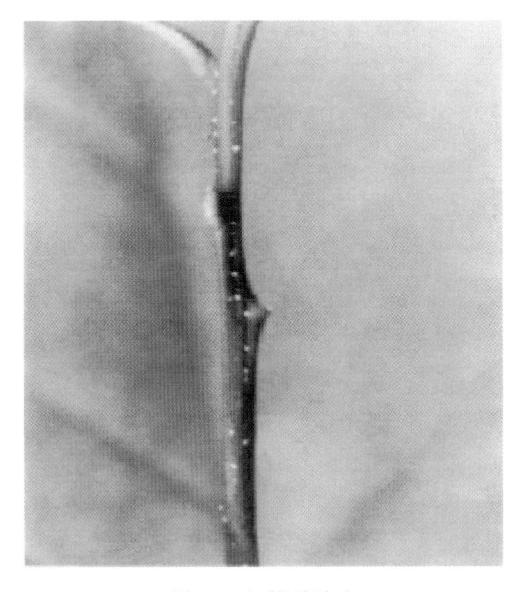

图 40　红蜡蚧幼虫

图 41　红蜡蚧雌成虫

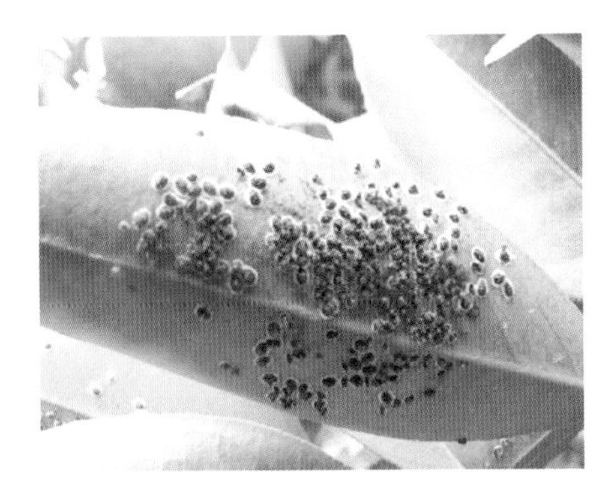

图 42　黑刺粉虱若虫聚集叶片背面为害状

图 43　黑刺粉虱成虫

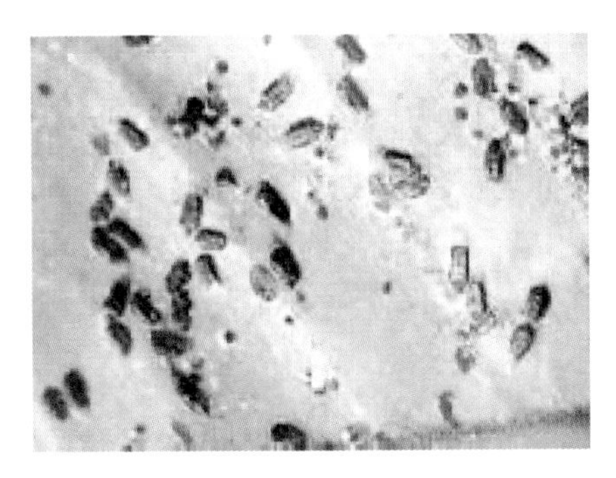

图 44　黑点蚧雌成虫

图 45　黑点蚧为害黄果柑果实状

图 46　锈壁虱为害黄果柑果实状

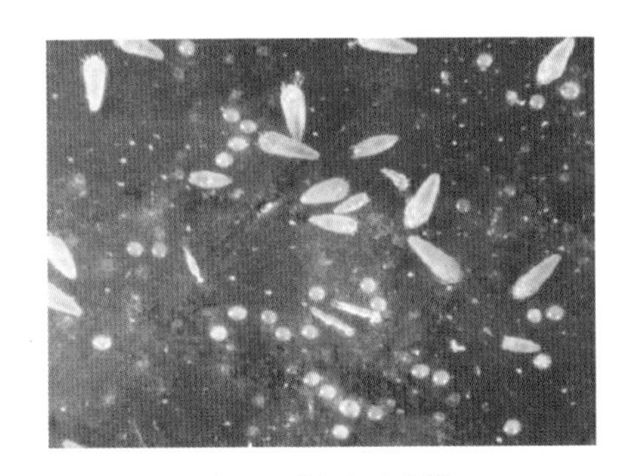

图 47　锈壁虱成螨

图 48　木虱若虫群聚为害状

图 49　木虱成虫

图 50　花蕾蛆在花蕾上为害状

图 51　受花蕾蛆为害严重脱落的花蕾

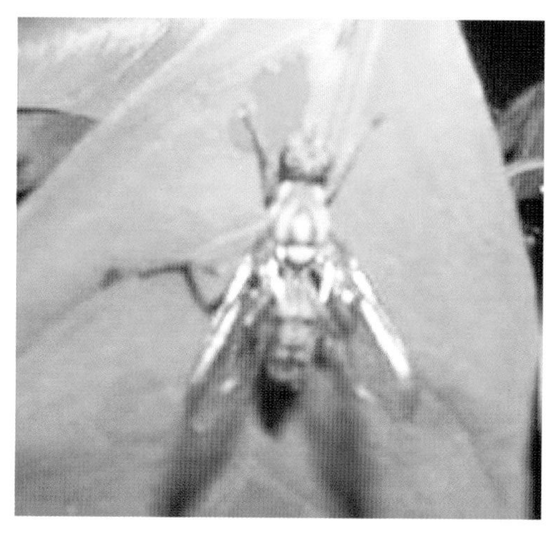

图 52　大实蝇成虫

图 53　大实蝇幼虫在果实中为害状

图 54　被小实蝇为害脱落腐烂的果实

图 55　小实蝇的蛹

图 56　星天牛幼虫柱食黄果柑树干

图 57　星天牛成虫

图 58　褐天牛成虫（左雌右雄）

图 59　爆皮虫为害黄果柑树干状

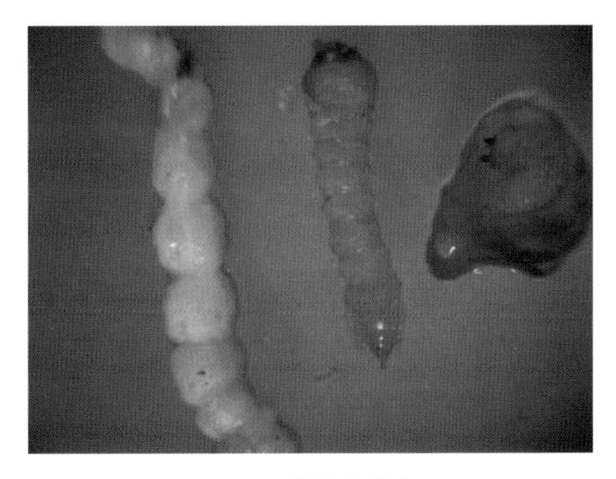

图 60　爆皮虫幼虫

图 61　溜皮虫成虫

图 62　溜皮虫为害初期流出的胶状物

图 63　蓟马为害黄果柑果实状

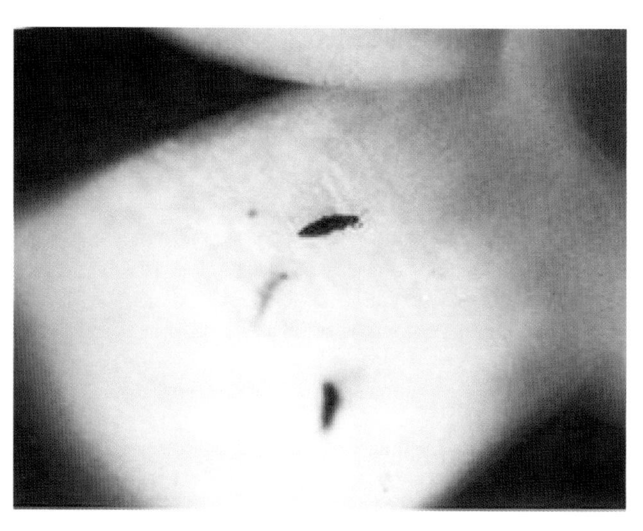

图 64　黄果柑蓟马虫体